中国农业标准经典收藏系列

最新中国农业行业标准

第八辑

水产分册

农业标准出版研究中心　编

中国农业出版社

图书在版编目（CIP）数据

最新中国农业行业标准．第8辑．水产分册/农业标准出版研究中心编．—北京：中国农业出版社，2012.12

（中国农业标准经典收藏系列）

ISBN 978-7-109-17452-8

Ⅰ.①最… Ⅱ.①农… Ⅲ.①农业—行业标准—汇编—中国 Ⅳ.①S-65

中国版本图书馆CIP数据核字（2012）第293339号

中国农业出版社出版

（北京市朝阳区农展馆北路2号）

（邮政编码100125）

责任编辑 刘 伟 李文宾 冀 刚

————————

中国农业出版社印刷厂印刷 新华书店北京发行所发行

2013年1月第1版 2013年1月北京第1次印刷

————————

开本：880mm×1230mm 1/16 印张：24.5

字数：782千字

定价：198.00元

（凡本版图书出现印刷、装订错误，请向出版社发行部调换）

出版说明

近年来，我中心陆续出版了《中国农业标准经典收藏系列·最新中国农业行业标准》，将2004—2010年由我社出版的2 300多项标准汇编成册，共出版了七辑，得到了广大读者的一致好评。无论从阅读方式还是从参考使用上，都给读者带来了很大方便。为了加大农业标准的宣贯力度，扩大标准汇编本的影响，满足和方便读者的需要，我们在总结以往出版经验的基础上策划了《最新中国农业行业标准·第八辑》。

本次汇编弥补了以往的不足，对2011年出版的195项农业标准进行了专业细分与组合，根据专业不同分为种植业、畜牧兽医、水产和综合4个分册。

本书收录了2011年发布的水产养殖、水产品、水产饲料、渔业机械设备、病虫害检测、渔船、绿色食品（水产类）和技术培训等水产行业标准40项。并在书后附有2011年发布的2个标准公告供参考。

特别声明：

1. 汇编本着尊重原著的原则，除明显差错外，对标准中所涉及的有关量、符号、单位和编写体例均未做统一改动。

2. 从印制工艺的角度考虑，原标准中的彩色部分在此只给出黑白图片。

3. 本辑所收录的个别标准，由于专业交叉特性，故同时归于不同分册当中。

本书可供农业生产人员、标准管理干部和科研人员使用，也可供有关农业院校师生参考。

农业标准出版研究中心

2012 年 11 月

目　　录

ICS 65.150
B 52

中华人民共和国水产行业标准

SC/T 1108—2011

鳖 类 性 状 测 定

Measurement of characters for soft-shelled turtles

2011-09-01 发布

2011-12-01 实施

中华人民共和国农业部 发布

前　言

本标准按照 GB/T 1.1—2009 给出的规则起草。

本标准由中华人民共和国农业部渔业局提出。

本标准由全国水产标准化技术委员会淡水养殖分技术委员会(SAC/TC 156/SC 1)归口。

本标准起草单位:中国水产科学研究院长江水产研究所。

本标准主要起草人:周瑞琼、方耀林、许映芳、邹世平、张林、何力。

鳖 类 性 状 测 定

1 范围

本标准规定了鳖类外部形态性状测定的通用方法。

本标准适用于鳖类外部形态性状的常规测定。

2 规范性引用文件

下列文件对于本文件的应用是必不可少的。凡是注日期的引用文件,仅注日期的版本适用于本文件。凡是不注日期的引用文件,其最新版本(包括所有的修改单)适用于本文件。

GB/T 18654.2 养殖鱼类种质检验 第 2 部分:抽样方法

GB 21044—2007 中华鳖

3 术语和定义

下列术语和定义适用于本文件。

3.1

背甲长 carapace length

背甲(中线)前缘至背甲后缘的直线距离(图 1 中 EF)。

[GB 21044—2007,定义 3.1]

3.2

背甲宽 carapace width

背甲中部左右两侧韧带外侧缘之间的直线距离(图 1 中 HI)。

注:改写 GB 21044—2007,定义 3.2。

3.3

体高 body height

背腹间的最大距离。

3.4

后端裙边宽 rear apron width

背甲中线后缘至后裙边边缘的距离(图 1 中 FG)。

注:改写 GB 21044—2007,定义 3.4。

3.5

吻长 snout length

吻端至眼眶前缘的距离(图 1 中 AC)。

注:改写 GB 21044—2007,定义 3.5。

3.6

吻突长 soft proboscis length

吻端无骨部分长度(图 1 中 AB)。

注:改写 GB 21044—2007,定义 3.6。

3.7

眶径 eyepit diameter

眼眶内缘的最大直径(图 1 中 CD)。

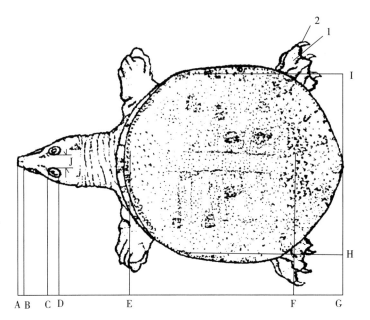

说明：

EF——背甲长；

HI——背甲宽；

FG——后端裙边宽；

AC——吻长；

AB——吻突长；

CD——眶径；

J——眶间距；

1——蹼；

2——趾爪。

图1 鳖体外形测量示意图

3.8

眶间距 distance between two eyepits

两眼眶上缘之间的最短距离（图1中J）。

3.9

胼胝体 callosum

鳖体腹部皮肤增厚的部位。

3.10

蹼 web

连接趾与趾的皮膜（图1中1）。

4 器材

4.1 计量器具的检定

所有计量器具应经法定计量检定单位检定，并在检定有效期内使用。

4.2 质量计量器具

电子天平，精度为0.01 g；

电子天平，精度为0.1 g；

电子秤，精度为1 g。

4.3 长度计量器具

直尺，精度为1 mm；

三角尺，精度为1 mm；

卡尺，精度为0.01 mm；

卡规。

5 抽样

按 GB/T 18654.2 的规定执行。

6 操作步骤

6.1 外形观察

肉眼观察鳖体形态、体色、色斑、趾型、蹼的外形特征及颈基部两侧及背甲前缘有无疣粒等,准确描述并记录。

6.2 可量性状测定

6.2.1 体重测量

擦干鳖体表面附水,根据鳖体大小选用适宜的量具称量。体重值记录见表1。

6.2.2 长度测定

将鳖体腹面朝下放置在水平、平稳的台面上测定量值,做好记录。量值记录见表1。

表 1　鳖类个体可量性状测量表

序号	体重 g	背甲长 mm	背甲宽 mm	体高 mm	后端裙边宽 mm	吻长 mm	吻突长 mm	眶径 mm	眶间距 mm
1									
2									
⋮									
30									
平均值									
标准差									

6.2.3 可量性状比例值统计

根据6.2.2测定的数据,计算每一个体可量性状的比例值。可量性状比例项目见表2。

表 2　鳖类个体可量性状比例值

项　目	序　号				平均值	标准差
	1	2	⋯⋯	30		
背甲长/背甲宽						
背甲长/体高						
背甲长/后端裙边宽						
背甲长/吻长						
背甲长/吻突长						
吻突长/眶间距						
吻突长/吻长						
眶径/眶间距						

6.3 可数性状测定

按被检鳖类种质标准规定执行。通常有肋骨数、趾爪数和胼胝体数等项目。

ICS 65.150
B 52

中华人民共和国水产行业标准

SC/T 1109—2011

淡水无核珍珠养殖技术规程

Technical specifications for freshwater mussel non-nucleated pearl nurturing

2011-09-01 发布   2011-12-01 实施

中华人民共和国农业部 发布

前　　言

本标准按照 GB/T 1.1—2009 给出的规则起草。

本标准由中华人民共和国农业部渔业局提出。

本标准由全国水产标准化技术委员会淡水养殖分技术委员会(SAC/TC 156/SC1)归口。

本标准起草单位:江苏省珍珠协会、江苏省淡水水产研究所。

本标准主要起草人:潘建林、陈校辉、陈学进、葛家春、蔡永祥、徐在宽、许志强、席胜福。

淡水无核珍珠养殖技术规程

1 范围

本标准规定了淡水无核珍珠养殖的环境条件及设施、繁殖与稚幼蚌培育、接种、育珠蚌养殖、蚌病防治、珍珠采收及存放。

本标准适用于利用三角帆蚌（*Hyriopsis cumingii*）进行淡水无核珍珠育珠生产；其他种类淡水珍珠蚌育珠生产可参照执行。

2 规范性引用文件

下列文件对于本文件的应用是必不可少的。凡是注日期的引用文件，仅注日期的版本适用于本文件。凡是不注日期的引用文件，其最新版本（包括所有的修改单）适用于本文件。

GB/T 18407.4 农产品安全质量 无公害水产品产地环境要求

GB 20553 三角帆蚌

NY 5051 无公害食品 淡水养殖用水水质

SC/T 9101 淡水池塘养殖水排放要求

NY 5071 无公害食品 渔用药物使用准则

3 术语和定义

下列术语和定义适用于本文件。

3.1

钩介幼虫 glochidium

三角帆蚌在繁殖过程中，受精卵胚胎发育到破膜后，需寄生在鱼类等水生动物身上以完成变态发育成为蚌苗的幼虫。虫体略呈杏仁形，有2片几丁质壳，每瓣壳片的腹缘中央有1个鸟喙状的钩，钩上排列着许多小齿，在闭壳肌中间有1根细长的足丝。虫体长0.26 mm～0.29 mm，高0.29 mm～0.31 mm。

3.2

寄主鱼 host fish

供钩介幼虫寄生、完成变态发育的鱼。

3.3

稚蚌 juvenile mussels

钩介幼虫寄生到鱼体上后，经过一段时间的发育后逐渐从鱼体上脱落变成稚蚌，壳长0.2 mm～0.3 mm，呈白色透明体，斧足很长，纤毛不停地摆动，可前后运动。

3.4

幼蚌 young mussels

稚蚌培育到1 cm左右时即可出池，转入幼蚌培育阶段。生产上，一般将壳长1 cm～9 cm的蚌称为幼蚌。

3.5

细胞小片 mantle piece

外套膜的边缘膜内、外表皮被分离后，把外表皮切成用于接种的块状膜片。

3.6

撕膜法 method for tearing mantle

用剪刀将边缘膜剪下,放在玻璃板上,使外表皮朝上,用镊子夹住一端,用另一只平头镊子夹住外表皮向后轻轻撕剥,使内外表皮分离。或不将边缘膜剪下,把边缘膜从壳边翻起,表皮向上,用刀沿外套膜痕轻轻割断外表皮与外套膜肌联接处,再用镊子夹住外表皮的一端,轻轻撕拉,使内外表皮分离。

3.7

插片 mantle piece insertion

把细胞小片植入蚌外套膜组织内的操作过程。

3.8

作业蚌 material mussel

用于制取和插植细胞小片的蚌。

3.9

育珠蚌 post‐operative mussel

已完成细胞小片插植、用来培育珍珠的蚌。

4 环境条件及设施

4.1 场地

应符合 GB/T 18407.4 的规定。

4.2 水质

应符合 NY 5051 的规定,其他主要物理因子指标见表 1。

表 1 主要物理因子指标

养殖阶段	变态培育	稚蚌培育	幼蚌培育	亲蚌培育及育珠蚌养殖
透明度,cm	≥40	35～45	25～35	25～40
水色	—	黄绿色或褐绿色	黄绿色或褐绿色	黄绿色或褐绿色

4.3 生产设施

4.3.1 蓄水池

蓄水池底部应高于育苗池和幼蚌池,可利用自然落差供水。蓄水池大小视育苗及幼蚌培育规模而定。

4.3.2 亲蚌培育池

单池面积 0.2 hm²～0.7 hm²,水深 1.5 m～2.0 m,池底积淤 10 cm～15 cm,未养过蚌或已停养蚌 3 年以上。

4.3.3 育苗池

单池面积 1 m²～1.5 m²,池深 0.20 m～0.25 m。根据具体条件,可建成水泥池、砖池。育苗池设防逃、防晒和防风雨设施。

4.3.4 幼蚌培育池

单池面积不超过 50 m²,水深 0.20 m～0.40 m。池底平坦,进排水系统分开,每池设进排水口 1 个～2 个,出水口高出池底 15 cm～20 cm。

4.3.5 幼蚌培育箱

长方形或正方形,单箱面积不超过 0.5 m²,箱高 12 cm～15 cm。用竹、木或铁丝作框架,PVC 网片敷设框架上,箱底铺一层塑料薄膜。

4.3.6 育珠蚌养殖池

单池面积 1 hm²～3 hm²,常年水位保持 2 m～3 m,未发生过严重蚌病的池塘。

5 繁殖与稚幼蚌培育

5.1 亲蚌培育

5.1.1 亲蚌来源

雌雄亲蚌应来自不同水域且为非蚌病疫区,以野生蚌或经选育的良种蚌为佳。

5.1.2 亲蚌选择

5.1.2.1 种质

应符合 GB 20553 的规定。

5.1.2.2 年龄、体重和壳长

蚌龄 3 龄～6 龄,以 4 龄～5 龄为佳,体重 300 g～800 g,壳长 15 cm～20 cm。

5.1.2.3 外观特征

壳形正常、厚实;壳面光亮,呈青蓝色、褐红色、黑褐色或黄褐色;体质健壮丰满,无病无伤;双壳闭合力强,喷水有力。

5.1.2.4 雌雄鉴别

雌蚌和雄蚌的性状鉴别见表 2。

表 2 雌蚌和雄蚌的性状鉴别

项 目	雌 蚌	雄 蚌
蚌壳形状	两壳膨凸且较宽,后缘较圆钝	蚌壳较狭长,后端略尖
外鳃形状	鳃丝排列紧密,鳃丝数 100 条～120 条	鳃丝排列稀疏,鳃丝数 60 条～80 条
性腺颜色	生殖期间性腺呈橘黄色,用针刺后有颗粒状物质流出	生殖期间性腺呈乳白色,用针刺后有白色浆液流出

5.1.3 亲蚌放养

5.1.3.1 放养时间

宜选择在秋、冬季进行。

5.1.3.2 放养方式

在亲蚌的外壳上做好性别标记,亲蚌性比为 1∶1。吊养深度控制在 20 cm～40 cm,密度 9 000 只/hm²～12 000 只/hm²。

5.1.4 培育管理

放养后,用施肥、换水及泼洒生石灰的方法调控水质,适时开启增氧设备。

5.2 钩介幼虫的采集

5.2.1 采集时间及水温

4 月下旬至 6 月中旬为采苗盛期;采集水温为 18℃～30℃,最适水温为 20℃～25℃。

5.2.2 寄主鱼选择与用量

5.2.2.1 寄主鱼选择

选择性情温和、游动缓慢、体质健壮、无病无伤、鳍条完整无损、来源方便的鱼类作为寄主鱼。在实际生产中,规格以 50 g/尾～100 g/尾的黄颡鱼为佳。

5.2.2.2 寄主鱼用量

每只雌蚌配 10 尾～20 尾寄主鱼。

5.2.3 钩介幼虫成熟度检查

5.2.3.1 肉眼观察

用开口器轻缓打开双壳,用固口塞固定,观察蚌鳃。如蚌鳃颜色呈紫黑、灰黑、灰白、棕黄色,则表明

钩介幼虫基本成熟。

5.2.3.2 针刺观察

用针刺入鳃瓣近两端部位,顺着鳃丝方向小心地拉出钩介幼虫。如钩介幼虫足丝相互粘连成线,则表明钩介幼虫成熟。

5.2.3.3 显微镜检查

将取出的钩介幼虫放在载玻片上,通过显微镜观察。当视野中的钩介幼虫全部或大部分破膜,且两壳已能微微扇动,足丝粘连,可进行采苗。

5.2.3.4 操作管理

钩介幼虫成熟度检查操作应在原塘水中进行;雨后 2 d~3 d 内不宜检查,宜在连续多日晴天后进行。

5.2.4 排幼

将钩介幼虫已成熟的雌蚌洗净,在阴凉处露空放置 0.5 h 后,平放在大盆中,加入自然水域清水至 20 cm~25 cm,每立方米水体放 200 个~250 个。待雌蚌排团状的絮状物约 30 min,水中钩介幼虫达到一定密度时,将雌蚌转移至另一大盆中让其继续排放。

5.2.5 附幼

用手轻轻地搅动水体,使絮状物散开,将寄主鱼放入盆内进行静水附幼。附幼过程中,配小型增氧设备增氧。附幼后的寄主鱼应及时转入流水育苗池内饲养。

5.3 蚌苗采集

5.3.1 寄主鱼饲养

5.3.1.1 放养密度

放养寄主鱼 1 kg/m² ~1.5 kg/m²。

5.3.1.2 水流量控制

育苗池水的流量 15 L/min~30 L/min。

5.3.1.3 投饲管理

日投喂量为寄主鱼重量的 2% 左右。投喂饲料可以是碎蚌肉、活蚯蚓等,及时清除残饵。

5.3.1.4 钩介幼虫寄生时间

当钩介幼虫寄生 4 d~16 d,即要脱苗。具体寄生时间与水温关系见表3。

表 3 寄生时间与水温关系

水温,℃	18~19	20~21	23~24	26~28	30~35
寄生时间,d	14~16	12~13	10~12	6~8	4~6

5.3.2 脱苗

脱苗前 1 d~2 d,停止投食。待寄主鱼鳃丝及鳍条上的小白点消失,脱苗结束,及时捞出寄主鱼,进入稚蚌培育阶段。

5.4 稚蚌培育

5.4.1 放养密度

2×10^4 只/m² ~ 3×10^4 只/m²。

5.4.2 流速控制

整个培育阶段保持水流不断,水流速度随着蚌体的增大而逐步增大,以蚌苗不被冲失为宜。

5.4.3 抄池

每天 1 次~2 次,用手掌(手不触池底)轻轻搅动池水,激起沉在池底的积淤让流水带走,同时保证蚌不被冲失。

5.4.4 添加塘泥

脱苗后第 10 d,每平方米水面加有机质适量且经捏碎过筛后的干塘泥 1 L,以后每隔 5 d~7 d 施加一次,施加量以不超过蚌体直立的高度为宜。

5.4.5 分养

待稚蚌培育至壳长 0.8 cm~1 cm 时,应及时分养转入幼蚌培育。

5.5 幼蚌培育

5.5.1 放养密度

流水池培育 150 只/m²~250 只/m²;网箱培育 600 只/m²~1 000 只/m²,水面放养总密度以 6×10^5 只/hm² 为宜。

5.5.2 流速控制

按 5.4.2 执行。

5.5.3 添加塘泥

按 5.4.4 执行。

5.5.4 日常管理

定期检查幼蚌的生长;坚持巡塘、查箱,及时清除死蚌、网衣附着藻类等杂物,进水需过滤,以防止敌害生物进入培育池或培育箱。结合天气、水温、水质变化,适时施肥、换水或施用生石灰,使水质符合4.2 的要求。

6 接种

6.1 时间和水温

3 月~6 月或 9 月~11 月,水温 15℃~26℃。

6.2 接种前准备

6.2.1 作业蚌选择

6.2.1.1 蚌源、蚌龄及个体大小选择

蚌源以人工培育的健康作业蚌为宜。蚌龄以不超过 1 足龄为佳;蚌壳长 7 cm~9 cm,个体重不低于20 g。

6.2.1.2 外观

蚌体厚实,完整无损伤,腹缘整齐,前端较圆;壳色泽鲜亮,呈深绿、青蓝或黄褐色;外套膜肥厚细嫩,呈白色,且不得脱离壳缘;肠道食物充足;受惊后两壳迅速闭合,喷水有力。

6.2.2 作业蚌暂养

在水温 20℃左右时,用网袋或网箱吊养的方式暂养培育 10 d~30 d。暂养时间以蚌体养肥适宜操作为准,暂养密度不超过 3×10^5 只/hm² 为宜。

6.2.3 接种用具

开壳器、U 形钢丝固口塞子、剖蚌刀、切片刀、平头镊子、剪刀、小片板(深色)、划膜刀、解剖盘、PVP保养液[1]、滴管、大小盆、桶、手术架、拔鳃板、创口针、送片针、消毒液、毛巾、黑布和脱脂棉等。

6.2.4 消毒

所有固体用具使用前应用开水煮沸消毒;接种人员每天工作前双手、护袖、手套应清洁消毒;接种场地每天下班后喷洒消毒液后封闭。

---

[1] PVP 保养液配方:500 mL 生理盐水中加入聚乙烯吡咯烷酮 15 g 和四环素 40 万 IU~60 万 IU,混合后振荡均匀,现配现用。

6.2.5 细胞小片制备

6.2.5.1 流程

洗蚌—剖蚌—剪除外套膜边缘膜色线—分开内外表皮—取下外表皮—洗去黏液污物—修边切片。

6.2.5.2 制片要求

采用撕膜法制取小片为宜,制备在室温 15℃～30℃情况下进行。

6.2.5.2.1 小片大小

视作业蚌大小和所需珍珠的规格而定,3 mm～6 mm 见方或长稍大于宽的长方形为佳。厚度为 0.5 mm～0.8 mm。

6.2.5.2.2 操作时间

小片制作以 2 min 内完成为宜。

6.2.5.2.3 存放处理

制好的小片应立即滴入 PVP 保养液,避免风吹日晒及污染,应边制片边插片。

6.2.6 插片

6.2.6.1 流程

洗蚌—开壳—加塞—洗污—挑片—创口—插片—整圆—消毒—去塞—标号—放养。

6.2.6.2 插片要求

6.2.6.2.1 开壳

用开口器轻缓开壳加塞,双壳撑开的距离保持在 0.7 cm～1.0 cm。

6.2.6.2.2 数量及创口排列

插片数量按蚌体大小而定,通常为 22 片～45 片,以每蚌 30 片为佳。创口与小片间隔排列呈品字形,创口大小以能使细胞小片插入为度。

6.2.6.2.3 操作

送片针应挑在细胞小片的正中。细胞小片的外表皮应卷在里面,插入插片蚌外套膜的内外表皮之间的结缔组织中,然后退出送片针,同时用创口针将小片整圆。挑片、创口、插片、整圆应一次成功。插片部位以外套膜中央膜的中后部为佳。

6.2.6.2.4 处理

插片后立即在创口处滴加广谱抗菌药物消毒液进行消毒,然后拔掉固口塞子,暂养于微流水中。消毒药物使用应遵循 NY 5071 的规定。

6.2.6.2.5 时间

每只蚌插片过程以 5 min 内完成为宜。

6.3 吊养

完成接种手术的插片蚌,应尽快吊养于育珠水域。

7 育珠蚌养殖

7.1 养殖方式

以鱼蚌混养为宜,可以蚌为主或以鱼为主。混养鱼类可为草鱼、团头鲂、鲢、鳙。鲢、鳙放养量不宜过大。以蚌为主养时,年鱼总产量控制在 1 500 kg/hm² ～3 000 kg/hm²。

7.2 养殖方法

采用网袋、网箱或网夹吊养。

7.2.1 吊养架设置

以毛竹等材料为桩,用聚乙烯绳相联,绳上每间隔 2 m 左右固定一个浮子(渔用泡沫浮子、塑料瓶等），使绳上吊养育珠蚌后，能保持绳浮在养殖水面。

7.2.2 吊养盛具的制作

7.2.2.1 网袋

袋底直径 20 cm，孔径 2 cm。用竹片做支架支撑袋底，使网袋呈圆锥形。

7.2.2.2 方网箱

规格 40 cm×40 cm×12 cm，孔径 2.5 cm。

7.2.2.3 网夹袋

竹片长 50 cm，宽 2 cm；网片长 17 孔、高 6 孔，孔径 4 cm。竹片两端打孔，串扎网线，竹片中间用网片做成网袋。

7.2.3 养殖池准备

7.2.3.1 池塘清整

每个养殖周期结束后进行池塘清整。除去过多淤泥，修整塘埂，干池晒塘至塘泥产生裂缝再施用生石灰，用量 1 500 kg/hm²，在塘底均匀挖若干小坑，在坑中用水化开趁热全池泼洒。10 d～15 d 后进水。

7.2.3.2 施用基肥

在冬季干池清整后应施用基肥，基肥通常为腐熟的有机肥料。肥水池塘和多年养殖淤泥较多的池塘少施，新开挖的池塘多施。

7.2.4 养殖密度

以蚌为主的池塘吊养育珠蚌 $1.2×10^4$ 只/hm²～$1.8×10^4$ 只/hm²。早期可适当密养，后期随蚌体生长逐步分养，降低养殖密度。

7.2.5 吊养方法

将育珠蚌装入盛具，每个网袋装 2 只；如用网箱，每箱装 10 只～20 只。养殖一年后转入网夹袋，每袋装 4 只。

7.2.6 养殖管理

7.2.6.1 水质调节

7.2.6.1.1 培水

插片手术后的育珠蚌下塘后 7 d～15 d 内，保持水质清新。以后视水质情况进行适时追肥培水，保持池水肥、活、嫩、爽。

7.2.6.1.2 注水

4 月～10 月间根据池塘水质情况，每隔 15 d 加注新水一次。必要时，可换去部分底层老水，保持水体溶氧不低于 5 mg/L。

7.2.6.1.3 改良水质

在生长旺季施用微生物制剂，用法和用量按照厂方使用说明书。

7.2.6.1.4 尾水排放

养殖过程中，池塘排放的尾水质量应符合 SC/T 9101 的要求。

7.2.6.2 吊养深度控制

春、秋两季育珠蚌吊养在水面下 25 cm～35 cm 处，夏、冬两季吊养在水面下 35 cm～45 cm 处。

7.2.6.3 定期检查

育珠蚌下塘吊养 7 d 以后，检查蚌的成活率。如大量死亡，要立即停止插片手术，同时检查原因。每隔半个月检查一次蚌的生长情况，发现死蚌立即清除并进行无害化处理。每天结合鱼类投喂等管理进行巡塘，检查桩、绳、盛蚌器具的完好性，发现损坏及时修复。

7.2.6.4 清除污物

定期洗刷附生于网袋、网箱和育珠蚌上的藻类及污物,及时清除水面的杂物和池边杂草,保持养殖环境清洁。

7.3 养殖周期

育珠蚌养殖周期以不少于三夏两冬龄为宜。

8 蚌病防治

8.1 蚌病预防

5 月~10 月,每月用生石灰对水后全池均匀泼洒,生石灰用量为 150 kg/ hm² ~ 200 kg/ hm²。保持池水 pH 为 7.0~8.5。定期检查蚌的生长、喷水等是否正常。发现蚌病,应及时诊断病症,对症下药。病蚌应及时移入隔离病区养殖,病死蚌体应无害化处理。

8.2 蚌病治疗

蚌病治疗过程中药物使用应遵循 NY 5071 的规定,治疗方法参见附录 A。

9 珍珠采收及保存

9.1 采收

9.1.1 季节

每年 12 月份到翌年 2 月份为珍珠采收季节,水温 8℃~12℃。

9.1.2 方法

9.1.2.1 剖蚌取珠

将已育成珍珠的蚌,用剖蚌刀切断前后闭壳肌,打开双壳,取出珍珠。

9.1.2.2 活蚌取珠

用开壳器轻轻将珍珠蚌撑开,加固口塞固定;置于手术架上,洗去蚌内污物;用拨鳃板将鳃和斧足等拨向一侧,用开口针在每个珍珠的小突起上将珍珠囊划开一个小口,再用拨鳃板在珍珠突起的底部朝上推,将珍珠从开口处推挤出来;或用弯头镊子把珍珠一颗颗取出。

9.2 清洗保存

取出的珍珠应立即进行清洗。即将取出的珍珠放入清水盆中洗去污物,用清洁的白毛巾或绒布擦干,打光。将打光后的珍珠装进布袋,放在通风透气的橱架上保存。

附 录 A

（资料性附录）

主要蚌病治疗方法

序号	蚌病名称	蚌病症状	治疗方法
1	蚌瘟病	排水孔与进水孔纤毛收缩，鳃有轻度溃烂，外套膜有轻度剥落，肠道壁水肿，晶杆萎缩或消失	聚维酮碘（有效碘 1%）全池泼洒，每立方米水体用 1 g～2 g
2	烂鳃病	鳃丝肿大，有的发白，有的发黑糜烂，残缺不一，往往附有泥沙污物，有大量黏液；闭壳肌松弛，两壳张开后无力闭合	1. 2%～4%食盐水浸洗蚌体 10 min～15 min 2. 10mg/L 高锰酸钾溶液浸泡 10 min～15 min
3	肠胃炎	肠胃道无食、充血发炎、时有血斑等，并有不同程度的水肿；有大量淡黄色黏液流出，间有腹水，斧足多处残缺糜烂。初期蚌壳微开，出水管喷水无力，严重时完全失去闭壳功能	1. 2%～4%食盐水浸洗蚌体 10 min～15 min 2. 二溴海因全池泼洒，每立方米水体用 0.05 g～0.25 g
4	侧齿炎	蚌的双壳不能紧闭，侧齿四周组织发炎、糜烂，呈黑褐色	三氯异氰脲酸全池泼洒，每立方米水体用 0.2 g～0.5 g
5	烂斧足病	斧足边缘有锯齿状缺刻和严重溃疡，组织缺乏弹性，呈肉红色，常有萎缩，并有大量黏液	1. 3%食盐水浸洗蚌体 10 min～15 min 2. 漂白粉对水后全池泼洒，每立方米水体用漂白粉 1 g，用药后第三天再注入新水 3. 苦楝树叶 100 kg/hm²，浸泡于池塘四角
6	水肿病	内脏团、外套膜和斧足浮肿透亮，严重时外套膜与蚌壳间充水。腹缘后端张开，两壳不能紧闭，壳张开 0.5 cm～1 cm	用 0.25 kg 珍珠粉溶于水中，充分搅拌后取其上清液，加上 10 g 氯化钴和少量生姜、食盐，制成 100 kg 水溶液，将病蚌浸泡 20 min
7	蚌蛭病	寄生在蚌体的水蛭（即蚂蟥）主要有宽身舌蛭和蚌蛭两种，吸附在鳃、外套膜或斧足上，体扁、多环节，作尺蠖状爬行，肉眼易见。蚌蛭以吸取蚌的血液和体液为生，损坏蚌鳃和外套膜组织，造成蚌体消瘦，严重时引起蚌死亡	1. 保持池水 pH7～8，抑制蚌蛭生长繁殖 2. 用稻草把子沾满新鲜畜禽血，晾干后挂于水中，经 1 d～2 d，诱集大量蚌蛭后提起焚烧，连用数次，清除为止

ICS 65.150
B 52

中华人民共和国水产行业标准

SC/T 1110—2011

罗非鱼养殖质量安全管理技术规范

Standard of quality and safety management technology in tilapia farming

2011-09-01 发布

2011-12-01 实施

中华人民共和国农业部 发布

前　言

本标准按照 GB/T 1.1—2009 给出的规则起草。

本标准由中华人民共和国农业部渔业局提出。

本标准由全国水产标准化技术委员会淡水养殖分技术委员会(SAC/TC 156/SC1)归口。

本标准起草单位:中国水产科学研究院、广东省水产养殖病害防治中心、广东省南海科达恒生水产养殖公司。

本标准主要起草人:房金岑、宋怿、刘琪、李乐、陈文、陈智兵、陈志生、唐礼良、刘巧荣、黄磊。

罗非鱼养殖质量安全管理技术规范

1 范围

本标准规定了罗非鱼池塘养殖良好操作和养殖产品质量安全管理体系的要求。

本标准适用于罗非鱼养殖场建设和养殖产品质量安全管理体系；也适用于评定罗非鱼养殖场的质量安全保证能力；其他养殖方式参照执行。

2 规范性引用文件

下列文件对于本文件的应用是必不可少的。凡是注日期的引用文件，仅注日期的版本适用于本文件。凡是不注日期的引用文件，其最新版本（包括所有的修改单）适用于本文件。

GB 11607　渔业水质标准

GB/T 18407.4　农产品安全质量　无公害水产品产地环境要求

NY 5051　无公害食品　淡水养殖用水水质

NY 5071　无公害食品　渔用药物使用准则

SC/T 0004—2006　水产养殖质量安全管理规范

SC/T 1025　罗非鱼配合饲料

SC/T 9101　淡水池塘养殖水排放要求

3 罗非鱼养殖良好操作基本要求

3.1 总则

罗非鱼养殖生产应符合 SC/T 0004—2006 中第 4 章的有关规定。对罗非鱼养殖过程进行危害分析，提出其潜在危害、潜在缺陷，并制定控制措施。

3.2 养殖过程危害与质量缺陷分析与技术指南

3.2.1 场址选择

场址选择可能存在但不仅限于以下潜在危害和缺陷，罗非鱼养殖场应采取预防措施加以控制。

a)　潜在危害：土壤、水源和周边环境中有毒有害物质、农药残留和致病微生物等。

b)　潜在缺陷：水源和水生生物携带的致病微生物及生物毒素。

c)　技术指南：

　　1)　场址应符合 GB/T 18407.4 的要求。

　　2)　调查场址所在地以往和目前的工农业生产对水产养殖生产的影响情况，以评估可能存在的污染因素。必要时，对土壤中可能存在的污染物（如有毒有害物质、农药残留等）进行检测，如检测结果表明此地不适宜罗非鱼养殖时，则应另选场址。

　　3)　调查周围环境的溢流、排污等对水产养殖生产和污染情况，采取措施避免养殖水体受到污染。养殖场应与居住区、畜禽养殖区隔离。

　　4)　水源充足，排灌方便。水源水质应符合 GB/T 11607 的要求。

3.2.2 养殖设施与设备

养殖设施管理和使用过程中可能存在但不仅限于以下潜在危害和缺陷，罗非鱼养殖场应采取预防措施加以控制。

a)　潜在危害：油污污染、致病微生物交叉感染。

b)　潜在缺陷：外来生物；低温冻害等。

c) 技术指南：

1) 对池塘养殖设备应采取防漏油、漏电措施，制订定期检修计划，并加以实施。

2) 池塘应建在通风向阳，土质为壤土或沙壤土，池塘深度宜为 2 m～3 m。

3) 池塘进、排水渠道应分开设置，避免进水与排水混合。进水口应设过滤装置，宜建造沙滤井或沙滤池或沉淀净化池，也可在进水口设置 30 孔/cm～40 孔/cm（80 目～100 目）过滤网，以避免敌害生物的进入；出水口应设拦鱼设施，防止池塘内的鱼逃逸。

4) 养殖场宜配置养殖废水处理设施，对养殖废水进行无害化处理后排放。排放水质应符合 SC/T 9101 的要求。

5) 大型养殖场应配套越冬设施，可在温室或塑料大棚内进行加温保暖越冬，也可利用符合水源水质要求的地下温泉水或其他热水源越冬。越冬池可采用土池或水泥池。水泥池形状宜为圆形或椭圆形，池底呈锅底形，中间设排污口，面积以 100 m² ～500 m² 为宜，池深 1.5 m。土池 500 m² ～5 000 m²。鱼进入越冬池前，应清理池中污物，并用 30 mg/L 漂白粉溶液泼洒池壁和池底进行消毒。

3.2.3 投入品管理

3.2.3.1 饲料

饲料管理中可能存在但不仅限于以下潜在危害和缺陷，罗非鱼养殖场应采取预防措施加以控制。

a) 潜在危害：有毒有害物质、农兽药残留等。

b) 潜在缺陷：饲料氧化、变质，营养素含量过低或不全面，效价不高或转换率低等。

c) 技术指南：

1) 宜使用配合颗粒饲料，配合饲料应符合 SC/T 1025 的有关要求。

2) 外购配合饲料应具有生产许可证、产品质量标准和检验合格证。

3) 外购的饲料添加剂应具有生产许可证、产品批准文号或进口登记许可证和检验合格证，饲料添加剂应在专业人员指导下使用。

4) 饲料贮存和运输应符合标签说明。

5) 饲料购置、生产、运输、使用应保持记录。

3.2.3.2 药品

药品管理中可能存在但不仅限于以下潜在危害和缺陷，罗非鱼养殖场应采取预防措施加以控制。

a) 潜在危害：化学污染、药物残留。

b) 潜在缺陷：造成罗非鱼应激、水质突变。

c) 技术指南：

1) 应到国家行业主管部门批准允许销售渔药的商店或通过 GMP 认证的渔药生产企业购买渔药。

2) 渔药应有产品质量检验合格证、生产许可证、产品批准文号或进口登记许可证，严禁使用国家禁用药和未经批准登记的进口产品；使用限用渔药时，要严格遵守休药期，控制药物残留不超过限定标准。

3) 养殖场应设存放药品的专用场所，并设专人负责管理。按照产品的要求存放，对储藏条件有特殊要求的药品，应设专用储藏设备，养殖场不得存放违禁药。

4) 养殖场应建立药品档案，内容包括每种药品的生产商、供应商、使用方式和使用剂量等信息，并建立完整的渔药进出库和库存台账。

5) 渔药和其他化学物品以及生物制剂应在专业技术人员的指导下使用。投喂或使用渔药的员工应经过相关培训，并具备用药的相关能力和知识。

6) 养殖场应做好用药记录，记录内容应至少包括日期、疾病诊断、处方、药名、使用方法、治疗效果和不良反应等。

3.2.4 前期准备

3.2.4.1 清污整池、消毒除害

清污整池和消毒除害过程中可能存在但不仅限于以下潜在危害和缺陷,罗非鱼养殖场应采取预防措施加以控制。

  a) 潜在危害:渔药、水质改良剂、消毒剂物质所造成的污染;致病微生物。
  b) 潜在缺陷:敌害生物等。
  c) 技术指南:
    1) 应对池塘底质进行检测,底质应符合 GB 18407.4 的要求。
    2) 养殖前宜使用生石灰、茶粕或漂白粉等清除杂鱼、鱼卵及敌害水生动物,杀灭致病微生物、寄生虫等。
    3) 收获后,宜排干池水充分曝晒,每年对养殖池塘进行一次清污消毒和修整。池底淤泥10 cm为宜,清除池中过多的淤泥。药物的使用应遵守 NY 5071 的规定。

3.2.4.2 进水

进水环节可能存在但不仅限于以下潜在危害和缺陷,罗非鱼养殖场应采取预防措施加以控制。

  a) 潜在危害:致病微生物;重金属、农兽药等。
  b) 潜在缺陷:敌害生物;致病微生物。
  c) 技术指南:
    1) 进水前需对水源水质进行检验,符合要求方可使用。水源水质应符合 GB 11607 的要求。
    2) 进水应进行有效过滤,宜在进水口设置过滤网。有条件的可建造沙滤井或沙滤池,以避免敌害生物进入养殖池塘。
    3) 必要时,对进水进行消毒,杀灭随水体中的微生物病原体。消毒剂的使用应遵守 NY 5071 的规定。

3.2.5 苗种管理与放养

苗种管理与放养过程中可能存在但不仅限于以下潜在危害和缺陷,罗非鱼养殖场应采取预防措施加以控制。

  a) 潜在危害:苗种带来的药物残留、致病微生物。
  b) 潜在缺陷:苗种质量差;放养密度不合理或操作不当造成苗种死亡。
  c) 技术指南:
    1) 外购苗种应来自经渔业行政主管部门批准生产的国家级或省、县(市)级罗非鱼良种场、苗种场。所购苗种应检验检疫合格。购入前,应对育苗场环境及育苗过程进行考察、评估,并索取资质证明,对苗种采购进行记录。
    2) 苗种运输前3 d~4 d,应逐步调节池水水温,使池水水温接近或达到自然水温。起运前24 h~30 h宜适当停喂,停喂期间宜拉网锻炼1次~2次。运输过程中,应根据路程合理安排装运密度,在较远运途中,应调换 3/5 或 1/2 的同温新水,必要时应充氧。运抵目的地,应尽快将苗种捞放到已备好水的池内,用 3% 食盐水浸洗 10 min 或用 8 mg/ kg~10 mg/kg 漂白粉浸洗 5 min 消毒、杀菌,然后定箱放养,当天不宜投饵。运输及暂养过程中,不同来源的苗种不宜混装混养。
    3) 自繁苗种的生产过程和产品应符合相关的法律法规和质量标准的规定,应做好苗种质量的检测以及生产记录,防止体弱和带病苗种进入养殖生产环节。
    4) 鱼苗投放前5 d~7 d,应培育饵料生物,营造良好的养殖环境。
    5) 苗种入塘前,应进行鱼体消毒。消毒方法可采用 2%~4% 食盐溶液浸浴 5 min~10 min。
    6) 鱼苗放养密度应以养殖方式、罗非鱼苗种品种和规格、养殖池塘容量、预期成活率以及预期的收获规格为基础确定,并做好记录。

3.2.6 养殖管理

3.2.6.1 成鱼养殖管理

成鱼养殖管理过程中可能存在但不仅限于以下潜在危害和缺陷,罗非鱼养殖场应采取预防措施加以控制。

a) 潜在危害:化学污染、渔药残留。

b) 潜在缺陷:致病微生物、富营养化、微生态系统被破坏。

c) 技术指南:

1) 应根据罗非鱼生长周期、养殖场特点、当地气候条件、市场需求等制定合理的养殖计划,控制好合理的放养密度或养殖容量。

2) 根据养殖罗非鱼的生理生态特性和养殖密度、池塘条件,合理投喂饲料。按照不同的生长周期、种类所需要的蛋白质和脂肪含量制定投喂方案。投喂应做到定位、定时、定量和定质,成鱼养殖每日投喂 2 次~3 次,每次投喂时间宜控制在 40 min 之内,投喂时要均匀,日投喂量为鱼体重的 3.0%~3.5%,并根据鱼的生长、摄食、水温和天气情况进行调整。

3) 投喂药物性饲料时,应在相关程序上显示或设置告示牌,提醒员工用药和停药日期,并做好记录。

4) 在罗非鱼养殖池中宜配养 20% 的鲢、鳙鱼调节水质。其中,鲢鱼种放养量比例为 15%~16%,鳙鱼的放养比例为 4%~5%。放养的鲢、鳙鱼应经检疫合格。同时,可用微生态制剂等调节改善水质。

5) 建立水质监控程序,对养殖水域进行适当监控。当溶解氧低于 4 mg/L 时,应开动增氧机或采取其他方式增氧;养殖期内对水质应进行定期检测,水质应符合 NY 5051 的要求。

6) 养殖水排放前应进行处理,排放水质应达到 SC/T 9101 要求。

7) 日常管理中,应经常巡塘检查,注意观察鱼群活动情况及水色、水质等,及时清除池中残饵和污物。每天早、中、晚应测量水温、气温,每周应测 1 次 pH,测 2 次透明度。

3.2.6.2 越冬管理

越冬管理过程中可能存在但不仅限于以下潜在危害和缺陷,罗非鱼养殖场应采取预防措施加以控制。

a) 潜在危害:化学污染、渔药残留。

b) 潜在缺陷:冻害、缺氧。

c) 技术指南:

1) 越冬池应清理池底污物,并用消毒剂溶液泼洒池壁和池底进行消毒处理。

2) 应在秋季室外水温降至 18℃ 前,将鱼移入越冬池。在春末室外水温稳定在 18℃ 以上后,可将鱼移出越冬池。

3) 越冬鱼应选择体质健壮、体形匀称、无病、无伤的个体。

4) 越冬鱼进池前应进行消毒,消毒方法可采用 2%~4% 食盐溶液浸浴 5 min。

5) 越冬亲鱼的规格以体重 0.5 kg/尾~1.0 kg/尾为宜,充气水泥池放养密度宜为 7 kg/m³~8kg/m³,土池放养密度宜为 2 kg/m³~3 kg/m³,雌、雄分池放养。

6) 越冬鱼种宜按全长 3 cm~5 cm 和 6 cm~10 cm 两种不同规格分池放养。充气水泥池放养密度宜为 8 kg/m³~10 kg/m³,土池放养密度宜为 4 kg/m³~5kg/m³。

7) 应定期排污,每隔 3 d~5 d 换水 1 次,1 次换水量不应超过池水的 1/5。换水前后,池水温差不应超过 2℃。池水溶解氧应保持在 3 mg/L 以上,水温保持在 18℃ 以上。

8) 越冬初期,视水温情况每天投喂 1 次,日投喂量为鱼体重的 0.5%~0.8%;越冬鱼出池前一个月,投喂率可增加到 1%,投饲次数为每日 2 次。

3.2.6.3 病害防治

病害防治过程中可能存在但不仅限于以下潜在危害和缺陷,罗非鱼养殖场应采取预防措施加以控制。

a) 潜在危害:化学污染、渔药残留。

b) 潜在缺陷:造成罗非鱼应激、水质改变。

c) 技术指南:

    1) 养殖场应收集病害防治技术资料,制定书面病害防治计划并加以实施。病害防治计划应包括主要病害、环境治理措施和防治方案等。对防治计划应适时进行更新和修订。

    2) 养殖场应建立常用药物用途和使用方法一览表,药物的采购与使用应符合3.2.3.2的要求。

    3) 养殖场应建立巡塘制度,及时观察和定期检查鱼体的健康状况。发现鱼异常或发病,要及时诊断和采取措施积极防治,并进行记录。

    4) 苗种下塘15 d后,每立方米水体使用1 g～2 g漂白粉(含28%有效氯)泼洒1次进行消毒;以后,每15 d左右用消毒剂全池消毒1次。消毒后,使用水质改良剂调节水质。

    5) 对死鱼应及时剔除并进行无害化处理,对病鱼池内存活鱼采取隔离措施并调查其死亡原因,对发病池的水、进排水渠道消毒并及时诊断病情,制订防治方案。

    6) 做好养殖鱼种及成鱼输出、输入的检疫工作。了解常发病病原体的种类、区系及其对养殖鱼的危害、流行季节、及时采取措施。

3.2.7 收获和运输

收获和运输过程中可能存在但不仅限于以下潜在危害和缺陷,罗非鱼养殖场应采取预防措施加以控制。

a) 潜在危害:运输过程用药残留。

b) 潜在缺陷:机械损伤、由于受惊或水温、溶解氧、冰等造成肌体/生化方面的改变。

c) 技术指南:

    1) 养殖场应保持收获用具、盛装用具、净化和水过滤系统、运输工具等与养殖产品接触表面的清洁和卫生,防止二次污染。

    2) 收获前,宜停食2 d,密集拉网炼鱼一次。

    3) 确保所有产品满足足够的停喂时间和休药期要求。

    4) 收获前,应对产品进行全部或部分指标的检测,产品检测合格后方可收获和销售。检测结果不符合要求的产品,应采取隔离、净化或延期捕获等措施。

    5) 按鱼体出池规格要求确定起捕时间。当水温下降至18℃时,所有罗非鱼应捕完;不应在高温下进行捕捞操作。捕捞操作应小心、细致、迅速,防止鱼体受伤。

4 罗非鱼养殖质量安全管理体系

应符合SC/T 0004—2006中第5章的要求。

ICS 65.150
B 51

中华人民共和国水产行业标准

SC/T 2008—2011

半　滑　舌　鳎

Half-smooth tongue sole

2011-09-01 发布
2011-12-01 实施

中华人民共和国农业部 发布

前　言

本标准按照 GB/T 1.1—2009 给出的规则起草。

请注意本文件的某些内容可能涉及专利。本文本的发布机构不承担识别这些专利的责任。

本标准由中华人民共和国农业部渔业局提出。

本标准由全国水产标准化技术委员会海水养殖分技术委员会(SAC/TC 156/SC 2)归口。

本标准起草单位:中国水产科学研究院黄海水产研究所。

本标准主要起草人:张岩、刘琪、刘萍、张瑜、于函、肖永双、张辉。

半 滑 舌 鳎

1 范围

本标准规定了半滑舌鳎(*Cynoglossus semilaevis*)的主要形态特征、生长与繁殖、细胞遗传学和生化遗传学特性以及检测方法。

本标准适用于半滑舌鳎种质的检测和鉴定。

2 规范性引用文件

下列文件对于本文件的应用是必不可少的。凡是注日期的引用文件,仅注日期的版本适用于本文件。凡是不注日期的引用文件,其最新版本(包括所有的修改单)适用于本文件。

GB/T 18654.3 养殖鱼类种质检验 第3部分:性状测定

GB/T 18654.12 养殖鱼类种质检验 第12部分:染色体组型分析

3 名称与分类

3.1 学名

半滑舌鳎[*Cynoglossus semilaevis*(Günther,A. 1873)]。

3.2 分类位置

硬骨鱼纲(Osteichthyes),鲽形目(Pleuronectiformes),舌鳎科(Cynoglossidae),舌鳎亚科(Cynoglossinae),舌鳎属(*Cynoglossus*),三线舌鳎亚属(*Areliscus*)。

4 主要形态特征

4.1 外部形态

体长舌状,很侧扁,前端钝圆,后部渐尖,背腹缘凸度相似。头稍短,头长小于头高。颌不发达,上唇边缘无穗状突,吻部延长成钩状突;吻钝,吻钩不达左侧前鼻孔下方。眼颇小,两眼位头左侧中部稍前方,上眼后缘约位下眼中央上方。眼间隔较眼径为宽,有鳞,小鱼较窄,大鱼较宽,平坦或微凹下。左侧前鼻孔短管状,位下眼前方和上颚中部上缘附近;后鼻孔小孔状,位眼间隔前半部。右侧鼻孔位上颌中部上方,远离;前鼻孔较低,管状;后鼻孔周缘微凸。口下位,口弯曲呈弓形,左右不对称,无眼侧的弯度较大,左侧较平直,口角达下眼后缘下方;左口裂近半圆形。唇光滑,右侧较肥厚。两鄂仅右侧有绒状窄牙群。鳃耙退化,仅为细小尖突。鳃孔窄,侧下位,鳃盖膜左右相连;肛门在无眼侧;生殖突位第一臀鳍条基右侧,游离。

头体左侧被小形强栉鳞,鳍无鳞而仅尾鳍基附近有鳞,上下侧线外侧鳞10纵行~12纵行,上中侧线间鳞最多24纵行~27纵行。右侧鳞栉刺很弱少,仅后部有一小群5个~8个,且刺均位鳞后缘内侧,故手摸似圆鳞,体中央一纵行位圆鳞,头前部鳞短绒毛状。左侧线3条;上、中侧线有颞上枝相连,到吻端向下弯会合后延至吻钩,少数有眼前枝;前鳃盖枝与下颌鳃盖枝相连,向后有叉枝;上、下侧线伸入倒数第2背~6背、臀鳍条间。右无侧线。

背鳍始于吻端稍后上方,后端鳍条较长,完全连尾鳍。臀鳍始于鳃孔稍后下方,形似背鳍。偶鳍仅有左腹鳍,始于鳃峡后端,第4鳍条最长,有膜连臀鳍。尾鳍窄长形,后端尖。

头体左侧淡黄褐色;奇鳍淡褐色而背、臀外缘黄色,腹鳍淡黄色。头体右侧白色,鳍淡黄色。

半滑舌鳎的外部形态见图1。

4.2 可量性状

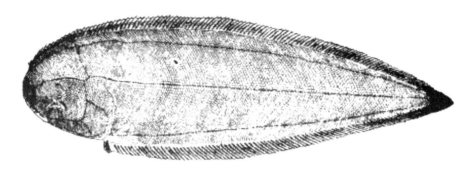

图 1 半滑舌鳎外部形态

半滑舌鳎各年龄组形态参数见表1。

表 1 各年龄组形态参数的均值及标准差

	二龄	三龄	四龄	五龄	六龄
全长/体厚	23.19±1.07	19.26±0.22	18.18±0.62	17.50±0.30	16.78±0.33
全长/体高	3.89±0.24	3.73±0.27	3.07±0.23	3.58±0.29	3.48±0.21
全长/吻高	10.80±0.22	11.34±0.13	11.60±0.48	11.81±0.11	12.06±0.13
全长/头高	3.76±0.07	4.12±0.07	4.20±0.11	4.34±0.03	4.44±0.07
头高/体高	1.04±0.06	0.91±0.06	0.86±0.07	0.82±0.07	0.78±0.05
头长/头高	0.84±0.01	0.90±0.07	0.92±0.02	0.94±0.01	0.96±0.03
头长/吻长	2.42±0.05	2.49±0.02	2.53±0.06	2.56±0.02	2.60±0.03
体厚/体高	0.17±0.02	0.19±0.02	0.20±0.01	0.20±0.01	0.21±0.01
肥满度	$5.95×10^{-4}$ $±1.3×10^{-4}$	$6.3×10^{-4}$ $±6.85×10^{-5}$	$6.28×10^{-4}$ $±1.39×10^{-4}$	$6.31×10^{-4}$ $±1.28×10^{-4}$	$6.13×10^{-4}$ $±6.66×10^{-5}$

4.3 可数性状

4.3.1 有眼侧具侧线3条。

4.3.2 侧线鳞13~15+123~132。

4.3.3 背鳍鳍条118~127，臀鳍鳍条93~99，腹鳍鳍条4，尾鳍鳍条10。

4.3.4 脊椎骨11+47。

5 生长与繁殖

5.1 生长

5.1.1 生长指标

半滑舌鳎不同年龄组生长指标的均值见表2。

表 2 2龄~6龄年龄组生长指标的均值及标准差

年龄，a	全长，mm	体高，mm	体厚，mm	体重，g	纯重，g
2	370.0±17.8	95.3±5.4	16.0±1.4	318.8±87.2	304.0±88.6
3	465.2±17.5	125.2±8.8	24.2±1.2	672.2±92.4	635.0±84.4
4	516.0±25.8	143.6±13.4	28.5±2.3	930.2±300.8	884.0±279.0
5	564.1±11.6	158.8±15.7	32.3±1.2	1 275.0±125.0	1 199.0±112.0
6	613.8±32.6	177.0±13.0	36.6±2.7	1 564.0±120.0	1 432.0±11.0

5.1.2 体长、体重生长

半滑舌鳎体长、体重生长可以用 *Von-Bertalanffy* 生长方程来描述，其方程见式（1）~式（4）：

雌性： $L_t = 768.8[1 - e^{-0.264(t+0.215)}]$ ·· （1）

$W_t = 2\,936.5[1 - e^{-0.2649t+0.215}]^{3.0788}$ ·· （2）

雄性：　　　$L_t = 367.3\left[1 - e^{-0.352(t+0.393)}\right]$ ···（3）

　　　　　　$W_t = 336.5\left[1 - e^{-0.352t+0.393}\right]^{3.1198}$ ·······································（4）

式中：

L_t——t 年龄鱼的体长，单位为毫米（mm）；

W_t——t 年龄鱼的体重，单位为克（g）；

　t——鱼的年龄，单位为龄。

5.2 繁殖

5.2.1 性成熟年龄

雄鱼在 2 龄时，全长 20 cm、体重 54 g 以上，大部分可以达到性成熟；雌鱼在 3 龄时全长 41 cm、体重 430 g 以上，达到性成熟。

5.2.2 产卵特性

半滑舌鳎一年性成熟一次，性腺分批成熟，多次产卵。渤海海域繁殖季节在 8 月份～10 月份，9 月中旬为产卵盛期，10 月上旬产卵结束。自然产卵一般在半夜前后。

5.2.3 卵子特性

半滑舌鳎的卵子为分离的球形浮性卵。在静止的状态下，受精卵在盐度为 26 以上的海水中，漂浮在水的表面；盐度低于 26 时，卵子下沉。人工授精的卵径为 1.17 mm～1.29 mm，自然海区的为1.18 mm～1.31 mm，略大于人工授精卵。卵膜薄而光滑透明，具弹性。卵黄颗粒细匀，呈乳白色。多油球，一般为 97个～125 个，多数在 100 个左右，球径为 0.04 mm～0.11 mm。随着胚胎的发育，其数量和分布位置也有变化。

5.2.4 繁殖力

半滑舌鳎的雌雄性腺差异极大，卵巢极为发达，平均体长 52.3 cm 的雌鱼，Ⅴ期性腺平均重量为146.6 g，体长 56 cm～70 cm 个体的卵巢重量一般为 160 g～240 g，最重可达 430 g，其怀卵量为$(8\sim25)\times10^5$ 粒，绝大多数为 15×10^5 粒。与此相反，半滑舌鳎的精巢极不发达，几乎退化，平均体长 28 cm 的雄鱼，Ⅴ期性腺平均重量为 0.58 g。完全性成熟的精巢，不论体积或重量都只有成熟卵巢的1/200～1/900。

6 细胞遗传学特性

6.1 染色体数目

半滑舌鳎体细胞染色体数目为 $2n = 42$。

6.2 核型公式

半滑舌鳎核型公式为：$2n = 42t$，染色体臂数为 42，半滑舌鳎雌鱼有异型性染色体存在。

半滑舌鳎染色体核型见图 2。

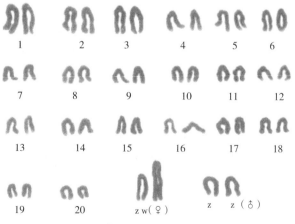

图 2　半滑舌鳎染色体核型

7 生化遗传特性

半滑舌鳎成体肌肉组织中6-磷酸葡萄糖酸脱氢酶(PGDH)的电泳图谱见图3。

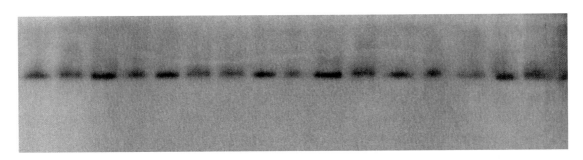

图3 半滑舌鳎成体肌肉组织 PGDH 电泳图谱

8 检测方法

8.1 形态特征的测定

按 GB/T 18654.3 的规定执行。

8.2 繁殖力的测定

用天平称产卵前、后雌鱼的重量,前后两次称重之差即为产卵的重量。用电子天平称刚产出的卵1.0 g,在解剖镜下计数,平行两次,平均值为卵密度(粒/g)。产卵量按式(5)计算:

$$G = (W_1 - W_2)(n_1/2_{W_{样1}} + n_2/2_{W_{样2}}) \quad\cdots\cdots\cdots\cdots\cdots\cdots\cdots\cdots (5)$$

式中:

G——产卵量,单位为粒;

W_1——产卵前雌鱼重量,单位为克(g);

W_2——产卵后雌鱼重量,单位为克(g);

n_1——试样 1 的卵粒数,单位为粒;

$W_{样1}$——试样 1 重量,单位为克(g);

n_2——试样 2 的卵粒数,单位为粒;

$W_{样2}$——试样 1 重量,单位为克(g)。

8.3 细胞遗传学特性

按 GB/T 18654.12 的规定执行。

8.4 生化遗传学特性

8.4.1 样品制备

取半滑舌鳎成鱼样品,取适量肌肉,分别加入约 3 倍体积的 0.05% 巯基乙醇组织提取缓冲液。在冰浴条件下匀浆,4℃离心机中 12 000 r/min 离心 30 min。取上清液,按需要量分装于小管中置于−80℃备用。

8.4.2 电泳分析

采用不连续聚丙烯酰胺凝胶垂直电泳。电泳在 4℃冰箱中进行,浓缩胶浓度为 3.6%(pH6.7),分离胶浓度为 8.2%(pH8.9),电泳缓冲系统采用 Tris-甘氨酸(TG,pH8.3)系统,290 V 电压恒压电泳6.5 h。电泳后进行酶的染色,染色过程在 37℃恒温箱中进行。同工酶染色液的配制见附录 A。

附　录　A

（规范性附录）

同工酶染色液的配置

NADP$^+$ 15 mg，NBT 15 mg，PMS 2 mg，葡萄糖 - 6 - 磷酸 100 mg，0.01 MTris-HCl（pH8.0，含 0.004 mol/L EDTA）31 mL，蒸馏水定容至 50 mL。

———————————

ICS 65.150
B 51

中华人民共和国水产行业标准

SC/T 2040—2011

日本对虾 亲虾

Kuruma prawn—Broodstock

2011-09-01 发布

2011-12-01 实施

中华人民共和国农业部 发布

前　言

本标准按照 GB/T 1.1—2009 给出的规则起草。

请注意本文件的某些内容可能涉及专利。本文本的发布机构不承担识别这些专利的责任。

本标准由中华人民共和国农业部渔业局提出。

本标准由全国水产标准化技术委员会海水养殖分技术委员会(SAC/TC 156/SC 2)归口。

本标准起草单位:中国水产科学研究院黄海水产研究所。

本标准主要起草人:刘萍、张岩、李健、王清印。

日本对虾　亲虾

1 范围

本标准规定了日本对虾(*Marsupenaeus japonicus*)亲虾的质量要求、检验方法、判定规则和运输要求。

本标准适用于日本对虾亲虾的质量判定和评价。

2 规范性引用文件

下列文件对于本文件的应用是必不可少的。凡是注日期的引用文件,仅注日期的版本适用于本文件。凡是不注日期的引用文件,其最新版本(包括所有的修改单)适用于本文件。

GB/T 15101.1—2008　中国对虾　亲虾

NY 5052　无公害食品　海水养殖用水水质

SC/T 7204.3　对虾桃拉综合征诊断规程　第3部分:RT-PCR检测法

3 术语和定义

下列术语和定义适用于本文件。

3.1

亲虾　broodstock

人工苗种繁育期间所使用的已交尾的日本对虾雌虾。

4 质量要求

4.1 亲虾来源

4.1.1 自然海区捕获的野生亲虾。

4.1.2 原、良种场提供的养殖亲虾。

4.2 外观

4.2.1 形态特征

虾体完整,体质健壮,头胸甲、腹节、附肢及尾扇完好无伤,额角完整、无折断,无其他外伤,无畸形,符合日本对虾形态分类特征。

4.2.2 体色

甲壳色泽鲜艳,呈自然的棕色、黄色和蓝色相间的横带。

4.2.3 体表

体表光洁,无附着物。

4.2.4 活力

潜沙,对外界刺激反应灵敏,弹跳有力,游动正常;不游动时腹肢分开匍匐水底,不侧卧。

4.3 健康状况

无褐斑、黑鳃、红腿、烂眼、白斑和白黑斑等病症。

4.4 规格

4.4.1 体长

人工养殖亲虾体长不小于14.0 cm;自然海区捕获的亲虾体长不小于18.0 cm。

4.4.2 体重

人工养殖亲虾体重不小于 40.0 g;自然海区捕获的亲虾体重不小于 80.0 g。

4.5 性腺发育

纳精囊饱满微凸,开口处形成交尾栓。卵巢发育良好,亲虾卵巢发育分期情况参见附录 A。

4.6 检疫

亲虾在入池前,应进行白斑综合征和桃拉综合征的检疫。带病毒的虾不得用作亲虾。

5 检验方法

5.1 外观

按照第 4 章的质量要求逐项检查亲虾及性腺发育情况。

5.2 规格

5.2.1 体长

当虾体自然伸展时,用直尺(精度 1 mm)测量从眼柄基部至尾节末端的长度。

5.2.2 体重

用纱布将亲虾体表水分吸干后,用天平(感量为 0.1 g)称重。

5.3 检疫

白斑综合征的检疫方法按 GB/T 15101.1—2008 附录 B 的规定。

桃拉综合征的检疫方法按 SC/T 7204.3 的规定。

6 检验规则

6.1 抽样原则

抽样按照 6.2 和 6.3 的规定进行,外观、规格、体重的检验采取抽样和目测结合的方法。

6.2 组批

海捕亲虾以同一来源、同一时间捕获的为同一检验批。人工养殖对虾以同一养殖池的为同一检验批。

6.3 抽样方法

同一检验批的亲虾应随机取样,批量在 1 000 尾以下(含 1 000 尾)的,取样数为批量的 2%,最小取样数为 10 尾;批量在 1 000 尾以上、5 000 尾以下(含 5 000 尾)的,抽样数为批量的 1%;批量在 5 000 尾以上的,取样数为批量的 0.5%。

7 判定规则

所有抽检项目应符合第 4 章的要求,有一项不符合即判为不合格。

8 运输要求

8.1 亲虾应做到随捕随运,缩短运输前的暂养时间。

8.2 运输前,将亲虾置于 10 ℃～12 ℃的水温中。水温较高时,应预先将池水降温,采取分梯级逐渐降温,每小时降温 1 ℃～2 ℃,一次降温不宜超过 5 ℃。在降温过程中,虾池上面用帆布或黑布覆盖,使光线变暗,以免亲虾惊动损伤和蜕皮。

8.3 可用杉木、杨木、柳木等无味的粗木屑作对虾保活填充材料,木屑经过晒干后,在-10 ℃中贮存。

8.4 亲虾运输外包装宜采用瓦楞纸板箱,内包装为泡沫箱,规格宜为 58 cm×41 cm×35 cm。每箱装亲虾 80 尾～100 尾,一层冷冻木屑一层亲虾分层放进纸板箱内。每层亲虾应适当排列,避免重叠。最下层和最上层以及四周应铺满木屑,使亲虾不能活动。箱内另加冰袋控温。

8.5 亲虾运输过程中应防晒、防雨淋,注意保温。

8.6 运输用水应符合 NY 5052 的要求。

附 录 A

（资料性附录）

日本对虾性腺发育分期

A.1 第Ⅰ期

雌虾在交配前性腺纤细，透明无色，外观看不到性腺。卵细胞很小，其内物质稀薄，核大圆形。

A.2 第Ⅱ期

交配过后，解剖可见性腺呈半透明，白浊或带淡灰色。体积稍有增大，呈条索状，但卵细胞尚未有卵黄粒，核大，核仁数量多，散布于核内，外观仍看不到卵巢的形状和色泽。

A.3 第Ⅲ期

性腺呈淡绿色，体积明显增大，卵巢内的卵细胞出现卵粒。

A.4 第Ⅳ期

卵巢基本达到最大体积，充满虾体的头胸部及体腔，呈深绿色或灰绿色。卵细胞的周围出现短棒状的周边体。卵黄颗粒大，核仁分裂成小点状，数量增多，散布于核的周围。滤泡细胞变薄。营养物质被卵细胞所吸收。

A.5 第Ⅴ期

卵巢达到最大的丰满度，呈褐绿色。卵巢背面棕色斑点增多，表面龟裂突起。卵粒清晰。卵细胞内核膜消失，核仁溶解，周边体明显增长，呈辐射状排列于卵的周围。滤泡膜被吸收而不再存在。

A.6 第Ⅵ期

已产过卵。卵巢萎缩，外观为土黄色，看不清卵巢的轮廓。

ICS 65.150
B 51

中华人民共和国水产行业标准

SC/T 2041—2011

日本对虾　苗种

Kuruma prawn—Postlarvea

2011-09-01 发布

2011-12-01 实施

中华人民共和国农业部 发布

前　言

本标准按照 GB/T 1.1—2009 给出的规则起草。

请注意本文件的某些内容可能涉及专利。本文本的发布机构不承担识别这些专利的责任。

本标准由中华人民共和国农业部渔业局提出。

本标准由全国水产标准化技术委员会海水养殖分技术委员会(SAC/TC 156/SC 2)归口。

本标准起草单位:中国水产科学研究院黄海水产研究所。

本标准主要起草人:刘萍、张岩、李健、王清印。

日本对虾 苗种

1 范围

本标准规定了日本对虾（*Marsupenaeus japonicus*）苗种的规格、质量要求、检验方法、判定规则和运输方法。

本标准适用于日本对虾苗种的质量检测与评定。

2 规范性引用文件

下列文件对于本文件的应用是必不可少的。凡是注日期的引用文件，仅注日期的版本适用于本文件。凡是不注日期的引用文件，其最新版本（包括所有的修改单）适用于本文件。

GB/T 15101.1—2008 中国对虾 亲虾

NY 5052 无公害食品 海水养殖用水水质

SC/T 7204.3 对虾桃拉综合征诊断规程 第3部分：RT-PCR检测法

3 术语和定义

下列术语和定义适用于本文件。

3.1

规格合格率 size qualified rate

符合规格要求的苗种数占苗种总数的百分比。

3.2

体色异常率 body-colour abnormal rate

体色异常（如发白、发红、腹部色素细胞异常扩张等）苗种数占苗种总数的百分比。

3.3

伤残率 wound and deformity rate

发育畸形或附肢和额角损伤的苗种数占苗种总数的百分比。

3.4

带病率 illness seeding rate

患有能现场判别病症或附着有其他附着物的苗种数占苗种总数的百分比。

3.5

死亡率 death rate

死亡的苗种数占苗种总数的百分比。

4 苗种质量要求

4.1 苗种来源

应来源于原、良种场或具有生产资质的苗种场。

4.2 指标要求

苗种全长不小于0.8 cm。

规格应整齐，体色正常，体表光滑，健壮、活力强，搅动后有明显的顶流现象。

苗种质量应符合表1各项指标的要求。

表 1 日本对虾苗种质量要求

序号	项　目	指　标
1	规格合格率	≥95%
2	体色异常率	≤1%
3	伤残率	≤2%
4	带病率	≤1%
5	死亡率	≤0.05%
6	白斑综合征病毒(white spot syndrome virus,WSSV)	不得检出
7	桃拉综合征病毒(Taura syndrome virus,TSV)	不得检出

5 计数方法

5.1 无水容量法

用塑料纱网或尼龙筛绢制成杯状漏斗等适当容器,用此容器捞取集苗箱内的虾苗,逐尾进行计数,重复 3 次,计算算术平均值。

5.2 重量计数法

用尼龙筛绢网袋捞取集苗箱内的虾苗,沥水半分钟称量计数,重复 3 次,计算出每克虾苗的尾数。

6 检验方法

6.1 规格合格率测定

用直尺(精度 1 mm)测量虾苗从额角前缘至尾节末端的长度,每次取样数不低于 30 尾。

6.2 体色异常率、死亡率、伤残率和带病率

活体观察,死亡率每次取样数不得低于 10 000 尾,体色异常率、伤残率、带病率每次取样数不得低于 1 000 尾。

6.3 白斑综合征的检疫

白斑综合征的检疫方法应符合 GB/T 15101.1—2008 中附录 B 的规定。

6.4 桃拉综合征的检疫

桃拉综合征的检疫方法应符合 SC/T 7204.3 的规定。

6.5 组批

以一个育苗池为一个检验批,销售前按批检验。

6.6 取样方法

每个检验项目随机取样 3 次,取 3 次结果的算术平均值。

7 判定规则

按第 4 章规定的各项指标判定苗种是否合格,有一项不达标即判定为不合格。

8 运输

8.1 苗种采取塑料袋充氧运输。

8.2 宜用规格 30 cm×30 cm×75 cm 的塑料袋充氧运输。在水温为 20℃～24℃时,每袋装水 1/4,可装 0.8 cm～1.0 cm 的虾苗 2.0 万尾～2.5 万尾。

8.3 运输用水与苗种培育用水的温差应小于 2℃,盐度差小于 3。

8.4 运输应在早晚进行,避免阳光曝晒和雨淋。

8.5 运输用水应符合 NY 5052 的要求。

ICS 65.150
B 51

中华人民共和国水产行业标准

SC/T 2042—2011

文蛤　亲贝和苗种

Meretrix meretrix linnaeus—Parents and seedlings

2011-09-01 发布　　　　　　　　2011-12-01 实施

中华人民共和国农业部 发布

前　　言

本标准按照 GB/T 1.1—2009 给出的规则起草。

本标准由中华人民共和国农业部渔业局提出。

本标准由全国水产标准化技术委员会海水养殖分技术委员会(SAC/TC 156/SC 2)归口。

本标准起草单位:山东省水产品质量检验中心。

本标准主要起草人:刘丽娟、杨建敏、宋秀凯、任利华、刘爱英、孙国华、姜向阳。

文蛤 亲贝和苗种

1 范围

本标准规定了文蛤(*Meretrix meretrix* Linnaeus)亲贝和苗种的来源、质量要求、检验方法、检验规则和包装运输。

本标准适用于文蛤亲贝和苗种的质量鉴定。

2 规范性引用文件

下列文件对于本文件的应用是必不可少的。凡是注日期的引用文件,仅注日期的版本适用于本文件。凡是不注日期的引用文件,其最新版本(包括所有的修改单)适用于本文件。

SC 2035 文蛤

3 术语和定义

下列术语和定义适用于本文件。

3.1

壳长 shell length

壳前端至后端的最大直线距离。

3.2

规格合格率 rate of qualified individuals for specification

符合规格要求的个体占所检贝总数的百分比。

3.3

弱苗率 rate of weak seedling

贝壳不能完全闭合或易剥开,反应迟钝的苗种占所检苗种总数的百分比。

3.4

伤残死亡率 rate of disability and death

壳残缺破碎和死亡贝数量占所检贝总数的百分比。

4 亲贝

4.1 亲贝来源

捕自自然海区或人工育成,形态特征应符合 SC 2035 的规定。

4.2 亲贝质量要求

4.2.1 外观

外观应符合表1的要求

表 1 文蛤亲贝的外观要求

项 目	要 求
形态	贝壳呈卵三角形,表面光滑,壳色为浅黄、棕色或绛紫色
壳面	厚实完整、洁净、无附着物
健康状况	无损伤,对外界刺激反应灵敏,软体部肥满

4.2.2 规格

SC/T 2042—2011

壳长≥4 cm。

4.2.3 可数指标

规格合格率和伤残死亡率应符合表2的要求。

表2 文蛤亲贝规格合格率和伤残死亡率

项 目	要 求
规格合格率,%	≥95
伤残死亡率,%	0

4.2.4 检疫

弗尼斯菌病、溶藻弧菌病、副溶血性弧菌病、哈氏弧菌病、需钠弧菌病不得检出。

5 苗种

5.1 苗种来源

由健康的亲贝人工繁殖或海区采集自然苗。

5.2 质量

5.2.1 外观

贝壳表面光滑无附着物,苗体健壮,离水时双壳紧闭。在适温条件下,在清洁富氧海水中,斧足伸缩有力。

5.2.2 可量指标和可数指标

规格、规格合格率、弱苗率、伤残死亡率应符合表3的要求。

表3 文蛤苗种规格、规格合格率、弱苗率和伤残死亡率

项 目	小规格苗种	中规格苗种	大规格苗种
壳长,cm	0.1~0.9	1.0~1.9	≥2.0
规格合格率,%		≥90	
弱苗率,%	≤3	≤2	≤1
伤残死亡率,%	≤5	≤3	≤2

5.2.3 检疫

弗尼斯菌病、溶藻弧菌病、副溶血性弧菌病、哈氏弧菌病、需钠弧菌病不得检出。

6 检验方法

6.1 外观及可数指标

肉眼观察、计数。

6.2 壳长测量

用游标卡尺量取壳前端至后端的最大直线距离。

6.3 检疫

采用外观与解剖症状相结合的方法。

先将受检文蛤放于适温的清洁海水中充气暂养,对外观进行检查。如有壳色暗淡无光泽,受刺激反应迟钝,离水双壳不能闭合或易剥开者,选出后以清水冲洗干净,用解剖刀剖开贝壳,观察。检疫方法见附录A。

7 检验规则

7.1 亲贝

每批亲贝随机取样 30 只以上,按照检验方法逐个进行检验。

7.2 苗种

7.2.1 组批

人工繁育的苗种,以同一育苗场、同期繁育、培育条件相同的苗种为一检验批。

海采自然苗,以同一水域、同期采捕的苗种为一检验批。

7.2.2 取样

每批苗种随机取样 500 只以上,统计壳不能闭合或易剥开,反应迟钝个数,计算弱苗率;统计壳破碎和死亡个数,计算伤残死亡率。样品充分混合后,随机取 50 只~100 只贝苗(不含弱苗、伤残及死亡个体),测量壳长,统计规格合格率。

7.2.3 判定规则

外观、规格合格率、弱苗率、伤残死亡率、检疫要求中,任一项未达质量要求,则判定本批苗种不合格。

7.2.4 复检

若对判定结论有异议,可加倍抽样复检,并以复检结果为准。

8 包装运输

亲贝和苗种运输采用麻袋、可透气的编织袋或布袋扎紧包装。途中应适当喷淋海水,海水应符合 NY 5052 的要求。气温在 3 ℃以上、20 ℃以下,运时尽量控制在 15 h 以内。途中采取防晒、防风干和防雨等措施。

附 录 A
（资料性附录）
文蛤 亲贝和苗种检疫方法

疾病名称	病原菌	主要症状
弗尼斯菌病	弗尼斯菌（*Vibrio furnissii*），菌体短小、呈弧形弯曲，革兰氏阴性杆菌	患病文蛤双壳易剥开，软体组织呈淡红色或橘红色，水肿，体液外流，斧足边缘残缺溃烂，肠胃内膜上皮细胞萎缩
副溶血性弧菌病	副溶血性弧菌（*Vibrio prarhaemolyticus*），菌体短小、呈弧形弯曲，革兰氏阴性短杆菌，具有偏端生单鞭毛	患病文蛤双壳不能闭合，对刺激反应迟钝，外壳暗，无光泽，有黏液
溶藻弧菌病	溶藻弧菌（*Vibrio alginolyticus*），菌体短小、呈弧形弯曲，革兰氏阴性短杆菌	患病文蛤双壳不能闭合，将贝壳刮开后，可见软体部消瘦，肉色大多由正常的乳白色变为浅红色；消化道内无食物或仅有少量食物有的肠段坏死，外套膜发黏，紧贴于贝壳上，不易剥离
哈氏弧菌病	哈氏弧菌（*Vibrio harveyi*），革兰氏阴性直杆菌或稍弯曲，能产生单极端鞭毛	患病文蛤花色暗淡无光泽，表皮部分脱落、表面黏液较少，解剖可见外套膜萎缩，闭壳肌松弛、开合无力，有些发烂发白，软体部消瘦，颜色淡红，血管无色，部分病蛤鳃黏液明显增多
需钠弧菌病	需钠弧菌（*Vibrio natriegen*），革兰氏阴性短杆菌	患病文蛤不能潜入沙中，外壳无光泽，有大量黏液，闭壳肌肿大，贝壳不能紧密闭合，对刺激反应迟钝，斧足呈绛红色至紫黑色，外套膜和鳃糜烂

ICS 67.120.30
X 20

中华人民共和国水产行业标准

SC/T 3108—2011
代替 SC/T 3108—1986

鲜活青鱼、草鱼、鲢、鳙、鲤

Live and fresh black carp,grass carp, silver carp,variegated carp and carp

2011-09-01 发布

2011-12-01 实施

中华人民共和国农业部 发布

SC/T 3108—2011

前　言

本标准按照 GB/T 1.1—2009 给出的规则起草。

本标准代替 SC/T 3108—1986《鲜青鱼、草鱼、鲢鱼、鳙鱼、鲤鱼》。

本标准与 SC/T 3108—1986 相比主要变化如下：

——标准更名为《鲜活青鱼、草鱼、鲢、鳙、鲤》，增加了活体的要求；

——对鱼体规格的划分进行了调整；

——增加了卫生指标要求和检测方法；

——增加了检验分类，并调整了结果判定。

本标准由中华人民共和国农业部渔业局提出。

本标准由全国水产标准化技术委员会水产品加工分技术委员会(SAC/TC156/S3)归口。

本标准起草单位：中国水产科学研究院长江水产研究所、中国水产科学研究院黄海水产研究所。

本标准主要起草人：何力、朱祥云、王联珠、郑蓓蓓、郑卫东。

本标准所代替标准的历次版本发布情况为：

——SC/T 3108—1986。

鲜活青鱼、草鱼、鲢、鳙、鲤

1 范围

本标准规定了鲜活青鱼(*Mylopharyngodon piceus*)、草鱼(*Ctenopharyngodon idellus*)、鲢(*Hypophthalmichthys molitrix*)、鳙(*Aristichthys nobilis*)和鲤(*Cyprinus carpio*)的规格、产品要求、检验规则、结果判定、标志、包装、运输和贮存要求。

本标准适用于鲜活青鱼、草鱼、鲢、鳙、鲤的规格和产品质量的评定。

2 规范性引用文件

下列文件中对于本文件的应用是必不可少的。凡是注日期的引用文件,仅注日期的版本适用于本文件。凡是不注日期的引用文件,其最新版本(包括所有的修改单)适用于本文件。

GB 11607 渔业水质标准

GB/T 14929.4 食品中氯氰菊酯、氰戊菊酯、溴氰菊酯残留量的测定方法

GB/T 18654.2 养殖鱼类种质检验 第2部分:抽样方法

GB/T 18654.3 养殖鱼类种质检验 第3部分:性状测定

SC/T 3015 水产品中土霉素、四环素、金霉素残留量的测定

SC/T 3016—2004 水产品抽样方法

SC/T 3031 水产品中挥发酚残留量的测定 分光光度法

SC/T 3032 水产品中挥发性盐基氮的测定

农业部783号公告—1—2006 水产品中硝基呋喃类代谢物残留量的测定 液相色谱—串联质谱法

农业部958号公告—12—2007 水产品中磺胺类药物残留量的测定 液相色谱法

农业部1077号公告—5—2008 水产品中喹乙醇代谢物残留量的测定 高效液相色谱法

3 规格

按鱼体体重划分规格,见表1。

表1 鱼体规格

种类	大规格,g	中等规格,g
青鱼	≥3 000	≥1 500
草鱼	≥3 000	≥1 500
鲢	≥1 500	≥800
鳙	≥2 000	≥1 000
鲤	≥1 500	≥500

4 产品要求

4.1 感官指标要求

感官指标要求见表2。

表 2　感官指标要求

项目	一级品	二级品
活动(活鱼)	对水流刺激反应敏感,身体摆动有力	对水流刺激反应欠敏感,身体乏力
体表	鱼体具固有色泽和光泽,鳞片完整、不易脱落,体态匀称,不畸形。	鱼体光泽稍差,鳞片易脱
鳃	色鲜红或紫红,鳃丝清晰,无异味,无黏液或有少量透明黏液	色淡红或暗红,黏液发暗,但仍透明鳃丝稍有粘连,无异味及腐败臭
眼	眼球明亮饱满,稍突出,角膜透明	眼球平坦,角膜略混浊
肌肉	结实,有弹性	肉质稍松弛,弹性略差
肛门	紧缩不外凸(雌鱼产卵期除外)	发软,稍突出
内脏(鲜鱼)	无印胆现象	允许微印胆

4.2　理化指标

理化指标要求见表3。

表 3　理化指标要求

项　　目	限　　量
挥发性盐基氮,mg/100 g(活体不检)	≤20.0
挥发酚,mg/kg	≤0.2

4.3　安全卫生指标

卫生指标应符合 GB 2733 的规定。

5　检验规则

5.1　检验方法

5.1.1　体重测定

5.1.1.1　抽样方法

按 GB/T 18654.2 的规定执行。

5.1.1.2　测量方法

按 GB/T 18654.3 的规定执行。

5.1.2　感官检验

在光线充足、无异味的环境条件下,将样品置于白色瓷盘或不锈钢工作台上,对鱼体按照4.1的要求逐项检验。气味评定时,切开鱼体的3处～5处,嗅气味判定。

5.1.3　理化和安全指标测定

5.1.3.1　抽样方法

按 SC/T 3016 的规定执行。

5.1.3.2　试样制备

按 SC/T 3016—2004 中附录 C 的规定执行。

5.1.3.3　挥发性盐基氮的测定

按 SC/T 3032 的规定执行。

5.1.3.4　溴氰菊酯的测定

按 GB/T 14929.4 的规定执行。

5.2　批的规定

同一船上或摊位相同的鱼种,同一鱼池或同一养殖场中养殖条件相同的产品为一个批次。

5.3　检验分类

产品检验分为出厂检验和型式检验。

5.3.1 出厂检验

每批次产品应进行出厂检验。出厂检验由生产者或买卖双方共同执行,检验项目为规格与感官检验。

5.3.2 型式检验

有下列情形之一者应进行型式检验,检验项目为本标准规定的全部项目。

a) 新建养殖场养殖的相应种类;

b) 养殖条件发生变化,可能影响产品质量时;

c) 有关行政主管部门和买方提出型式检验的要求时;

d) 出厂检验与上次型式检验有较大差异时;

e) 正常生产时,每年至少进行一次同期性检验。

6 结果判定

6.1 规格检验

规格检验应符合3的规定。

6.2 感官指标

感官指标检验项目应符合4.1的规定,合格样本数符合SC/T 3016—2004表A.1的规定,则判为批合格。

6.3 理化指标

所检项目的结果全部符合4.2的规定,判定为合格;检验结果中有一项及一项以上指标不合格,则判定本批次产品不合格。

6.4 卫生指标

所检项目的结果全部符合4.3的规定,判定为合格;检验结果中有一项及一项以上指标不合格,则判定本批次产品不合格。

7 标志、包装、运输和贮存

7.1 标志

鲜鱼外包装应标明产品的名称、产地、生产者和出厂日期。

7.2 包装

7.2.1 包装材料

所有包装材料应坚固、洁净、无毒和无异味。

7.2.2 包装要求

鲜鱼应装于洁净的鱼箱或保温鱼箱中,维持鱼体温度在0℃～4℃;避免外力损伤鱼体,确保鱼的鲜度和鱼体的完好。

7.3 运输

活鱼运输的用水应符合GB 11607的规定。鲜鱼用冷藏或保温车船运输,保持鱼体温度在0℃～4℃之间。运输工具洁净、无毒、无异味,严防运输污染。

7.4 贮存

活鱼贮存及暂养用水应符合GB 11607的规定,温度保持在30℃以下,并有充足供氧条件。鲜鱼贮存时保持鱼体温度在0℃～4℃之间。贮存环境应洁净、无毒、无异味、无污染,符合卫生要求。

ICS 67.120.30
X 20

中华人民共和国水产行业标准

SC/T 3905—2011
代替 SC/T 3905—1989

鲟 鱼 籽 酱

Sturgeon caviar

2011-09-01 发布

2011-12-01 实施

中华人民共和国农业部 发布

前　言

本标准按照 GB/T 1.1—2009 给出的规则起草。

本标准是对《鲟、鳇鱼籽》SC/T 3905—1989 的修订。本次修订在技术内容上与 SC/T 3905—1989 比较,进行了如下修订:

——对标准名称进行了修改;

——对感官要求进行了修改;

——删除了感官要求中的分级规定;

——理化指标中增加了净含量的规定;

——将安全卫生指标列入标准文本中。

本标准由中华人民共和国农业部提出。

本标准由全国水产标准化委员会水产品加工分技术委员会(SAC/TC 156/SC)归口。

本标准起草单位:中国水产科学研究院、中国水产科学研究院南海水产研究所、杭州千岛湖鲟龙科技开发有限公司。

本标准主要起草人:刘琪、赵红萍、李来好、王斌、杨贤庆、郝淑贤、岑剑伟。

本标准所代替标准的历次版本发布情况为:

——SC/T 3905—1989。

鲟 鱼 籽 酱

1 范围

本标准规定了鲟鱼籽酱产品的术语和定义、要求、试验方法、检验规则、标签、标志、包装、贮存和运输。

本标准适用于以鳇属（*Huso*）、鲟属（*Acipenser*）、铲鲟属（*Scaphirhynchus*）及拟铲鲟属（*Pseudoscaphirhynchus*）等鲟科鱼类的鱼籽为原料，经搓制、水洗、拌盐、排气、密封等工序加工制成的产品；也适用于饱和盐水加工的同类鱼籽产品。

2 规范性引用文件

下列文件对于本文件的应用是必不可少的。凡是注日期的引用文件，仅注日期的版本适用于本文件。凡是不注日期的引用文件，其最新版本（包括所有的修订单）适用于本文件。

GB 191 包装储运图示标志

GB 2733 鲜、冻动物性水产品卫生标准

GB 2760 食品添加剂使用卫生标准

GB 4789.2 食品卫生微生物学检验 菌落总数测定

GB 4789.3 食品卫生微生物学检验 大肠菌群测定

GB 4789.4 食品卫生微生物学检验 沙门氏菌检验

GB 4789.10 食品卫生微生物学检验 金黄色葡萄球菌检验

GB 4789.30 食品卫生微生物学检验 单核细胞增生李斯特氏菌检验

GB/T 5009.11 食品中总砷及无机砷的测定

GB/T 5009.12 食品中铅的测定

GB/T 5009.15 食品中镉的测定

GB/T 5009.17 食品中总汞及有机汞的测定

GB 5461 食用盐

GB 5749 生活饮用水卫生标准

GB 7718 食品标签通用标准

GB/T 20947 水产食品加工企业良好操作规范

JJF 1070 中华人民共和国国家计量技术规范

SC/T 3011 水产品中盐分的测定

SC/T 3016—2004 水产品抽样方法

SC/T 3032 水产品中挥发性盐基氮的测定

3 术语和定义

下列术语和定义适用于本文件。

3.1

鱼籽 fish eggs

是指由鲟鱼卵巢结缔组织分离出的卵。

3.2

鱼籽酱 caviar

是指由鱼籽经加盐或盐与食品添加剂混合物腌制而成的产品。

4 要求

4.1 原料要求

制备鲟鱼籽酱所需的鲟鱼籽应取自于能满足人类食用要求的鲟科鱼类。所用鱼籽应新鲜、清洁、无污染、无异味，其质量应附合 GB 2733 的要求。鱼籽成熟度为四期，此时卵巢达到最大，没有脂肪沉淀或是脂肪层很薄，其中颗粒状的卵可以很容易地从结缔组织中分离。

4.2 加工要求

生产加工场地和过程的卫生要求应符合 GB/T 20947 的规定；加工中使用的盐应符合 GB 5461 的规定；加工用水及制冰用水应符合 GB 5749 的规定。

4.3 食品添加剂

加工过程中使用的食品添加剂品种及用量应符合 GB 2760 的规定，添加剂质量应符合相应的标准和有关规定，不得使用着色剂。

4.4 感官要求

感官要求见表1。

表 1　感官要求

项　目	要　求
外观	卵粒大小基本一致，结实，有弹性，基本完整，成品不含有膜和油脂团
色泽	具有特定种属的鱼籽特征颜色，且颜色均匀
稠度	鱼籽不粘结，容易分开
气味	具有鱼籽的特有气味，无异味
其他	无外来杂质

4.5 理化指标

理化指标见表2。

表 2　理化指标

项　目	指　标
盐分，g/100 g	3.0～5.0
挥发性盐基氮，mg/100 g	≤15
酸度（以 NaOH 计），mg/100 g	≤2.4
净含量负偏差	按 JJF1070 的规定执行

4.6 安全卫生指标

卫生指标应符合 GB 2733 的规定。

5 试验方法

5.1 感官检验

在光线充足、无异味、清洁卫生的环境中，将试样置于白色搪瓷盘或不锈钢工作台上，按表1的规定逐项检验。

5.2 盐分的测定

按 SC/T 3011 的规定执行。

5.3 挥发性盐基氮测定

按 SC/T 3032 的规定执行。

5.4 酸度的测定

5.4.1 试剂

 a) 氢氧化钠标准溶液:$c(NaOH)=0.1\ mol/L$;

 b) 1%酚酞指示剂(乙醇做溶剂)。

5.4.2 测定方法

 a) 试样制备:称取试样 10 g,研细加水 200 mL 溶解并混匀,用定量滤纸过滤,滤液备用;

 b) 滴定:取上述滤液 50 mL 于锥形瓶中,滴加酚酞指示剂 2 滴,然后以 0.1 mol/L 的氢氧化钠标准溶液滴定至淡红色,30 s 内不变色为终点。同时,做一空白试验。

5.4.3 结果计算

结果按式(1)计算。

$$酸度(mL/100\ g)=\frac{(V-V_0)c}{W}\times100 \quad\cdots\cdots\cdots\cdots\cdots(1)$$

式中:

 V——试样耗用 0.1 mol/L 氢氧化钠标准溶液的体积,单位为毫升(mL);

 V_0——空白试验耗用 0.1 mol/L 氢氧化钠标准溶液的体积,单位为毫升(mL);

 W——试样的质量,单位为克(g);

 c——氢氧化钠标准溶液的浓度,单位为摩尔每升(mol/L)。

5.5 净含量偏差的测定

按 JJF 1070 的规定执行。

5.6 无机砷的测定

按 GB/T 5009.11 的规定执行。

5.7 甲基汞的测定

按 GB/T 5009.17 的规定执行。

5.8 铅的测定

按 GB/T 5009.12 的规定执行。

5.9 镉的测定

按 GB/T 5009.15 的规定执行。

5.10 菌落总数测定

按 GB 4789.2 的规定执行。

5.11 大肠菌群测定

按 GB 4789.3 的规定执行。

5.12 沙门氏菌检验

按 GB 4789.4 的规定执行。

5.13 金黄色葡萄球菌检验

按 GB 4789.10 的规定执行。

5.14 单核细胞增生李斯特氏菌

按 GB 4789.30 的规定执行。

6 检验规则

6.1 组批规则与抽样方法

6.1.1 组批规则

同一原料来源,生产条件基本相同,同一天或同一班组生产的同品种产品为一个检验批。

6.1.2 抽样方法

按 SC/T 3016 的规定执行。

6.2 检验分类

产品检验分为出厂检验和型式检验。

6.2.1 出厂检验

每批产品应进行出厂检验。出厂检验由生产单位质量检验部门执行,检验项目为感官、理化指标及菌落总数,检验合格签发检验合格证,产品凭检验合格证入库或出厂。

6.2.2 型式检验

一般情况下,每个生产周期要进行一次型式检验。检验项目为本标准中规定的全部项目。有下列情况之一时,也应进行型式检验。

    a) 长期停产,恢复生产时;

    b) 原料、加工工艺或生产条件有较大变化,可能影响产品质量时;

    c) 有关行政主管部门提出进行型式检验要求时;

    d) 出厂检验与上次型式检验有大差异时;

    e) 正常生产时,每年至少一次的周期性检验。

6.3 判定规则

6.3.1 感官检验所检项目应全部符合 4.4 的规定,结果的判定按 SC/T 3016—2004 中附录 A 或附录 B 的规定执行。

6.3.2 检验净含量偏差时,全部被检样本的平均净含量应当大于或者等于标示量,并且单件包装商品超出计量负偏差件数应当符合 JJF 1070 的规定,否则为不合格批。

6.3.3 理化指标的检验结果中有二项指标不合格,则判该批产品不合格;检验结果中有一项指标不合格,允许加倍抽样将此项指标复检一次,按复检结果判定该批产品是否合格。

6.3.4 安全卫生指标的检验结果中有一项及一项以上的指标不合格,则判本批产品不合格,不得复检。

7 标签、标志、包装、贮存和运输

7.1 标签

产品标签应符合 GB 7718 及附录 A 的规定。

7.2 标志

包装储运图示标志应符合 GB 191 的规定。

7.3 包装

7.3.1 包装材料

所用包装材料应清净、无毒、无异味,且应符合国家食品包装材料标准的要求。

7.3.2 包装要求

包装过程应保证产品不受到二次污染。

7.4 贮存

7.4.1 产品应贮存于通风、干燥、清洁、卫生、有防鼠防虫设备的冷库内,定期监测和记录温度。不应与有毒、有害、有异味、易挥发、易腐蚀的物品同处贮存。

7.4.2 零售环节中贮藏温度应保持在 1℃~4℃;批发环节中贮藏温度应保持在 −4℃~0℃;在保证产品质量的情况下,也可于 −18℃对鲟鱼籽酱产品进行冷冻贮藏。

7.5 运输

运输工具应清洁卫生、无异味,运输过程中防止日晒、虫害和有害物质的污染。运输过程温度控制宜与贮存一致。

附　录　A
（规范性附录）
鲟鱼籽酱标签规定

A.1　在标签上的产品名称应注明为"鱼籽酱"或"鲟鱼鱼籽酱"。

A.2　在标签上应注明取卵方式。

A.3　对常见的鲟鱼,如西伯利亚鲟(*Acipenser baerii*)、俄罗斯鲟(*Acipenser gueldenstaedtii*)、匙吻鲟(*Paddlefish Polyodon spathula*)制得的鱼籽酱,产品名称中,在鱼籽酱前或后应注明鱼的名称,例如"西伯利亚鲟鱼籽酱 *Acipenser baerii Caviar*"。

A.4　对不常见的鲟鱼制得的鱼籽酱,应参照附录 B,对鲟鱼的生物学种属进行补充,例如"鲟鱼生物学种属　鱼籽酱"。

A.5　杂交的鱼类,常用名后要标注杂交二字,而且,要按照附录 B 的要求标明杂交母体的种属,例如"鲟鱼籽酱杂交"或"欧洲鳇×小体鲟杂交鱼籽酱(*Huso huso*×*Acipenser ruthenus*)"。

A.6　每个主要的包装容器都要标注产品标号。

附　录　B

（资料性附录）

鲟鱼种属识别代码

鲟鱼的学术名称	相应代码
欧洲鳇 *Huso huso*	HUS
达氏鳇 *Huso dauricus*	DAU
意大利鲟 *Acipenser naccari*	NAC
高首鲟 *Acipenser transmontanus*	TRA
史氏鲟 *Acipenser schrenkii*	SCH
大西洋鲟 *Acipenser sturio*	STU
钝吻鲟 *Acipenser baerii baikalensis*	BAI
中华鲟 *Acipenser sinensis*	SIN
达氏鲟 *Acipenser dabryanus*	DAB
波斯鲟 *Acipenser persicus*	PER
短吻鲟 *Acipenser brevirostrum*	BVI
湖鲟 *Acipenser fulbescens*	FUL
美洲鲟 *Acipenser oxyrhynchus*	OXY
尖吻鲟 *Acipenser oxyrhynchus desotoi*	DES
中吻鲟 *Acipenser medirostris*	MED
闪光鲟 *Acipenser stellatus*	STE
小体鲟 *Acipenser ruthenus*	RUT
裸腹鲟 *Acipenser nudibentris*	NUD
阿姆河小拟铲鲟 *Pseudoscaphirhynchus fedtschenkoi*	FED
阿姆河大拟铲鲟 *Pseudoscaphirhynchus hermanni*	HER
丝尾拟铲鲟 *Pseudoscaphirhynchus kaufmanni*	KAU
铲鲟 *Scaphirhynchus platorhynchus*	PLA
密苏里铲鲟 *Scaphirhynchus albus suttkusi*	ALB
杂交:雌种属×雄种属	YYY×XXX

ICS 65.150
B 56

中华人民共和国水产行业标准

SC/T 4024—2011

浮 绳 式 网 箱

Floating rope cage

2011-09-01 发布　　　　　　　　　　　　　　2011-12-01 实施

中华人民共和国农业部 发布

SC/T 4024—2011

<h1 style="text-align:center">前　言</h1>

本标准按照 GB/T 1.1—2009 给出的规则起草。

请注意本标准的某些内容有可能涉及专利。本标准的发布机构不承担识别这些专利的责任。

本标准由中华人民共和国农业部渔业局提出。

本标准由全国水产标准化技术委员会渔具及渔具材料分技术委员会(SAC/TC 156/SC4)归口。

本标准起草单位:中国水产科学研究院东海水产研究所、湛江开发区扬帆网业有限公司、湛江海宝渔具发展有限公司。

本标准主要起草人:汤振明、柴秀芳、石建高、庄建、陈晓雪。

浮 绳 式 网 箱

1 范围

本标准规定了水产养殖用浮绳式网箱(以下简称网箱)的标记、规格、技术条件、装配要求、检验和试验方法、检验规则及标志、包装、运输、贮存等技术条件。

本标准适用于以聚乙烯单线单死结型网片、聚乙烯经编无结网片、聚乙烯绞捻无结网片、聚酰胺有结网片制作的,以浮绳为软框架的矩形水产养殖网箱。

2 规范性引用文件

下列文件对于本文件的应用是必不可少的。凡是注日期的引用文件,仅注日期的版本适用于本文件。凡是不注日期的引用文件,其最新版本(包括所有的修改单)适用于本文件。

GB/T 4925 合成纤维渔网片断裂强力与断裂伸长率试验方法

GB/T 6964 渔网 网目尺寸测量方法

GB/T 8834 绳索 有关物理和机械性能的测定

GB/T 18673 渔用机织网片

GB/T 21292 渔网网目断裂强力的测定

SC/T 4005 主要渔具制作 网片缝合与装配

SC/T 5001 渔具材料基本术语

SC/T 5031 聚乙烯网片 绞捻型

ISO 1969 三股和四股聚乙烯绳

3 术语和定义

下列术语和定义适用于本文件。

3.1

网箱 cage

用适宜材料制成的箱状水生动物养殖设施。

3.2

网底 bottom net

与侧网衣下缘相连接并位于网箱底部的网衣。

3.3

防跳网 anti-hop net

与侧网衣上缘相连接并垂直于水平面的网箱水上部分网衣。

3.4

网盖 lid net

与网箱口侧网衣上缘相连接并平行于水平面的网衣。

3.5

上纲 head line

装配在侧网衣上边缘并承受网箱主要作用力的纲索。

3.6

下纲 **foot line**

装配在侧网衣与网底拼接边上并承受网箱主要作用力的纲索。

3.7

纵向力纲 **vertical belly line**

为加强网衣中间或缝合处强力,避免网衣破裂而装配的纲索。垂直于上、下纲,并与上、下纲相连接。

3.8

横向力纲 **horizontal belly line**

为加强网衣中间或缝合处强力,避免网衣破裂而装配的纲索。平行于上、下纲,并与上、下纲一样形成封闭的绳圈。

3.9

系缚绳 **securing line**

网箱上固定浮子和系挂沉子的绳索。

3.10

缘纲 **border line**

加强网衣边缘强度的纲索。

4 标记

标记内容包括以下 7 项:

 a) 网箱规格:长度×宽度×高,单位为 m(保留两位小数);

 b) 防跳网高度,单位为 m;

 c) 网片材料,用代号表示(按 SC/T 5001 的规定);

 d) 单丝的线密度,用 tex 值表示;

 e) 构成网线单丝根数;

 f) 网目尺寸,单位为 mm;

 g) 网结类型用代号表示(按 SC/T 5001 的规定)。

标记排列顺序:a、b 项之间用"+"连接,b、c 项之间空一字间距,c、d 项之间直接连接,d、e 项之间用"/"连接,e、f 项之间用"—"连接,f、g 项之间空一字间距。

示例:

网箱长、宽均为 5.00 m,高为 4.00 m,防跳网高为 0.80 m,其网衣为聚乙烯单线单死结型网片,单丝线密度为 36 tex,网线为 30 根单丝,网目尺寸为 30 mm,标记如下:

5.00×5.00×4.00+0.80 PE36 tex/30—30 SJ

5 网箱规格

浮绳式网箱的长度宜为 3.00 m~8.00 m,宽度宜为 3.00 m~10.00 m,高度宜为 3.00 m~10.00 m,防跳网的高度宜为 0.60 m~1.20 m。若用单丝粗度为 36 tex 的聚乙烯三股捻线编织的有结网制作网箱网衣,其单丝数宜为 15 根~90 根;若用单丝粗度为 36 tex 的聚乙烯经编网制作网箱网衣,其单纱数宜为 20 纱~90 纱;若用单丝粗度为 42 tex 的聚乙烯绞捻网制作网箱网衣,其单丝数宜为 20 根~80 根。网衣的网目尺寸根据不同的养殖对象宜为 20 mm~80 mm。

6 要求

6.1 外形尺寸

网箱的长、宽、高允差为±2%,防跳网高度允差为 0~+5%。

6.2 网片

网箱的网衣材料如采用聚乙烯单线单死结型网片和聚乙烯经编型网片,其质量应符合GB/T 18673的要求;采用聚乙烯绞捻型网片,其质量应符合SC/T 5031的要求。

6.3 纲绳

6.3.1 上纲、下纲、横向力纲、纵向力纲、防跳网纲宜采用三股或四股聚乙烯绳。除另有约定外,其直径应不小于10 mm,长度允差±2%。

6.3.2 系缚绳宜采用三股聚乙烯绳。除另有约定外,直径应不小于10 mm,长度应在2 m以上。

6.3.3 缘纲同样宜采用三股或四股聚乙烯绳。除另有约定外,直径应不小于4mm,长度允差±2%。

6.3.4 网箱上所配的三股聚乙烯绳索的物理指标均应符合ISO 1969的规定。

6.4 网箱装配

6.4.1 网箱装配时的纵向和横向缩结系数均宜采用0.707。

6.4.2 若需要给网箱配置浮子和沉块,其沉降力应能保证网衣充分拉直;浮力应能保证其上纲浮于水面,并留有足够的储备浮力。

6.4.3 网箱所有的网片与网片间缝合宜采用等目编缝或绕缝。等目编缝、绕缝的要求应符合SC/T 4005的规定。

6.4.4 缘纲与网箱网衣宜采用直接装配法。相同单位长度纲索上所装配的网目数应基本相等;用网线把网衣和纲索缠绕固定,除另有约定外,不大于10 cm间距结缚一次。

6.4.5 网箱网衣装纲边宜绕边加固,然后与上纲、下纲用直接法装配。相同单位长度纲索上的网目数应基本相等。应用网线把网衣和纲索缠绕固定,除另有约定外,不大于10 cm间距结缚一次。

6.4.6 力纲与网箱网衣同样采用直接装配法。应网线把网衣和纲索缠绕固定,除另有约定外,不大于10 cm间距结缚一次。网箱四个棱角边应装有纵向力纲,在与上纲连接后应留有一根系缚绳,并做一个周长不小于60 cm的绳环。纵向力纲的间距除另有约定外,不大于3 m,间距应基本相等。纵向力纲安装时,应兜过箱底后在上纲、防跳网纲上打结固定。

6.4.7 横向力纲、纵向力纲在长度上允许有一处连接,但不允许用打结、绑结等影响纲绳强力的方法连接。应采用插接方法连接,插接处不少于6花。

6.4.8 系缚绳与上纲、下纲连接固定时,也用插接方法,插接处不少于3花。系缚绳间距除另有约定外,不大于2 m。系缚绳的长度除另有约定外,应大于2 m。系缚绳应是整根绳索,绳端不允许松散,应用熔融法或插结法加以固定。

7 检验方法

7.1 外形尺寸检验

用分辨力为1 mm的钢卷尺,在自然光下按本标准6.1的要求逐个检验。

7.2 网片检验

按GB/T 4925、GB/T 6964和GB/T 21292的测定规定执行。

7.3 纲绳检验

按GB/T 8834的规定执行。

7.4 网箱装配检验

在自然光下用肉眼和分辨力为1 mm的钢卷尺,按第6章中的要求逐个检验。

8 检验规则

8.1 出厂检验

8.1.1 每个出厂网箱都要经企业质检部门按照本标准的技术要求进行检验,检验合格并附产品合格证后方可出厂。

8.1.2 出厂检验项目为第 6 章中除 6.2 和 6.3.4 条以外的所有项目。

8.2 型式检验

8.2.1 型式检验每半年至少进行一次,有下列情况之一时应进行型式检验:

   a) 新产品定型鉴定时;
   b) 原材料、生产设备和加工工艺有重大改变,可能影响产品质量性能时;
   c) 质量监督抽查检验时。

8.2.2 型式检验项目为第 6 章中的全部项目。

8.3 抽样及判定

8.3.1 以同一种材料、同一种规格的网箱按式(1)计算后,确定抽样数量。

$$S = 0.4 \times \sqrt{N} \quad\cdots\cdots\cdots\cdots\cdots\cdots\cdots\cdots\cdots\cdots\cdots\cdots \quad (1)$$

式中:

S——抽样数量;

N——批网箱只数。

注1:S 的最小值为1,其余按数值修约规则修约成整数;

注2:型式检验抽样时,可在制作同批网箱的网片和绳索中抽取样品。

8.3.2 样品检验后如发现装配不符合要求,应进行返工处理至合格;如网片和绳索的质量不符合相关标准要求,则判定该批产品为不合格。

9 标签和标记、包装、运输、贮存

9.1 标签

每个网箱应附有标签,在标签上应不少于标明下列内容:

   a) 产品名称;
   b) 产品的规格;
   c) 生产企业名称与地址;
   d) 检验合格证明;
   e) 生产批号或生产日期;
   f) 执行标准。

9.2 包装

产品捆紧后,用编织布或其他合适材料包装。外包装上应标明产品名称、规格及数量。

9.3 运输

产品在运输过程中避免拖曳摩擦,不可使用刀钩类工具钩挂。

9.4 贮存

产品存放在室内时,应选择清洁、干燥的库房,远离热源 3 m 以上;存放在室外时,应有适当的遮盖,避免阳光照射和风吹雨淋。产品(从生产之日起)贮存期超过两年,应经复检合格后方可出厂。

ICS 65.150
B 56

中华人民共和国水产行业标准

SC/T 5007—2011
代替 SC/T 5007—1985

聚 乙 烯 网 线

Polyethylene netting twine

2011-09-01 发布

2011-12-01 实施

中华人民共和国农业部 发布

前　言

本标准按照 GB/T 1.1—2009 给出的规则起草。

请注意本标准的某些内容有可能涉及专利。本标准的发布机构不承担识别这些专利的责任。

本标准代替 SC/T 5007—1985《乙纶渔网线》。本标准与 SC/T 5007—1985 相比有如下变化：

——增加了"范围"、"规范性引用文件"和第 3 章"标记"；

——增加了 36 tex×35×3 规格，并对表 2 中未列出规格网线给出了用插入法计算各参数的公式；

——增加了网线"直径"、"综合线密度"和"单线结强力"的测试方法；

——在附录 A 中给出了单丝线密度为 32 tex～44 tex 的网线；

——本标准规定了断裂强度、单线结强力"合格"指标，删除原标准中一等品、二等品规定；

——修改了力值单位。

本标准由中华人民共和国农业部渔业局提出。

本标准由全国水产标准化技术委员会渔具及渔具材料分技术委员会(SAC/TC156/SC4)归口。

本标准起草单位：农业部绳索网具产品质量监督检验测试中心。

本标准主要起草人：汤振明、石建高、柴秀芳。

本标准所代替标准的历次版本发布情况为：

——SC/T 5007—1985。

聚 乙 烯 网 线

1 范围

本标准规定了聚乙烯网线的标记、要求、试验方法、检验规则、标志、包装、运输和贮存。

本标准适用于36 tex聚乙烯单丝捻成的单捻线、复捻线和复合捻线。

2 规范性引用文件

下列文件对于本文件的应用是必不可少的。凡是注日期的引用文件,仅注日期的版本适用于本文件。凡是不注日期的引用文件,其最新版本(包括所有的修改单)适用于本文件。

GB/T 3939.1 主要渔具材料命名与标记 网线

GB/T 6965 渔具材料试验基本条件 预加张力

SC/T 4022 渔网 网线断裂强力和结节断裂强力的测定

SC/T 4023 渔网 网线伸长率的测定

SC/T 5014 渔具材料试验基本条件 标准大气

3 标记

网线标记采用GB/T 3939.1中的简便标记,以表示网线材料、股数等要素和本标准号构成标记。

示例:

以线密度为36 tex的18根聚乙烯单丝捻制成的聚乙烯网线标记为:PE$-\rho_x$ 36×18 SC/T 5007。

4 要求

4.1 外观质量应不低于表1的要求。

表1 外观要求

项 目	要 求
缺 股	不允许
背 股	轻 微
起 毛	轻 微

4.2 物理性能指标应符合表2的要求。

表2 物理性能指标

规 格	公称直径 mm	综合线密度 tex	断裂强力 ≥N	单线结强力 ≥N	外捻度 T/m	断裂伸长率 %
36 tex×1×2	0.40	74	31	18	240	10～25
36 tex×1×3	0.50	111	47	27	226	10～25
36 tex×2×2	0.60	148	62	35	224	10～25
36 tex×2×3	0.75	231	87	50	192	10～25
36 tex×3×3	0.90	347	130	76	168	15～30
36 tex×4×3	1.00	462	161	93	144	15～30
36 tex×5×3	1.15	578	200	116	136	15～30
36 tex×6×3	1.30	693	241	140	128	15～30
36 tex×7×3	1.40	809	280	163	120	15～30

表 2（续）

规　格	公称直径 mm	综合线密度 tex	断裂强力 ≥N	单线结强力 ≥N	外捻度 T/m	断裂伸长率 %
36 tex×8×3	1.55	950	321	186	112	15～30
36 tex×9×3	1.65	1 069	361	217	108	15～30
36 tex×10×3	1.75	1 188	402	241	104	15～30
36 tex×11×3	1.85	1 331	441	265	100	15～30
36 tex×12×3	1.95	1 452	481	289	96	15～30
36 tex×13×3	2.05	1 572	521	313	92	15～30
36 tex×14×3	2.15	1 693	561	336	88	15～30
36 tex×15×3	2.20	1 814	602	361	84	15～30
36 tex×16×3	2.25	1 931	640	384	82	15～30
36 tex×17×3	2.30	2 074	688	412	80	15～30
36 tex×18×3	2.35	2 177	722	433	78	15～30
36 tex×20×3	2.50	2 419	803	485	74	15～30
36 tex×25×3	2.85	3 024	953	666	70	15～30
36 tex×30×3	3.20	3 629	1 140	797	60	15～30
36 tex×35×3	3.45	4 233	1 330	934	56	15～30
36 tex×40×3	3.65	4 838	1 520	1 068	52	15～30
偏差范围	—	±10%	—	—	±5%	—

注1：表中未列出规格网线的综合线密度、断裂强力、单线结强力，可用下列插入法公式计算：

$$X = X_1 + (X_2 - X_1)(N - N_1)/(N_2 - N_1)$$

式中：

　　X——代表所求规格网线的综合线密度、断裂强力和单线结强力；

　　N——所求规格的网线股数；

　　$N_1 N_2$——为相邻两规格网线的股数，且 $N_1 < N_2$；

　　X_1、X_2——分别代表相邻两规格网线的综合线密度、断裂强力和单线结强力，且 $X_1 < X_2$。

注2：网线单丝线密度非 36 tex，其值在 32 tex～44 tex 之间的网线的综合线密度、断裂强力和单线结强力可参照附录 A 计算。

5　试验方法

5.1　外观检验

外观检验应在光线充足的自然条件或采用双管日光灯并配有白色灯罩下逐绞进行。

5.2　直径测量

5.2.1　圆棒法

取试样 5 个，在预加张力的作用下，把其卷绕在直径为 5 cm 的圆棒上，测得其中 10 圈的宽度（精确到 1 mm），取其直径的算术平均值；每个试样于不同部位测定 2 次。取 5 个试样共 10 次测量值的算术平均值（精确到小数点后两位），以 mm 表示。如图 1 所示。

5.2.2　读数显微镜法

直径 1 mm 以下的试样，在预加张力的作用下，直接用读数显微镜测定与网线轴向平行的两切线间的距离，即为网线的直径。取 5 次测量值的算术平均值（精确到小数后两位），以 mm 表示。

测量步骤：

　　a)　将试样固定在测定架上，并加以预加张力；

　　b)　移动读数显微镜内基准线与网线轴向两侧外切，并读取外切时读数 m_1 及 m_2（读数精确到小数后两位）；

　　c)　计算两切线间的距离：$d = m_1 - m_2$，即为网线直径。如图 2 所示。

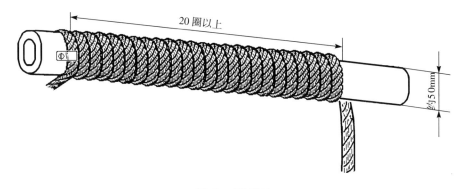

图 1　圆棒法

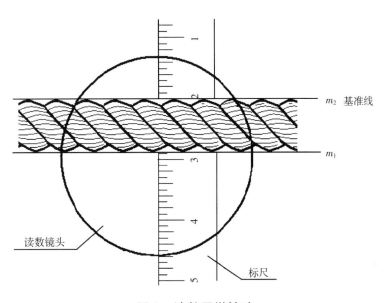

图 2　读数显微镜法

5.3　综合线密度测定

综合线密度的试验步骤如下：

a)　在测长仪上，随意量取 1 m 长试样 10 根。称重后，其值的 25 倍(250 m 网线的重量)作为暂定预加张力 f_1。测长仪如图 3 所示。

b)　以 f_1 为暂定预加张力，再次在测长仪上量取 1 m 长试样 10 根，称重后换算成 250 m 网线的重量，即为该试样的预加张力 f_2。

c)　以 f_2 为预加张力，在测长仪上量取 1 m 长试样 10 根，称取重量(精确至 0.01 g)，其值的 100 倍(1 000 m 网线的重量)，即为该规格网线试样的综合线密度。

5.4　网线外捻度测定

取试样长度为 250 mm±1 mm，在预加张力作用下，夹入纱线捻度计夹具，将网线退捻至各股平行，把退捻的捻回数(精确至 1 捻回)换算成每米的捻回数，即为网线的外捻度。

5.5　断裂强力与断裂伸长率的测定

5.5.1　实验室环境条件应符合 SC/T 5014 的规定。

5.5.2　预加张力应符合 GB/T 6965 的规定。

5.5.3　网线断裂强力和单线结强力的测定按 SC/T 4022 的规定执行，但在测定单线结强力时，作结方向应与网线捻向相同。如图 4 所示。

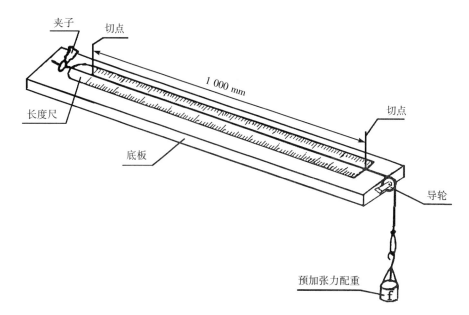

图 3   测长仪

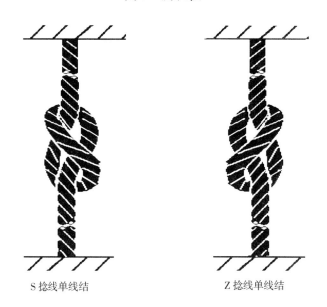

S 捻线单线结   Z 捻线单线结

图 4   单线结

5.5.4   网线断裂伸长率的测定按 SC/T 4023 的规定执行。

6   数据处理

数据处理按表 3 的规定。

表 3   数据处理

序 号	项 目	数据处理
1	综合线密度	整数
2	直径	小数点后两位
3	断裂强力	有效数三位
4	断裂伸长率	整数
5	单线结强力	有效数三位

7 检验规则

7.1 组批和抽样

相同工艺制造的同一原料、同一规格的网线为一批,但每批重量不超过2 t。

7.1.1 同批产品随机抽样不得少于5袋(箱)。从抽样袋(箱)中任取试样10绞(卷),按技术要求进行检验。

7.1.2 样品试验次数应符合表4的规定。

表4 样品试验次数

项 目	直径	综合线密度	断裂强力	断裂伸长率	单线结强力
绞数	10	10	10	10	10
每绞测试数	1	1	3	3	3
总次数	10	10	30	30	30

7.2 检验分类

7.2.1 出厂检验项目为本标准第4章中的外观质量和综合线密度。

7.2.2 型式检验项目为本标准第4章中的外观质量、综合线密度、断裂强力、单线结强力和断裂伸长率。型式检验每半年至少进行一次,有下列情况之一时必须进行型式检验:
——新产品试制定型鉴定或老产品转厂生产时;
——原材料或生产工艺有重大改变,可能影响产品性能时;
——用户或质量监督检验部门提出型式检验要求时。

7.3 判定规则

产品按批检验,其中物理性能的综合线密度、断裂强力、单线结强力中有一项或外观有两项不符合要求,则该绞(卷)样品判为不合格;网线外捻度不作考核指标。10绞(卷)样品中若有3绞(卷)以上不合格,则判定该批产品不合格;若有2绞(卷)不合格,则应加倍抽样复测。复测后,若有2绞(卷)以上不合格,则判定该批产品不合格。

8 标志、包装、运输和贮存

8.1 标志

产品应附有合格证,标明产品名称、规格、标准代号、商标、生产日期或批号、净重量及检验标志、生产企业名称和地址。

8.2 包装

每袋(箱)必须是同规格、同颜色产品,每袋(箱)净重量以20 kg~30 kg为宜。
应用适当材料外包装,捆扎结实,确保产品在运输与储存中不受损伤。

8.3 运输

运输和装卸过程中,切勿拖曳、钩挂,避免损坏包装和产品。

8.4 贮存

产品应贮存在远离热源、无阳光直射、清洁干燥的库房内。产品贮存期为一年(从生产日起)。超过一年,必须经复验合格后,方可出厂。

附　录　A

（资料性附录）

聚乙烯网线单丝线密度 32 tex～44 tex（36 tex 除外）的

综合线密度、断裂强力、单线结强力的计算公式

$$X = X_0 \times \frac{\rho}{36} \quad\text{…………………………………………} \text{（A.1）}$$

或

$$X = X_0 \times \left(\frac{d}{0.2}\right)^2 \quad\text{………………………………} \text{（A.2）}$$

式中：

X——所求网线的综合线密度、断裂强力和单线结强力；

X_0——36 tex 单丝构成网线的综合线密度、断裂强力和单线结强力；

ρ——构成网线的单丝的公称线密度，单位为特克斯（tex）；

d——构成网线的单丝直径，单位为毫米（mm）。

注：36 tex 单丝的直径为 0.2 mm。

ICS 65.060
B 94

中华人民共和国水产行业标准

SC/T 6001.1—2011
代替 SC/T 6001.1—2001

渔业机械基本术语
第1部分：捕捞机械

Fundamental terms of fishery machinery—
Part 1：Fishing machinery

2011-09-01 发布
2011-12-01 实施

中华人民共和国农业部 发布

前　言

SC/T 6001《渔业机械基本术语》分为如下部分：
——第 1 部分:捕捞机械;
——第 2 部分:养殖机械;
——第 3 部分:水产品加工机械;
——第 4 部分:绳网机械。

本部分为 SC/T 6001 的第 1 部分。

本部分按照 GB/T 1.1—2009 给出的规则起草。

本部分代替 SC/T 6001.1—2001,与 SC/T 6001.1—2001 相比主要技术变化如下:

——修改了部分术语的表达形式(见 2.4、2.5、2.6、2.7、2.8、2.9、2.11、2.13、2.15、3.10、3.11、3.16、4.1、5.2、5.7、6.11、6.17,2001 年版 2.4、2.5、2.6、2.7、2.8、2.9、2.11、2.13、2.15、3.10、3.11、3.16、4.1、5.2、5.7、6.11、6.17);

——删除了有关"槽轮"和"捕鲸绞机"的术语和定义(2001 年版 2.18、3.13);

——将术语"绞机"改为"绞纲机",并更改了定义内容(见 3.1,2001 年版 3.1);

——将术语"龙虾笼起吊机"改为"起笼机",并更改了定义内容(见 3.14,2001 年版 3.14);

——将术语"动力滑轮"改为"动力滑车",并更改了定义内容(见 4.3,2001 年版 4.3);

——将术语"鱼泵"改为"吸鱼泵",并更改了定义内容(见 6.12,2001 年版 6.12);

——将术语"舷边动力滚柱"改为"舷边滚筒",并更改了定义内容(见 6.17,2001 年版 6.17)。

本部分由中华人民共和国农业部渔业局提出。

本部分由全国水产标准化技术委员会渔业机械仪器分技术委员会(SAC/TC 156/SC 6)归口。

本部分起草单位:中国水产科学研究院渔业机械仪器研究所、上海海洋大学。

本部分主要起草人:张海宁、江涛、张建华。

本部分于 1988 年 9 月首次发布,2001 年 6 月第一次修订,2010 年第二次修订。

渔业机械基本术语
第1部分:捕捞机械

1 范围

本部分规定了渔业机械中捕捞机械的基本术语及其定义。

本部分适用于捕捞机械的科学研究、设计制造、应用、教学和行政管理等领域。

2 一般术语

2.1

捕捞机械 fishing machinery

捕捞作业中,操作渔具进行捕捞或捞取渔获物的机械设备的总称。

2.2

绞收速度 hauling speed

捕捞机械绞收渔具的速度。单位为米每秒(m/s)。

2.3

公称速度 nominal hauling speed

捕捞机械在规定位置处承受设计负载时能保持的最大绞收速度。单位为米每秒(m/s)。

2.4

拉力 pull

捕捞机械运转时作用于渔具的力。单位为千牛(kN)。

2.5

公称拉力 nominal pull

公称速度下,捕捞机械在规定位置作用于渔具的力。单位为千牛(kN)。

2.6

绞机速度 winch hauling speed

公称拉力下,绞机卷筒卷绕纲索于设计长度半长处所在层卷绕直径处能保持的最大绞收速度。单位为米每秒(m/s)。

2.7

绞机拉力 winch pull

公称绞收速度下,绞机卷筒卷绕纲索于设计长度半长处所在层卷绕直径处的拉力。单位为千牛(kN)。

2.8

容绳量 rope capacity

卷筒卷绕某一直径纲索的最大长度。单位为米(m)。

2.9

容网量 net capacity

卷网机卷绕网具的最大容积。单位为立方米(m³)。

2.10

过网断面 gross section of bunched netting

起网机工作部件允许通过网束的截面积。单位为平方米(m²)。

2.11

上进纲 upper hauling rope

纲索从卷筒上方绕入绞机。

2.12

下进纲 lower hauling rope

纲索从卷筒下方绕入绞机。

2.13

排绳角 rope arrangement angle

排绳时,纲索与绞机卷筒轴心线垂直平面之间的夹角。

2.14

卷绕直径 winding diameter

绞机卷筒卷绕纲索达容绳量时所在层纲索中心之间的最大距离。

2.15

卷筒 drum

两端具有侧板的圆筒体,用于卷绕渔具的纲索或网具并可多层储存。

2.16

摩擦鼓轮 warping end

在动力驱动下,主要靠纲索与鼓轮表面之间的摩擦力绞拉渔具但不储存纲索的筒体。

2.17

滚柱 roller

可作旋转运动,长径比大,用于纲索或网具转(导)向和减少摩擦的圆筒体。

2.18

排绳器 wire shifter

在动力驱动下,通过立式滚柱等,夹持纲索作水平往复运动,使纲索顺序按层次卷绕排列在卷筒上的装置。

3 绞纲机械术语

3.1

绞纲机 winch

捕捞作业中,绞收、储存、放出各种纲索,兼有起重、绞缆功能的机械总称,又称绞机。

3.2

卷纲机 rope reel

卷绕、储存和放出绞机绞收的纲索的机械。

3.3

绞纲机组 winch-rope reel machines

由只有绞收功能的绞纲机和卷纲机组成的机组。

3.4

拖网绞机 trawl winch

用于绞放拖网曳纲、手纲的绞机。

3.5

围网绞机　purse seine winch

用于收放围网括纲、跑纲等的绞机。

3.6

括纲绞机　purse line winch

用于绞收、储存和放出围网括纲的绞机。

3.7

跑纲绞机　hauling line winch

用于绞收、储存和放出围网跑纲的绞机。

3.8

网头纲绞机　seine painter winch

用于绞收、储存和放出围网网头纲的绞机。

3.9

刺网绞机　gill net winch

用于绞收刺网带网纲和引纲的绞机。

3.10

分离式绞机　separate winch

只带摩擦鼓轮并与卷纲机分开布置的绞机。

3.11

敷网绞机　square net winch

用于绞收敷网纲索和网衣的绞机。

3.12

大拉网绞机　beach seine winch

用于绞收大拉网曳纲起网的绞机。有固定式和牵引式两种。

3.13

起笼机　pot hauler

笼捕作业中用于绞收笼具干绳的机械。

3.14

拖网—围网绞机　trawl-seine winch

能兼收拖网曳纲或围网括纲等纲索的绞机。

3.15

网位仪绞纲机　netsonde winch

用以收放网位仪电缆和绳索的绞机。

3.16

手纲绞机　hand rope winch

用于绞收、储存和放出拖网手纲的绞机。

4　起网机械术语

4.1

起网机　net lifter

借助卷筒与网具间的摩擦力，将网具从水中起到船上、岸上或冰面上的机械。

4.2

围网起网机　purse seine hauling machine

用于起收围网网具的起网机。有悬挂式和落地式两种。

4.3

动力滑车　power block

具有动力输出的滑轮组,借助网衣与轮槽间的摩擦力起收围网等带形网具的悬挂式起网机,又称动力滑轮。

4.4

流刺网起网机　drift net hauler

用于起收流刺网网列的起网机。

4.5

大拉网起网机　beach seine hauling machine

用于起收大拉网网衣的起网机。

4.6

卷网机　net drum

用于绞收、储存和放出全部或部分网具的机械。

4.7

起网机组　net hauling machines

由起网机和理网机或滚筒组成的机组。

5　起钓机械术语

5.1

干线起线机　line hauler

用于起收延绳钓干线的机械。

5.2

支线起线机　branch line winder

用于起收并整理延绳钓支线的机械。

5.3

干线理线机　line arranger

将起收的延绳钓干线依次盘放,防止反捻纠结的机械。

5.4

干线放线机　line casting machine

投放延绳钓干线入水的机械。

5.5

曳绳钓起线机　trolling gurdy

用于起收、储存、放出曳绳钓钓具的机械,又称滚筒式钓机。

5.6

鱿鱼钓机　squid jigging machine

具有自动放线、起线钓捕、卷线、卸鱼及引诱鱿鱼上钩等功能的机械。

5.7

鲣鱼竿钓机　skipjack handliner

具有自动放竿、钓鱼、起竿、摘鱼及引诱鲣鱼上钩等功能的机械。

5.8

自动延绳钓机　autolongline machine

具有自动装饵、放钓、钓捕、起钓、集钩和储存干线等功能的延绳钓组合机械。

5.9

刺网延绳钓机组 gill net winch-longline hauler machines
能分别起收刺网纲索和延绳钓干线的组合机械。

6 辅助机械术语

6.1

辅助机械 auxiliary machinery
捕捞作业中进行辅助性工作的机械设备的总称。

6.2

牵引绞机 tractive winch
牵引网袖、网身、网囊等到渔船甲板的绞机。

6.3

滚轮绞机 bobbin winch
用于绞收或拉出拖网滚轮纲的绞机。

6.4

抽口绳绞机 zipperline winch
用于绞收拖网网囊抽口绳放出渔获物的绞机。

6.5

网囊投放机 cod-end out haul winch
用于牵引网囊由船甲板投放拖网入水的机械。

6.6

水下灯绞机 underwater light winch
用于绞收水下诱鱼灯具及其电缆的绞机。

6.7

移动绞机 shift winch
借助绞机绳索使吊杆及其上的起网机、理网机等作水平或垂直移位的绞机。

6.8

晾网绞机 drying net winch
将网具悬挂在甲板上空晾干的绞机。

6.9

抄网绞机 brailing winch
用于绞收抄网捞取围网中渔获物的绞机。

6.10

抄网机 brailing machine
装有抄网的机械手,能捞取渔获物进行装卸的机械。

6.11

理网机 net shifter
能按顺序堆叠、整理网具的机械。

6.12

吸鱼泵 fish pump
以水或空气为介质吸送鱼类的专用泵,又称鱼泵。

6.13

流刺网振网机   drift net shaker

利用振动原理抖落刺网网衣上的渔获物的机械。

6.14

定置网打桩机   set net pile hammer

将定置网桩头打入水底的机械。

6.15

钻冰机   ice driller

用于在冰封的水域冰面打孔,以便进行放网作业的机械。

6.16

冰下穿索器   ice jigger

能在冰层下按预定方向逐一穿行冰孔,带动大拉网曳纲引绳前进的装置。

6.17

舷边滚筒   wing roller

位于渔船船舷部位,用于辅助起网的动力装置,又称舷边动力滚柱。

6.18

贝类采捕机   shellfish harvester

用于采捕螺、蚬、蛤、蛏等贝类的机械。

ICS 65.060

B 94

中华人民共和国水产行业标准

SC/T 6001.2—2011

代替 SC/T 6001.2—2001

渔业机械基本术语
第2部分：养殖机械

Fundamental terms of fishery machinery—
Part 2: Aquacultural machinery

2011-09-01 发布

2011-12-01 实施

中华人民共和国农业部 发布

前　言

SC/T 6001《渔业机械基本术语》分为如下部分：
——第1部分：捕捞机械；
——第2部分：养殖机械；
——第3部分：水产品加工机械；
——第4部分：绳网机械。

本部分为 SC/T 6001 的第2部分。

本部分按照 GB/T 1.1—2009 给出的规则起草。

本部分代替 SC/T 6001.2—2001，与 SC/T 6001.2—2001 相比主要技术变化如下：
——修改了部分术语的表达形式（见2.1、2.6、3.1、3.2、3.3、3.5、3.6、5.3、6.2，2001年版2.1、2.10、3.1、3.2、3.3、3.5、3.7、5.3、6.2）；
—— 删除了有关"颗粒饲料表面质量"、"颗粒饲料机生产能力"、"颗粒饲料机吨料电耗"、"青饲料打浆机"、"α-淀粉机"、"喷浆机"、"水草收割机"、"水质改良机"、"泥水分离机"的术语和定义（2001年版2.2、2.4、2.5、3.4、3.6、3.8、3.9、4.1、5.4）；
——增加了有关"饲料混合机"、"耕水机"、"生物过滤器"、"微滤机"、"泡沫分离机"、"氧气锥"、"二氧化碳去除装置"、"弧形筛"、"紫菜收割机"的术语和定义（见3.4、4.2至4.8、6.5）；
——将术语"海涂翻耕机"改为"滩涂翻耕机"，并更改了定义内容（见6.3，2001年版6.3）；
——将术语"网箱起吊设备"改为"网箱起网设备"并更改了定义内容（见6.6，2001年版6.5）。

本部分由中华人民共和国农业部渔业局提出。

本部分由全国水产标准化技术委员会渔业机械仪器分技术委员会（SAC/TC 156/SC 6）归口。

本部分起草单位：中国水产科学研究院渔业机械仪器研究所、上海海洋大学。

本部分主要起草人：卢怡、吴凡、倪琦、张美琼、何雅萍。

本部分于1988年9月首次发布，2001年6月第一次修订，2010年第二次修订。

渔业机械基本术语
第2部分：养殖机械

1 范围

本部分规定了渔业机械中养殖机械的基本术语及其定义。

本部分适用于水产养殖机械的科学研究、设计制造、应用、教学和行政管理等领域。

2 一般术语

2.1

颗粒饲料成形率 **forming rate of pellet feed**

成形颗粒的质量与饲料原料总质量的百分比。

2.2

颗粒饲料漂浮率 **floating rate of pellet feed**

一定数量的颗粒饲料在规定测试条件下，在水中经一定时间浸泡后，仍能浮于水面的粒数与原粒数的百分比。

2.3

颗粒密度 **density of pellet**

含水率为14％的颗粒饲料质量与其体积的比值。单位为千克每立方米（kg/m³）。

2.4

颗粒饲料水中稳定性 **water-stability quality of pellet feed**

在规定测试条件下，颗粒饲料自浸入水中时起至开始解体时止所经历的时间。

2.5

增氧能力 **oxygen transfer capacity**

在规定条件下，单位时间内水体中溶解氧质量的增量。单位为千克每小时（kg/h）。

2.6

动力效率 **oxygen transfer efficiency**

在规定条件下，每千瓦输入功率的增氧能力。单位为千克每千瓦小时 [kg/(kW·h)]。

3 饲料机械术语

3.1

饲料加工机械 **feed processing machinery**

将饲料原料加工成各种类型、规格饲料的机械设备的总称。

3.2

颗粒饲料压制机 **pellet feed mill**

将粉状饲料原料加工成颗粒状饲料的设备。

3.3

膨化颗粒饲料机 **pellet feed extruder**

将粉状饲料原料挤压、剪切、升温升压、熟化并膨化成颗粒状饲料的设备。

3.4

饲料混合机　feed mixer

在配合饲料生产过程中实现各种饲料成分均匀分布的机械。

3.5

贝壳破碎机　shell crusher

将螺、蚬等贝类外壳轧碎的机械。

3.6

投饲机　feeder

投喂饲料的机械。

4　水处理机械术语

4.1

增氧机　aerator

用于增加水体中溶解氧的机械设备的总称。有叶轮式、水车式、喷水式、射流式和充气式等形式。

4.2

耕水机　water farming machine

使养殖水体上下水层有序对流、持续交换的机械。

4.3

生物过滤器　biofilter

利用附着在惰性物质表面的活性生物膜对水体进行生物净化的装置。

4.4

微滤机　microscreen filter

利用固定在鼓状或盘状旋转框架上的筛网(布)截留水中细小颗粒物质的固液分离设备。

4.5

泡沫分离器　foam fractionator

利用微气泡的黏附作用,去除养殖水体中微小悬浮颗粒和可溶性有机物等物质的设备。

4.6

氧气锥　aeration cone

水流入锥形密闭容器形成负压使气液混合的纯氧增氧装置。

4.7

二氧化碳去除装置　carbon dioxide stripping column

利用滴淋和鼓风吹脱等方式去除水体中二氧化碳的装置。

4.8

弧形筛　bowed screen

利用筛缝垂直排列于水流方向的圆弧形固定筛面进行固液分离的装置。

5　挖塘、清淤机械术语

5.1

水力挖塘机组　hydraulic pond-digging machines

由高压水枪、泥浆泵和管道等组成,用于开挖或浚深鱼塘的机组。

5.2

清淤机　silt remover

用于清除养殖水域底层淤积物的设备。

5.3

　　泥浆泵　mud pump

　　用于抽送泥浆的泵。

6　其他养殖机械术语

6.1

　　鱼卵孵化器　fish hatcher

　　具备控制鱼卵孵化时所需环境条件的设备或器具。

6.2

　　活鱼运输设备　facilities for transporting live fish

　　具有保活设施并能运载鲜活水产品的运输器具的总称。

6.3

　　滩涂翻耕机　sea beach tipper

　　对养贝滩涂作翻耕等整理的机械。

6.4

　　海带夹苗机　gripper for kelp seedling

　　将海带苗定距夹入苗绳的机具。

6.5

　　紫菜收割机　laver harvester

　　采收紫菜的机械。

6.6

　　网箱起网设备　net crane

　　起吊大型养殖网箱网衣的设备。

6.7

　　网箱清洗设备　net cage rinser

　　清除养殖网箱上附着物的设备。

6.8

　　网箱沉浮装备　net cage positioner

　　能调节养殖网箱在水中定位深度的装备。

ICS 65.060
B 94

中华人民共和国水产行业标准

SC/T 6001.3—2011
代替 SC/T 6001.3—2001

渔业机械基本术语
第3部分：水产品加工机械

Fundamental terms of fishery machinery—
Part 3：processing machinery

2011-09-01 发布 2011-12-01 实施

中华人民共和国农业部 发布

前　言

SC/T 6001《渔业机械基本术语》分为如下部分：

——第1部分：捕捞机械；

——第2部分：养殖机械；

——第3部分：水产品加工机械；

——第4部分：绳网机械。

本部分为 SC/T 6001 的第3部分。

本部分按照 GB/T 1.1—2009 给出的规则起草。

本部分代替 SC/T 6001.3—2001，与 SC/T 6001.3—2001 相比主要技术变化如下：

——修改了部分术语的表达形式（见2.2、2.4、2.5、3.3、3.4、3.5、3.7、3.10、4.3、5.3、6.2、6.3、6.5、6.7、6.8、7.5、7.12、8.1、9.1、9.2，2001年版2.2、2.4、2.5、3.3、3.4、3.5、3.7、3.10、4.3、5.3、6.2、6.3、6.5、6.7、6.8、7.5、7.12、8.2、9.1、9.2）；

——增加了有关"包馅鱼丸机"、"鱼片整形机"、"海带打结机"的术语和定义（见3.9、4.4、6.9）；

——将术语"螺旋压榨机"改为"螺杆压榨机"，并更改了定义内容（见7.3，2001年版7.3）；

——删除了有关"皮带输送机"、"制块冰设备"的术语和定义（2001年版8.1、9.1）。

本部分由中华人民共和国农业部渔业局提出。

本部分由全国水产标准化技术委员会渔业机械仪器分技术委员会（SAC/TC 156/SC 6）归口。

本部分起草单位：中国水产科学研究院渔业机械仪器研究所、上海海洋大学。

本部分主要起草人：沈建、欧阳杰、周荣、张敬峰、王君、张美琼。

本部分于1988年9月首次发布，2001年6月第一次修订，2010年第二次修订。

渔业机械基本术语
第3部分:水产品加工机械

1 范围

本部分规定了渔业机械中水产品加工机械的基本术语及其定义。

本部分适用于水产品加工机械的科学研究、设计制造、应用、教学和行政管理等领域。

2 鱼处理机械术语

2.1

洗鱼机 fish washer

用于清洗原料鱼的机械。

2.2

分级机 fish grader

按鱼体大小或质量分级的机械。

2.3

自动投鱼机 fish automatic feeder

能自动定向排列鱼体投入鱼处理机的机械。

2.4

去鳞机 scale breaker

用于去除鱼鳞的机械。

2.5

去头机 head cutter

用于去除鱼头的机械。

2.6

去头去内脏机 heading and gutting machine

用于去除鱼头和内脏的机械。

2.7

剖背机 splitting machine

用以剖开鱼背的机械。

2.8

鱼段机 piece cutter

将鱼切成段或块的机械。

2.9

鱼片机 filleting machine

将鱼胴体或原料鱼加工成鱼片的机械。

2.10

去皮机 skinning machine

用来去除鱼皮的机械。

2.11

鱿鱼加工机组 squid processing machines

将鱿鱼去皮、割花纹或切段等的机组。

3 鱼糜加工机械术语

3.1

鱼肉采取机 fish meat separator

将鱼肉与骨皮分离,取得碎鱼肉的机械。

3.2

鱼肉精滤机 fish meat strainer

滤去碎鱼肉中残存骨刺皮等的机械。

3.3

回转筛 rotary screen

用于冲洗碎鱼肉中部分水溶性物质、沥清鱼肉漂洗后的漂洗液的设备。

3.4

鱼肉漂洗设备 fish meat defatted and bleaching equipment

用于去除碎鱼肉的脂肪及水溶性蛋白等,以提高制品弹性和洁白度的设备。

3.5

鱼肉脱水机 fish meat dehydrator

用于脱去碎鱼肉或鱼糜中多余水分的机械。

3.6

擂溃机 mixing and kneading machine

将碎鱼肉与配料搅拌、研磨制成鱼糜的机械。

3.7

斩拌机 cutting and blending machine

将碎鱼肉与配料切细、搅拌、研磨制成鱼糜的机械。

3.8

鱼糜成型机 surimi shaping machine

使鱼糜通过不同模具挤压成不同形状鱼糜制品的机械。

3.9

包馅鱼丸机 wrap stuffing fish ball machine

用于生产包裹馅心鱼丸的机械,又称包心鱼丸机。

3.10

鱼卷机组 fish meat rolling machines

将鱼糜经烘烤、冷却制成卷筒状制品的机组。

3.11

自动充填结扎机 club packaging machine

自动将鱼糜充填入筒状包装内再两端结扎密封的机械。

3.12

模拟水产食品加工机组 simulated aquatic food processing machines

将鱼糜制成模拟虾、蟹肉纤维与形状食品的机组。

4 鱼制品加工机械术语

4.1

水产品干燥设备 aquatic product dryer

采用热介质等方法将水产品制成干制品的设备。

4.2

鱼或鱼片烘烤机组 fish or fillet baking machines

用于烘烤生的鱼或鱼片的机组。

4.3

干鱼片碾松机 dry fillet crusher

将烘烤鱼片组织碾松的机械。

4.4

鱼片整形机 fillet shaper

用以修整熟鱼片形状的机械。

4.5

油炸机 fryer

连续油炸鱼类等食品的机械。

5 虾加工机械术语

5.1

虾仁机 shrimp peeling machine

用以剥除鲜虾外壳的机械。

5.2

虾仁清理机 shrimp meat cleaning machine

用于清除脱壳虾仁中残留物的机械。

5.3

虾仁分级机 shrimp meat grader

将虾仁按大小分级的机械。

5.4

摘虾头机 shrimp heading machine

用于摘除虾头的机械。

5.5

虾米脱壳机 dried shrimp peeling machine

将干虾脱壳成虾米的机械。

6 贝类、藻类加工机械术语

6.1

贝类清洗机 shellfish washing machine

用于冲洗贝类表面污泥杂质的机械。

6.2

贝类脱壳机组 shellfish peeling machines

用于贝类脱壳取肉的机组。

6.3

紫菜采集机 laver harvester

用于采集紫菜的机械。

6.4

紫菜切洗机 laver cutting and washing machine

将紫菜切碎并清洗泥沙的机械。

6.5

紫菜制饼机 laver wafer maker

将切碎的紫菜浇制成饼状再沥去水分的机械。

6.6

紫菜饼脱水机 laver wafer dehydrator

利用离心力等方法使紫菜饼脱水的机械。

6.7

紫菜饼干燥机 laver wafer drying machine

采用热介质等方法将紫菜饼烘干的机械。

6.8

海带切丝机 kelp shredder

将海带切成细条的机械。

6.9

海带打结机 kelp knotting machine

将海带条加工成海带结的机械。

6.10

海藻胶生产设备 alginate jelly processing equipment

将海藻加工为褐藻胶、琼胶、卡拉胶和甘露醇等产品的机械设备。

7 鱼粉、鱼油加工机械术语

7.1

碎鱼机 hasher

将原料鱼切碎的机械。

7.2

蒸煮机 cooker

连续蒸煮原料鱼使其蛋白质凝固的设备。

7.3

螺杆压榨机 screw presser

采用螺杆挤压使蒸煮后的鱼肉与汁水分离的机械。

7.4

榨饼松散机 cake tearing machine

撕松压榨后榨饼的机械。

7.5

鱼粉干燥机 fish meal drier

加热干燥榨饼或鲜鱼，制取粗鱼粉的设备。

7.6

卧式螺旋离心机　decanter

利用离心力的作用,将蛋白质颗粒物与鱼油、汁水连续分离的设备。

7.7

鱼油碟式离心机　fish oil disc centrifuge

利用离心力的作用从汁水中分离鱼油的设备。

7.8

汁水真空浓缩设备　slick water vacuum concentrating plant

从汁水中提取蛋白质浓缩物的设备。

7.9

鱼粉除臭设备　fish meal deodorizing plant

消除鱼粉加工过程中腥臭气味的设备。

7.10

鱼肝消化设备　fish liver digester

将鱼肝加水搅拌、加热、加碱,使之分解出肝油的设备。

7.11

鱼油胶丸机　fish oil capsulizing machine

将鱼油或鱼肝油制成鱼油胶丸的设备。

7.12

鱼油精制设备　fish oil refining equipment

将粗鱼油经脱胶、碱炼、水洗、脱水、脱色、脱臭等工艺制成精鱼油的设备。

8　输送和冻结机械术语

8.1

带式理鱼机　belt type fish trimming machine

采用带式输送,用于理鱼的机械。

8.2

鱼冰分离机　ice separator

利用浮选原理使鱼与碎冰分离的装置。

8.3

包冰机　glazing machine

使冻鱼块(片)表面包覆冰层的机械。

8.4

脱盘机　frozen off set machine

使鱼片、鱼糜、模拟蟹肉等块状冻品从冻品模具中脱离的机械。

8.5

冻结机　freezer

利用冷媒等方法使水产品快速冻结为单体或冻块的设备。

8.6

解冻设备　thawing equipment

利用热介质或电磁波等方法将冻结水产品解冻的设备。

9　制冰机械术语

9.1

制冰机 ice maker

用以快速制取各种冰制品的设备。冰制品包括片冰、管冰、板冰和颗粒冰等。

9.2

碎冰机 ice crusher

用于轧碎块冰的机械设备。

———————————

ICS 65.060
B 94

中华人民共和国水产行业标准

SC/T 6001.4—2011
代替 SC/T 6001.4—2001

渔业机械基本术语
第4部分：绳网机械

Fundamental terms of fishery machinery—
Part 4：Rope and netting machinery

2011-09-01 发布   2011-12-01 实施

中华人民共和国农业部 发布

前　言

SC/T 6001《渔业机械基本术语》分为如下部分：

——第1部分：捕捞机械；

——第2部分：养殖机械；

——第3部分：水产品加工机械；

——第4部分：绳网机械。

本部分为 SC/T 6001 的第4部分。

本部分按照 GB/T 1.1—2009 给出的规则起草。

本部分代替 SC/T 6001.4—2001，与 SC/T 6001.4—2001 相比主要技术变化如下：

——修改了部分术语的表达形式（见2.2、2.7、2.10、2.12、2.13、3.1、3.2、3.4、3.6、3.8，2001年版 2.2、2.7、2.10、2.12、2.13、3.1、3.2、3.5、3.7、3.9）；

——将术语"挤出牵伸成网机"改为"挤出成型网机"，并更改了定义内容（见2.8，2001年版2.9）；

——删除了有关"梳麻机"的术语和定义（2001年版3.4）。

本部分由中华人民共和国农业部渔业局提出。

本部分由全国水产标准化技术委员会渔业机械仪器分技术委员会（SAC/TC 156/SC 6）归口。

本部分起草单位：中国水产科学研究院渔业机械仪器研究所、上海海洋大学。

本部分主要起草人：张建华、黄一心、钱忠敏、丁建乐、张美琼。

本部分于1988年9月首次发布，2001年6月第一次修订，2010年第二次修订。

渔业机械基本术语
第4部分:绳网机械

1 范围

本部分规定了渔业机械中绳网机械的基本术语及其定义。

本部分适用于渔业绳网机械的科学研究、设计制造、应用、教学和行政管理等领域。

2 织网机械术语

2.1

织网机　netting machine

用于加工有结网片的机械。

2.2

双钩型织网机　double hook netting machine

以上钩、下钩和孔板为成结主要零件的织网机。

2.3

绕线盘机　spool winder

将网线绕到线盘上的机械。

2.4

络筒机　bobbin winder

将网线绕到筒管上的机械。

2.5

编网机　net braiding machine

加工无结网片的机械。

2.6

绞捻编网机　twist-netting machine

由各组线股加捻并相互交叉、换位形成网片的编网机。

2.7

经编编网机　knit-netting machine

采用针织工艺的编网机。

2.8

挤出成型网机　extrude forming net machine

将挤出网坯牵伸形成网片的编网机。

2.9

整经机　warping machine

将筒管上的经线绕于盘头上的机械。

2.10

网片定型机　net setting machine

通过拉伸、加热,使网结牢固、网片形态稳定的设备。

2.11

网片染色机　net dyeing machine

将原色网片染上各种颜色的设备。

2.12

网片脱水机　net dehydrator

网片漂染后，将多余水分脱干的设备。

2.13

网片折叠机　net folding machine

将定型后的网片折叠成可捆扎包装形状的机械。

3　制绳机械术语

3.1

制绳机　rope machine

将绳股加捻制成绳索的机械。

3.2

编绳机　rope braiding machine

将绳股交叉穿插制成绳索的机械。

3.3

复合制绳机　combined rope machine

将绳纱或绳系初捻成股，再复捻制成绳索的机械。

3.4

捻线机　twisting frame

将纤维经初捻、复捻制成网线的机械。

3.5

制系机　yarn collating machine

将各种纤维制成绳系的机械。

3.6

制股机　stranding machine

将绳纱、绳系加捻制成绳股的机械。

3.7

拉丝机　monofilament manufacturing machine

将塑料粒子熔融塑化挤出，拉伸成丝的设备。

3.8

分丝机　filaments dividing machine

将拉丝后卷绕于滚筒上的束丝分成若干根单丝并卷绕于筒管上的机械。

ICS 65.150
B 94

中华人民共和国水产行业标准

SC/T 6023—2011
代替 SC/T 6023—2002

投 饲 机

Automatic feeders

2011-09-01 发布

2011-12-01 实施

中华人民共和国农业部 发布

前　言

本标准按照 GB/T 1.1—2009 给出的规则起草。

本标准是对 SC/T 6023—2002《投饲机》的修订。与 SC/T 6023—2002 相比主要变化如下：

——修改了标准的适用范围；

——增加了离心式、风送式、下落式投饲机的术语和定义；

——修改了型号的表示方式；

——安全要求中增加了对电线护套的要求，增加了电源接线的要求，增加了电动机定子绕组耐压的要求，增加了警示标志的要求；

——修改了工作噪声的指标；

——增加了基本参数"投饲面积"、"输送分配装置"；

——增加了产品使用说明书的要求；

——修改了"投饲破碎率"、"最大投饲能力"、"料箱容量"的测试方法；

——修改了性能测试用颗粒饲料的要求。

本标准由中华人民共和国农业部渔业局提出。

本标准由全国水产标准化技术委员会渔业机械仪器分技术委员会（SAC/TC156/SC6）归口。

本标准起草单位：中国水产科学研究院渔业机械仪器研究所、国家渔业机械仪器质量监督检验中心、金湖小青青机电设备有限公司。

本标准主要起草人：谷坚、葛一健、徐英士、刘晃、张晓青。

本标准所代替标准的历次版本发布情况为：

——SC/T 6023—2002。

投 饲 机

1 范围

本标准规定了水产养殖用颗粒饲料投饲机(以下简称投饲机)的型号、技术要求、试验方法、检验规则、标志、包装、运输及贮存。

本标准适用于由料箱、供料机构、投料机构及控制器等部分组成的离心式投饲机、风送式投饲机和下落式投饲机;其他形式的投饲机可以参照使用。

2 规范性引用文件

下列文件对于本文件的应用是必不可少的。凡是注日期的引用文件,仅注日期的版本适用于本文件。凡是不注日期的引用文件,其最新版本(包括所有的修改单)适用于本文件。

GB/T 3768 声学 声压法测定噪声源声功率级 反射面上方采用包络测量表面的简易法

GB/T 5171—2002 小功率电动机通用技术条件

GB/T 6003.1 金属丝编织网试验筛

GB/T 9480 农林拖拉机和机械、草坪和园艺动力机械 使用说明书编写规则

GB 10396 农林拖拉机和机械、草坪和园艺动力机械 安全标志和危险图形 总则

GB/T 13306 标牌

GB/T 13384 机电产品包装通用技术条件

JB/T 9832.2—1999 农林拖拉机及机具 漆膜附着性能测定方法 压切法

3 术语和定义

下列术语和定义适用于本文件。

3.1

离心式投饲机 centrifugal feeders

由料箱、供料机构、投料机构及控制器等部分组成,投料形式为机械离心抛投的投饲机。

3.2

风送式投饲机 air convefing feeders

由料箱、供料机构、投料机构(空气压缩机或风机、输送管、输送分配装置等)及控制器等部分组成,投料形式为风力抛投的投饲机。

3.3

下落式投饲机 freefall feeders

由料箱、供料机构及控制器等部分组成,投料形式为自由下落的投饲机。

3.4

投饲扇形角 fan-shaped angle of throwing feed

投饲机抛投出颗粒饲料的着地点所形成的扇形分布区域的夹角。

3.5

投饲破碎率 broken rate of throwing feed

将抛投出的颗粒饲料按规定收集,经筛分后,筛下物的质量占收集的颗粒饲料的质量百分比。

3.6

间歇闭合时间 pauses in a duty period

投饲机在一个投饲工作周期的时间内供料机构每次间歇闭合(不抛投)的时间。

4 型号

投饲机型号由专业代号、产品代号、投料形式代号、供料方式代号和投料电机额定功率共五部分组成,用大写汉语拼音和阿拉伯数字相结合的方式表示。

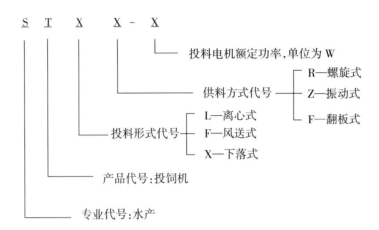

示例:STLZ-120表示以振动方式供料的离心式水产养殖投饲机,投料电机额定功率为120 W。

5 要求

5.1 基本要求

投饲机在下列工况条件下应能正常工作:

a) 环境温度在5℃~40℃范围内;

b) 输入电源电压在电动机额定电压的±5%范围内;

c) 逆向风速不大于3.4 m/s。

5.2 安全要求

5.2.1 电源线穿过投饲机壳体处应有橡胶护圈。

5.2.2 投饲机内连接电线应采用金属软管护套或其他等效的护套。

5.2.3 电气系统、控制箱、料箱及出料口应有防雨措施。

5.2.4 投饲机应有可靠的接地装置和明显的接地标志。

5.2.5 220 V交流电投饲机箱体内部(控制盒旁)应安装电源进线三芯接线柱。如采用拖线插头方式,电源线应为三芯电缆,其长度应大于5 m。

380 V交流电投饲机箱体内部(控制盒旁)应安装电源进线四芯接线柱。如采用拖线插头方式,电源线应为四芯电缆,其长度应大于5 m。

5.2.6 380 V交流电投饲机的电动机或甩料盘应有转向标志。

5.2.7 电动机定子绕组应能承受历时1 min的耐电压试验而不发生击穿。试验电压的有效值:三相为1 760 V,单相为1 500 V,试验电压的频率为50 Hz。

5.2.8 电源进线与投饲机外壳之间的冷态绝缘电阻应大于2 MΩ。

5.2.9 投饲机出料口上方的明显部位应固定有"工作时严禁将手伸入"和"开机时禁止站人"的警示标志牌。标志应符合GB 10396的规定。

5.3 性能要求

5.3.1 投饲机在抛投饲料时不应发生由于料箱内装料量的变化而产生投料量的波动。

5.3.2 投饲机在连续抛投工况下,调节投饲量的大小时不应出现卡料现象。

5.3.3 投饲机应能控制供料机构在投料机构启动后开始工作。

5.3.4 定时控制应符合下列要求:

 a) 供料机构的开启时间应分挡或连续可调,准确度为±1s;

 b) 供料机构的间歇闭合时间应分挡或连续可调,准确度为±1s;

 c) 每次投饲的工作时间应有一定的调节范围,在此范围内应分挡或连续可调,准确度为±1 min。

 d) 投饲的停歇间隔时间应有一定的调节范围,在此范围内应分挡或连续可调,准确度为±5 min。

5.3.5 投饲机的基本参数应符合表1的规定。

表 1　基本参数

序号	名　称	单位	要　求		
			离心式投饲机	风送式投饲机	下落式投饲机
1	工作噪声(声功率级)	dB(A)	≤95	≤95	≤95
2	料箱容量	kg	不低于明示参数要求	不低于明示参数要求	不低于明示参数要求
3	最大投饲距离	m	不低于明示参数要求	不低于明示参数要求	/
4	最大投饲能力	kg/h	不低于明示参数要求	不低于明示参数要求	不低于明示参数要求
5	投饲均匀性	/	无明显偏向一边的现象	无明显偏向一边的现象	/
6	投饲破碎率	/	≤5%	≤5%	/
7	投饲扇形角	°	不低于明示参数要求	/	/
8	2 m内落料率	/	≤投饲量的5%*	/	/
9	投饲面积	m²	/	不低于明示参数要求	不低于明示参数要求
10	输送分配装置	/	/	转动平稳、无卡阻现象	/
注:"/"表示"无单位"或"无本项考核";"*"对于使用说明书中明确要求搭建平台、安装在池塘中的,无本项考核。					

5.4 装配要求

5.4.1 所有零部件应经制造单位检验部门检验合格后方可进行装配。标准件、外购件应有合格证书,并经验收合格后方可进行装配。

5.4.2 所有转动部件应动作灵活、平稳,无卡滞和碰撞现象;所有紧固件均应紧固,不得松动。

5.5 涂层要求

5.5.1 机器外露表面应作防锈处理,表面涂层应平整光滑,无露底、挂漆、起泡、流痕和起皱等缺陷。

5.5.2 漆膜附着力应达到 JB/T 9832.2—1999 中规定的Ⅱ级,涂层厚度应不低于 50 μm。

5.6 产品使用说明书

产品使用说明书的编写应符合 GB/T 9480 的规定。至少应包括下列内容:

 a) 使用投饲机之前,必须仔细阅读产品使用说明书;

 b) 投饲机必须安全接地,接地应符合电工规范的要求,以确保人身安全;

 c) 连接电源应由专业电工按照用电安全操作规范进行;

 d) 电路中必须安装漏电保护装置,慎防线路漏电发生意外;

 e) 雷雨天气不可开机,应将通往投饲机的电源切断,以防雷电击坏电器和电机;

 f) 投饲机开机时,出料口前禁止站人,禁止将手或异物伸入出料口,以防事故发生;

 g) 移动或搬运投饲机、保养投饲机以及打扫机内粉尘时,必须先切断电源。

6　试验方法

6.1　试验准备

6.1.1 试验工况条件应符合 5.1 的要求。

6.1.2 试验应在空旷平整的场地上进行,场地的尺寸应满足投饲距离和落料区域的要求。

6.1.3 试验用仪器设备属于计量器具的必须经检定合格,并在检定有效期内。

6.1.4 有熟练的操作人员负责试验样机操作。

6.1.5 性能测试用颗粒鱼饲料(非膨化颗粒饲料)要求:颗粒直径为 2 mm~3 mm,长度为 4 mm~9 mm,含水率不大于 15%,粉化率不大于 10%,并用网孔边长尺寸为颗粒直径 0.8 倍的试验筛筛去细粉和碎粒。试验筛应符合 GB/T 6003.1 的要求。

6.1.6 按说明书规定将投饲机放置稳妥,出料口下边缘离地面高度为 1 m±0.02 m。

6.2 安全保护装置及标记

目测检查 5.2.1、5.2.2、5.2.3、5.2.4、5.2.5、5.2.6 和 5.2.9。

6.3 耐电压试验、绝缘电阻

6.3.1 耐电压试验按 GB/T 5171—2002 中 8.2、8.3 的规定执行。

6.3.2 用 500 V 兆欧表测量电源进线与外壳之间的绝缘电阻值。

6.4 涂层质量

6.4.1 涂层表面质量

目测涂层表面是否平整光滑,有无露底、挂漆、起泡、流痕和起皱等缺陷。

6.4.2 漆膜附着力

漆膜附着力应按 JB/T 9832.2—1999 中 5.1~5.6 的规定执行。

6.4.3 涂层厚度

涂层厚度用涂层测厚仪在投饲机的非正视表面选取三点不同位置进行测试,取最小值。

6.5 装配质量

启动投饲机,检查转动部件动作是否灵活、平稳;有无卡滞和碰撞现象;紧固件是否紧固、不松动。

6.6 投料机构

目测检查投料机构是否先于供料机构工作。

6.7 工作噪声

按 GB/T 3768 的要求测量。

6.8 料箱容量

按照投饲机明示参数中料箱容量的 1.2 倍称取颗粒饲料,将已称量的颗粒饲料倒入投饲机料箱,倒满至水平面,将倒剩的颗粒饲料再次称量,两次称量的差值为料箱容量。

6.9 最大投饲距离

一箱料投完后,测量抛投到最远的颗粒饲料着地点到出料口下边缘中点投影点的水平距离。重复三次,取平均值。

6.10 投饲扇形角

一箱料投完后,测量着地的颗粒饲料(以投饲量的约 95% 计)所形成的扇形区域的夹角。重复三次,取平均值。

6.11 2 m 内落料率

一箱料投完后,将离投饲机出料口下边缘中点投影点半径 2 m 内的颗粒饲料收集后称重,按式(1)计算 2 m 内落料率。重复三次,取平均值。

$$P = \frac{m_2}{m_1} \times 100 \quad \cdots\cdots\cdots\cdots\cdots\cdots\cdots\cdots\cdots\cdots\cdots\cdots \quad (1)$$

式中:

P——2 m内落料率,单位为百分率(%);

m_2——收集到的颗粒饲料质量,单位为千克(kg);

m_1——料箱中的颗粒饲料质量,单位为千克(kg)。

6.12 投饲破碎率

料箱中装满颗粒饲料,在开始稳定抛投状态下的前、中、后三个时间段,分别在出口处用软布袋收集抛出的颗粒饲料并称量,每次收集的颗粒饲料应不少于3 kg,用网孔边长尺寸为颗粒直径0.8倍的试验筛筛去细粉和碎粒,将筛下物称量,按式(2)计算投饲破碎率。取三次的平均值。

$$B = \frac{m_3}{m_4} \times 100 \quad\cdots\cdots\cdots\cdots\cdots\cdots\cdots\cdots\cdots\cdots\cdots\cdots\cdots \quad (2)$$

式中:

B——投饲破碎率,单位为百分率(%);

m_3——筛下物的质量,单位为千克(kg);

m_4——收集颗粒饲料的质量,单位为千克(kg)。

6.13 投饲均匀性

目测抛投出的颗粒饲料着地是否均匀,有无明显偏向一边的现象。

6.14 最大投饲能力

将准备抛投的物料称量后装满料箱并记录质量,将投饲机的供料量调节到最大、间歇闭合时间调节到最短,记录抛投时间。按式(3)计算最大投饲能力。重复三次,取平均值。

$$C_{max} = \frac{m_5 \times 60}{t} \quad\cdots\cdots\cdots\cdots\cdots\cdots\cdots\cdots\cdots\cdots\cdots\cdots \quad (3)$$

式中:

C_{max}——最大投饲能力,单位为千克每小时(kg/h);

m_5——抛投的颗粒饲料质量,单位为千克(kg);

t——抛投时间,单位为分钟(min)。

6.15 投饲面积

箱料投完后,测量着地的颗粒饲料(以投饲量的约95%计)所形成区域的面积。重复三次,取平均值。

6.16 投饲稳定性

改变料箱装料量,检查投饲时投饲量是否有波动;在连续投饲工况下调节投饲量的大小,检查是否有卡料情况。

6.17 定时控制

按说明书或试验要求设定每次投饲的供料机构开启时间、供料机构间隙闭合时间、一次投饲工作周期时间和停歇间隔时间,开机同时用秒表记录各挡时间控制的结果。

6.18 产品使用说明书

审查是否符合5.6的要求。

6.19 输送分配装置

检查输送分配装置,是否转动平稳、是否有卡阻现象。

7 检验规则

7.1 出厂检验

7.1.1 每台投饲机须经制造单位质量检验部门检验合格,并出具产品合格证方可出厂。

7.1.2 出厂检验项目为5.2、5.3.3、5.4、5.5.1和5.6各项。

7.2 型式检验

7.2.1 有下列情况之一时,需进行型式检验:

a) 新产品鉴定时;

b) 正常生产后,在结构、材料、工艺上有较大改进,可能影响产品性能时;

c) 正常生产后每间隔两年;

d) 产品停产两年以上恢复生产时;

e) 有关产品质量监督部门提出要求时。

7.2.2 型式检验应在出厂检验合格的产品中抽样进行。

7.2.3 型式检验项目为本标准第5章的全部项目。型式检验允许在使用单位进行。

7.2.4 抽样方法:除7.2.1 e)由有关部门确定外,其他批量小于等于100台时随机抽1台,大于100台时随机抽2台。

7.2.5 检验项目及不合格分类见表2。

表 2 检验项目和不合格分类

不合格分类		检验项目	技术要求对应条款	试验方法对应条款
A	1	安全保护装置及标记	5.2.1、5.2.2、5.2.3、5.2.4、5.2.5、5.2.6、5.2.9	6.2
	2	耐电压试验	5.2.7	6.3.1
	3	绝缘电阻	5.2.8	6.3.2
	4	产品使用说明书	5.6	6.18
B	1	工作噪声	表1	6.7
	2	最大投饲距离	表1	6.9
	3	投饲扇形角	表1	6.10
	4	2 m 内落料率	表1	6.11
	5	投饲破碎率	表1	6.12
	6	投饲均匀性	表1	6.13
	7	投饲面积	表1	6.15
	8	定时控制	5.3.4	6.17
	9	输送分配装置	表1	6.19
C	1	涂层表面质量	5.5.1	6.4.1
	2	漆膜附着力	5.5.2	6.4.2
	3	涂层厚度	5.5.2	6.4.3
	4	装配质量	5.4.2	6.5
	5	投料机构	5.3.3	6.6
	6	料箱容量	表1	6.8
	7	最大投饲能力	表1	6.14
	8	投饲稳定性	5.3.1、5.3.2	6.16

7.2.6 判定规则。判定时,应符合下列规定:

a) 单台不合格判定数:A类项目的不合格判定数为1项,B类项目的不合格判定数为2项,C类项目的不合格判定数为3项,B类加C类的不合格判定数为3项;

b) 被检项目的不合格项数小于7.2.6 a)规定时,判该样品为合格;大于或等于7.2.6 a)规定时,则判该样品为不合格。

c) 每次抽样的样品经检测全部合格时,判该批产品为合格;如其中有一台不合格,则判该批产品为不合格。

8 标志、包装、运输及贮存

8.1 标志

每台投饲机应在明显部位固定耐久性产品标牌,标牌应符合 GB/T 13306 的规定。标牌上至少应包括下列内容:

 a) 制造厂名称及商标;

 b) 产品名称及型号;

 c) 主要技术参数;

 d) 产品编号或制造日期;

 e) 执行标准编号;

 f) 制造厂地址。

8.2 包装

8.2.1 包装应符合 GB/T 13384 的规定,也可以由用户与制造方协商约定。

8.2.2 每台投饲机至少应附带下列文件,并装在防雨防潮的文件袋内:

 a) 装箱单;

 b) 使用说明书;

 c) 产品合格证;

 d) 三保凭证。

8.3 运输

投饲机在运输过程中不得重压。

8.4 贮存

投饲机应存放在具有良好的通风、防潮、无腐蚀性气体的室内。室外存放时,底部应垫支撑物,要有可靠的防雨、防晒设施。

ICS 65.150

P 87

中华人民共和国水产行业标准

SC/T 6048—2011

淡水养殖池塘设施要求

Facility requirements of freshwater aquaculture pond

2011-09-01 发布

2011-12-01 实施

中华人民共和国农业部 发布

前　言

本标准按照 GB/T 1.1—2009 给出的规则起草。

本标准由中华人民共和国农业部渔业局提出。

本标准由全国水产标准化技术委员会渔业机械仪器分技术委员会(SAC/TC 156/SC 6)归口。

本标准起草单位:中国水产科学研究院渔业机械仪器研究所、中国水产科学研究院珠江水产研究所、广东省水产技术推广总站、江苏省淡水水产研究所。

本标准主要起草人:刘兴国、徐皓、吴锐全、姚国成、吴凡、张晓伟、顾兆俊、谷坚、杨箐。

淡水养殖池塘设施要求

1 范围

本标准规定了淡水养殖池塘的环境条件、布局构造、配套设施和维修维护等方面的要求。

本标准适用于新建或改建的淡水养殖池塘。

2 规范性引用文件

下列文件对于本文件的应用是必不可少的。凡是注日期的引用文件,仅注日期的版本适用于本文件。凡是不注日期的引用文件,其最新版本(包括所有的修改单)适用于本文件。

GB 11607　渔业水质标准

GB/T 13869　用电安全导则

GB/T 18407.4　农产品安全质量无公害水产品产地环境要求

SC/T 1008　池塘常规培育鱼苗鱼种技术规范

SC/T 1016　中国池塘养鱼技术规范

SC/T 9101　淡水池塘养殖水排放要求

3 名词术语

下列术语和定义适合于本文件。

3.1

池塘　pond

经人工开挖或自然形成的用于水产养殖的场所。

3.2

源水　water source

取自天然水体或蓄水水体,如河流、湖泊、池塘或地下蓄水层等,用作供水水源的水。

3.3

黏土　clay

我国土壤质地分类方案中规定的粒径小于 0.001 mm 的细黏粒含量超过 30% 的土壤。

3.4

沙土　sandy

我国土壤质地分类方案中规定的粒径为 1 mm~0.05 mm 的沙粒含量超过 50% 和粒径小于 0.001 mm 的细黏粒含量低于 30% 的土壤。

3.5

壤土　loam

我国土壤质地分类方案中规定的粒径为 0.05 mm~0.01 mm 的粗粉粒含量小于 40% 的土壤。

3.6

均质土　homogenized soil

同一种土质土壤。

3.7

冻土层　tundra

0℃以下并含有冰的各种岩石和土壤。

3.8

坡度 slope

地表单元陡缓的程度,通常把坡面的垂直高度(h)和水平宽度(i)的比叫做坡度(或坡比),用字母 i 表示。

3.9

比降 gradient

亦称坡降、坡度,指水面水平距离内垂直尺度的变化,以千分率或万分率表示。

3.10

检查井 manhole

在地下管线位置上每隔一定距离修建的竖井。主要供检修管道、清除污泥及用以连接不同方向、不同高度管线时使用。

3.11

水处理 water treatment

用物理、化学和生物等方法去除水中有害物质净化水质的过程。

4 环境条件

4.1 选址

池塘环境应符合 GB/T 18407.4 的要求,且具备良好的防洪排涝条件。

4.2 水源、水质

水源充足;水质应符合 GB 11607 的要求。

4.3 土质

池塘土壤一般为壤土、沙壤土或黏土;土质良好,无对养殖品种产生危害的物质存在。

4.4 交通、电力

具备满足养殖需要的交通和电力条件。

5 池塘布局

5.1 池塘布置

池塘的排列布置应符合地形、水系和养殖特点等。应充分利用土地,养殖水面一般不低于土地面积的 60%。

5.2 进、排水

养殖池塘应建设有满足需要的独立进、排水渠道。取水口应位于水源上游,排水口位于水源下游。

养殖池塘的进、排水渠道一般与池塘交替排列,即池塘的一侧进水另一侧排水;进、排水渠道宜采用明渠结构,也可采用管道结构;进、排水渠道一般应有一定的比降,以保证水流畅通;采用暗管进、排水时,应每隔一定距离设置一个检查井,便于检查和维修;寒冷地区采用暗管进、排水时,管道应埋在不冻土层。

养殖池塘的排水渠道宜建设在池塘养殖区的最低处,以利于水体自流排放。进、排水渠道宜采用直线布置,减少弯曲,缩短流程。

5.3 道路、工作场地

成片池塘养殖区应建设满足生产需要的道路和工作场地,并配置相应的照明设施;主交通道路以水泥混凝土路面或沥青路面为宜,路面净宽不低于 4 m;成排池塘间应建设辅助道路,满足生产运输等需要。

6 池塘结构

6.1 形状、朝向

一般为长方形,宜东西向长、南北向宽,长宽比以 2~4:1 为宜;长方形池塘四角宜有一定的弧度。

6.2 面积、深度

养殖池塘的面积、深度应根据养殖需要确定,应符合 SC/T 1008 和 SC/T 1016 的要求。

6.3 池埂、护坡

养殖池塘的池埂宜用均质土筑成,池埂基面宽度应根据土质情况和是否护坡等确定,以 2.0 m~8.0 m 为宜;池埂的坡比应根据土质和护坡情况确定,以 1:1.5~3 为宜。

池塘是否护坡和护坡的形式应根据池塘条件和养殖需要,常用的护坡方式有水泥预制板护坡、混凝土现浇护坡、塑胶地膜护坡和砖石护坡等。

对于土埂池塘,应在进、排水口等易受水流冲击的部位采取护坡措施。

6.4 饵料台、操作平台

养殖池塘可根据养殖需要设置饵料台。

对于较深的池塘,宜在内坡四周中间部位修建一条宽度为 0.5 m 的管理操作平台,以便于投饲或拉网等需要。

6.5 进、排水口

池塘进水管口应高于池塘最高水位,末端安装网袋或网栏,防止池塘养殖对象进入管渠或杂物进入池塘。

池塘排水口的位置一般应低于池底深度,并设置防止鱼类逃逸或敌害生物进入的隔网或网栏。

池塘排水宜采用插管排水方式,利于池底排水和水位控制。

6.6 池底

池塘池底应平坦且有向排水口倾斜的坡度,池底两侧宜向池中心倾斜,池底坡度以 1:200~500 为宜。

面积较大的池塘一般应在底部开挖排水沟,池底两侧向排水沟处倾斜。

7 辅助设施

7.1 供电设施

按照生产需要安装池塘供配电设施,池塘的供电线路一般覆埋在地下,配电负荷一般不低于 15 kW/hm²,池塘用电应符合 GB/T 13869 的要求。

7.2 增氧设备

根据养殖需要配备增氧设备,增氧设备的配置和类型应结合池塘面积和养殖要求。

7.3 投饲设备

根据池塘大小和养殖需要配备投饲设备,每个池塘不低于 1 台。

7.4 输水设备

根据生产需要配备输水设备,输水设备的类型和数量应结合池塘面积和取水条件,并符合节能要求。

7.5 底质改良设备

根据需要配备池塘底质改良设备,如清淤机、底质改良机械等。

7.6 捕捞、运输设备

根据生产需要配备池塘捕捞设备和活鱼运输设备。

7.7 分析检测仪器设备

根据养殖需要配备常规的水质分析和病害检测等仪器设备。

7.8 房屋等建筑物

根据生产、生活需要建设宿舍、值班和库房等建筑物。

7.9 围护设施

池塘养殖区宜充分利用周边的沟渠、河道等构建围护设施,或建设围栏、围墙等,以保障生产、生活安全。

7.10 标识、标志

一般应在池塘养殖区周边和池塘旁边设立生产标识和安全标志等。

7.11 源水处理设施

不符合养殖要求的源水在进入养殖池塘前应进行处理,源水处理设施主要有过滤池、净化池和人工湿地等。处理后的养殖用水应符合 GB 11607 的要求。

7.12 排放水处理设施

池塘养殖区应建设相应规模的养殖排放水处理设施,养殖水需经过处理后方可排放。排放水应符合 SC/T 9101 的要求。

8 设施、设备维护

8.1 池塘维护

养殖池塘一般每年修整一次,修整内容包括池底清理、防渗处理、池埂和进排水设施整修等。

8.2 设备维护

养殖设备应按照设备使用说明定期维护。

―――――――――

ICS 65.150

P 87

中华人民共和国水产行业标准

SC/T 6049—2011

水产养殖网箱名词术语

Terms and definition for aquaculture cage

2011-09-01 发布

2011-12-01 实施

中华人民共和国农业部 发布

前　言

本标准按照 GB/T 1.1—2009 给出的规则起草。

本标准由中华人民共和国农业部渔业局提出。

本标准由全国水产标准化技术委员会渔业机械仪器分技术委员会(SAC/TC 156/SC 6)归口。

本标准起草单位:中国水产科学研究院渔业机械仪器研究所。

本标准主要起草人:江涛、王玮、张建华。

水产养殖网箱名词术语

1 范围

本标准规定了水产养殖网箱的术语和定义。

本标准适用于网箱设计、生产、贸易、科研及相关领域。

2 一般术语

2.1

养殖网箱 aquaculture cage

用适宜材料制成的箱状水产动物养殖设施。

2.2

锚泊系统 mooring system

亦称"固泊系统"。一种用于固定网箱位置的装置。

3 网箱分类术语

3.1 按养殖水域分类

3.1.1

深水网箱 offshore cage

亦称"离岸网箱"。放置在沿海开放性水域的大型网箱,一般水深在15 m以上。

3.1.2

内湾网箱 inshore cage

一般放置在沿海内湾的网箱。

3.1.3

内陆水域网箱 inland cage

放置在内陆湖泊、水库或河流中的网箱。

3.2 按作业方式分类

3.2.1

移动网箱 movable cage

可在水面移动或固泊的网箱。

3.2.2

浮式网箱 floating cage

框架浮于水面的网箱。

3.2.2.1

可翻转网箱 rotating cage

在外力作用下可绕水平轴翻转的浮式网箱。

3.2.3

升降式网箱 submersible cage

具有升降功能的网箱。

3.2.4

沉式网箱 submerged cage

亦称"潜式网箱"。全封闭且浸没在水下的网箱。

3.3 按形状分类

3.3.1

圆柱体网箱 circular cylinder cage

亦称"圆形网箱"。圆形框架和网衣围成的圆柱状网箱。

3.3.2

方形网箱 square cage

方形框架和网衣围成的矩形体状网箱。

3.3.3

球形网箱 spherical cage

框架和网衣围成的球状网箱。

3.3.4

双锥形网箱 two cones shaped cage

亦称"碟形网箱"。立柱、环形框架与网衣构成的双锥形网箱。

3.4 按张紧方式分类

3.4.1

重力式网箱 gravity cage

依靠框架的浮力和网衣下部的沉子重力或绳索张力使网衣张紧并保持箱体形状的网箱。

3.4.1.1

强力浮式网箱 farmocean offshore cage

由钢管围成圆台状浮架和置于顶部的工作平台以及箱体底框架构成的重力式网箱。

3.4.1.2

张力腿网箱 tension leg cage

顶部靠浮力撑开网箱体,底部采用绳索固定,随海流漂摆的重力式网箱。

3.4.2

锚张式网箱 anchor tension cage

由锚和锚绳固泊的数根刚性立柱张紧箱体的网箱。

3.5 按固定方式分类

3.5.1

多点固泊网箱 multi-point mooring cage

框架系缚在多个固泊点上的网箱。

3.5.2

单点固泊网箱 single-point mooring cage

框架系缚在单个固泊点上的网箱。

3.6 按框架材质分类

3.6.1

钢质框架网箱 steel cage

框架采用钢质材料的网箱。

3.6.2

高密度聚乙烯(HDPE)框架网箱 HDPE cage

框架采用高密度聚乙烯管材的网箱。

3.6.3

木质框架网箱　wooden cage

框架采用竹木质材料的浮式网箱。

3.6.4

钢丝网水泥框架网箱　ferro-cement cage

框架采用钢丝网水泥材料制成浮体的浮式网箱。

3.6.5

浮绳式网箱　flexible rope cage

采用绳索和浮体连接成软框架的浮式网箱。

3.7　按网衣材料分类

3.7.1

纤维网衣网箱　fibre net cage

网衣采用天然或合成纤维材料制成的网箱。

3.7.2

金属网衣网箱　metal net cage

网衣采用金属材料制成的网箱。

4　常用网箱结构术语

4.1

箱体　cage body;net bag

亦称网体、网袋。由网衣构成的蓄养水产动物的空间。

4.2

盖网　lid net

置于网箱顶部以防止养殖对象向上逃逸以及被鸟类捕食的网衣。

4.3

侧网　side net

围成箱体周边的网衣。

4.4

底网　bottom net

箱体底部的网衣。

4.5

上纲　headline

安装于网箱上部边缘的纲索。

4.6

下纲　foot line

安装于网箱底部边缘的纲索。

4.7

侧纲　side line

装于网箱棱角边,垂直于上、下纲,并与上、下纲相连的纲索。

4.8

力纲　belly line (lastridge)

加强网片承受力的纲索。

4.9

箱体底框架　**bottom frame**

位于网箱底部,用于撑开网衣和悬挂配重的框架。

4.10

浮架　**floating frame**

使网箱悬浮于水中的浮性框架。

4.11

沉子　**sinker**

在水中具有沉降力,且形状与结构适合装配在网箱上的属具。

4.12

分力圈　**force distribution circle**

亦称"分力环"。锚绳、连接浮子的纲绳、框架绳等共同系缚的圈(环)。

英 文 索 引
（参考件）

汉 字 索 引
（参考件）

ICS 65.150
B 94

中华人民共和国水产行业标准

SC/T 6050—2011

水产养殖电器设备
安全要求

Aquaculture electric equipment safety requirement

2011-09-01 发布

2011-12-01 实施

中华人民共和国农业部 发布

目　　次

前　言

本标准按照 GB/T 1.1—2009 给出的规则起草。

本标准使用重新起草法修改采用美国保险商实验室标准 UL 1018:2001《水族电气设备》。

本标准与 UL 1018:2001 相比在结构上有较多调整,附录 A 中列出了本标准章条编号与 UL 1018:2001 章条编号的对照一览表。

本标准已将 UL 1018 修正案纳入正文条款中,并在所涉及的条款外侧的页边距空白位置用垂直双线(‖)表示。

本标准与 UL 1018:2001 相比存在技术性差异,这些技术性差异已编入正文中,并在它们所涉及的条款外侧页边空白位置用垂直单线标示(|)。在附录 B 中给出了这些技术性差异及其原因的一览表。

本标准由中华人民共和国农业部渔业局提出。

本标准由全国水产标准化技术委员会渔业机械仪器分技术委员会(SAC/TC 156/SC 6)归口。

本标准起草单位:中国水产科学研究院渔业机械仪器研究所、中国水产科学研究院渔业工程研究所。

本标准主要起草人:谷坚、刘晃、王振华、吴凡、曲坤、鲍越鼎。

水产养殖电器设备安全要求

1 范围

本标准规定了水产养殖电器设备(以下简称设备)应遵守的安全要求。

本标准适用于电压在 380 V 及以下的室内用水产养殖电器设备,如电加热器、臭氧发生器、紫外线杀菌器、鼓风机、空气压缩机、制氧机、增氧机、制冷(热)机组、水泵、水质监测仪器仪表、报警器以及类似设备。

2 规范性引用文件

下列文件对于本文件的应用是必不可少的。凡是注日期的引用文件,仅注日期的版本适用于本文件。凡是不注日期的引用文件,其最新版本(包括所有的修改单)适用于本文件。

GB/T 2423.17 电工电子产品环境试验 第 2 部分:试验方法 试验 Ka:盐雾(GB/T 2423.17—2008,IEC 60068‑2‑11:1981,IDT)

GB/T 5013.4 额定电压 450/750 V 及以下橡皮绝缘电缆 第 4 部分:软线和软电缆(GB/T 5013.4—2008,IEC 60245‑4:2004,IDT)

GB/T 5023.5 额定电压 450/750 V 及以下聚氯乙烯绝缘电缆 第 5 部分:软电缆(软线)(GB/T 5023.5—2008,IEC 60227‑5:2003,IDT)

GB/T 5465.2 电气设备用图形符号 第 2 部分:图形符号(GB/T 5465.2—2008,IEC 60417 DB:2007,IDT)

GB/T 6995 电线电缆识别标志方法

GB 7947 人机界面标志标识的基本和安全规则 导体的颜色或数字标识(GB 7947—2006,IEC 60446:1999,IDT)

GB/T 9480 农林拖拉机和机械、草坪和园艺动力机械 使用说明书编写规则(GB/T 9480—2001,ISO 3600:1996,MOD)

GB 10396 农林拖拉机和机械、草坪和园艺动力机械 安全标志和危险图形 总则(GB 10396—2006,ISO 11684:1995,MOD)

GB/T 11918 工业用插头插座和耦合器 第 1 部分:通用要求(GB/T 11918—2001,IEC 60309‑1:1999,IDT)

GB/T 12113 接触电流和保护导体电流的测量方法(GB/T 12113—2003,IEC 60990:1999,IDT)

GB 12350 小功率电动机的安全要求

GB/T 13002 旋转电机 热保护(GB/T 13002—2008,IEC 60034‑11:2004,IDT)

GB/T 13306 标牌

GB/T 13869 用电安全导则

GB/T 16935.1 低压系统内设备的绝缘配合 第 1 部分:原理、要求和试验(GB/T 16935.1—2008,IEC 60664‑1:2007,IDT)

ASTM E28—92 环球法测定软化点

SC/T 6001.2 渔业机械基本术语 养殖机械

UL 94 各种电气装置和设备中零部件用塑料材料的可燃性试验

UL 746 C 电气设备用高分子材料的评定

3 术语和定义

SC/T 6001.2界定的以及下列术语和定义适用于本文件。

3.1

自动控制 automatically controlled

能在一个或多个条件下实现以下控制:

a) 需要反复启动的设备,当达到预设的操作周期,无需手动控制,能启动设备;

b) 在任何单一的、预设的操作周期中,可以使一台电机一次或多次停机并重新启动;

c) 在给设备通电后,电机可以延时启动;

d) 在任何一个预设的操作周期内,可以根据机械负荷调节电机转速。

3.2

遥控 remotely controlled

通过开关或其他控制装置,可以控制不在操作员视线范围内的设备。

3.3

用户维护 user servicing

由未经过特定培训的人员进行的任何形式的设备维护。例如:

a) 启动设定或者更换断路器、熔断丝以及不使用工具可以维护的灯具等;

b) 用或者不用工具可以维护的移动灯具;

c) 设备适用不同预定功能所需要的常规操作调节;

d) 对诸如过滤器和曝气器等部件进行的常规清洁和维护。

4 框架及外壳

4.1 概述

4.1.1 设备结构强度和刚性应能承受其可能受到的机械损伤,不会因整体或部分受到挤压而导致空间缩小、零件松动、移位或其他严重变形,从而造成火灾、触电或其他人身伤害的发生。

4.1.2 设备模拟正常使用情况进行第51章溢出试验时,水不能与带电体接触。在试验期间,所有配件应保持在原位,并通过第31章漏电流试验水是否与带电体接触。

4.2 金属材料厚度

金属材料外壳应根据该设备的预期用途,对材料规格、形状和厚度进行评估。

4.3 防护罩

4.3.1 遥控、自动控制与无人看管设备所使用的防护罩在结构上应能保证不会有熔化的金属、燃烧的绝缘物、灼热的微粒等跌落到可燃材料或支撑设备的表面上。

4.3.2 按照4.3.1的要求,以下情况应采用阻燃材料的防护罩:

a) 电动机,符合以下项目中的可以除外:

1) 电动机或其零件已采用阻燃材料;

2) 电动机通电时,如发生以下故障之一,应无燃烧颗粒物或者熔融金属落到设备的表面:

——主绕组断开;

——启动绕组断开;

——启动开关短路;

——对于单相电动机,电容器短路。

3) 带有热保护器的电动机在最大负荷条件下应能防止电动机线圈温度超过125℃,在电机转子锁住时应能防止电动机线圈温度超过150℃;

4）电动机应符合 GB/T 13002 中对热保护电机的要求。

  b）电缆,阻燃型电缆包括氯丁橡胶或者热塑性绝缘电缆例外。

4.3.3 按照 4.3.1 中的要求,开关、继电器或类似装置应单独并完全封闭,以下情况除外:

  a）部件失效不会导致发生火灾、触电或其他伤害的风险;

  b）在装置底部无开孔的封闭型外壳;

  c）开关、继电器或类似装置的端子可以从单个防护罩中伸出。

4.3.4 在 4.3.2 中所规定的防护罩应水平安装,并按图 1 所示的位置固定,面积应不小于图中所要求的面积。在防护罩中可设置用于排水、通风以及类似功能的开孔,但开孔不应使熔融金属、燃烧颗粒物或类似的物质落到可燃材料上。

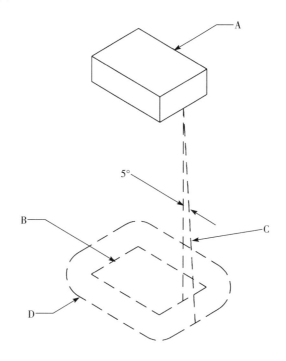

说明:

A——必须采用防护罩保护的区域。如果没有其他保护,该区域应包括整个部件,并且包括部件的无保护部分。

B——部件在安装平面上的轮廓正投影。

C——描绘出最小防护罩面积的倾斜线,该倾斜线无论如何移动,始终会:

  a）与部件相切;

  b）与垂直线成 5°角;

  c）倾斜线指向在水平面上所描绘出的面积最大。

D——防护罩的(水平)位置和最小面积。该区域由倾斜线 C 与防护罩所在平面画出。

图 1　防护罩的位置及面积

4.4　高分子材料

4.4.1 高分子材料外壳应符合 UL 746 C 的要求。冲击强度试验时,钢球冲击能量值应达到 6.78 J。

4.4.2 其他部件采用高分子材料,应采用 UL 94 来判定高分子材料的阻燃性。

4.4.3 采用镁或非金属材料时,应考虑以下因素:

  a）机械损伤;

  b）耐冲击;

  c）耐潮湿;

  d）可燃性;

  e）耐温;

f)　耐老化，包括材料可能会暴露在紫外线中(例如紫外线灯泡)或其他类似环境下老化。

5　机械装配质量

5.1　设备应保证不因振动而产生不良影响。电机电刷盖应采用螺纹或其他方式紧固，以防止松动。

5.2　开关、灯座或者类似的部件应有固定措施防止其松动。

5.3　安装在水体上部的设备应按第48章所述进行试验，并按第54章提供说明书。如果设备的形状或大小不会落入水体，则不需要进行第48章所述的拉力试验。

5.4　带电部件应固定，以防止在使用期间松动，导致间距低于要求的最低值。

6　带电部件的防接触性

6.1　设备带电部件的安装应能降低无意接触的危险。试验方法按6.2～6.6的规定执行。

6.2　外壳开孔在插入如图2所示的直径为25.4 mm的探针时，不应接触到任何可能引起电击的部件。

6.3　在6.2试验中，该铰链连接的探针在插入到开孔中应通过旋转或倾斜到达任何角度和开孔所允许的任何深度。

6.4　对于用户在维修中可能接触到的外壳开孔，也应采用该探针进行试验。

6.5　对于直接支撑在地面上的设备，采用图2中所示的探针探测时不需要翻转和移动部件。其他类型固定的设备应对可能接触的各个面进行试验。

6.6　除手持式设备外，如在设备中没有裸露的带电体或者采用瓷涂层电线的，即使开孔可插入直径为25.4 mm探针，但只要开孔符合图3所示的要求，仍允许使用。

开孔的要求如下：
a)　离开孔距离大于 X mm；
b)　离开孔并垂直于其表面 X mm范围外。

X 等于探针最大直径的5倍，探针可通过开孔插入，但不小于102 mm。

7　防腐处理

7.1　金属件如因腐蚀可能造成火灾、触电或其他人身伤害的，应采用涂釉、电镀、镀锌或其他类似方式进行防腐处理。以下情况除外：
a)　不会产生锈蚀的金属件不需要进行防腐处理；
b)　以下材料不需要进行防腐保护：
1)　外壳钢板；
2)　铸铁；
3)　空气中加热元件或与其直接连接的连接件。

7.2　电镀层或其他防腐表面处理应做到镀层的老化不会影响到设备的使用性能。

8　电源连接

8.1　单根电源线

8.1.1　设备应配有一根长度不小于2.0 m的电源线。其长度测量是从插头面到电源线进入该设备处。

8.1.2　采用的电源线应与使用环境相适应，与电气参数相匹配。电线的最小规格应大于1.0 mm²。

8.1.3　电源接地线应符合11.2的要求。

8.1.4　插头应符合GB/T 11918的要求，并满足额定电流和电压要求。

8.1.5　电源线的类型应为GB/T 5013.4和GB/T 5023.5规定的类型，并可用于：

单位为 mm

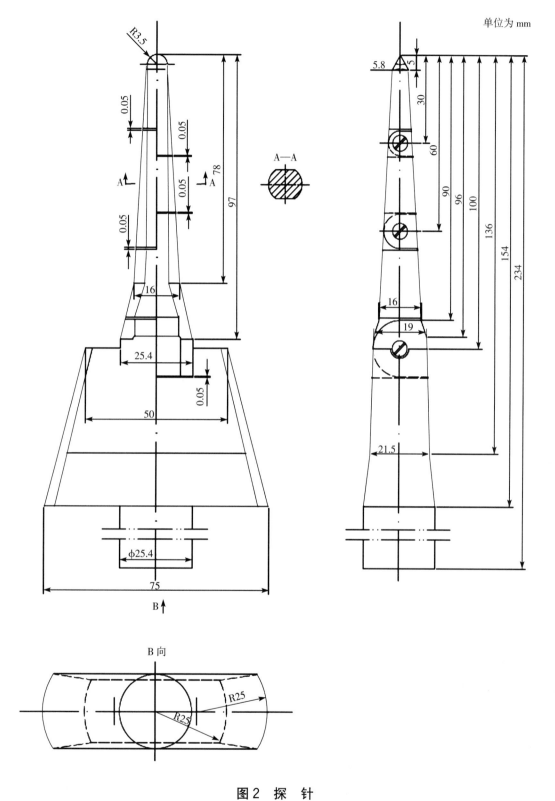

图 2 探 针

a) 移动式电气设备；

b) 家用电器设备；

c) 8.3.1.2 除外所包括的设备。

电源线识别标志应符合 GB/T 6995 的要求。

8.1.6 淡水中的设备使用的电线应防水，并有防水标记。海水和其他液体中使用的设备的电线应在评

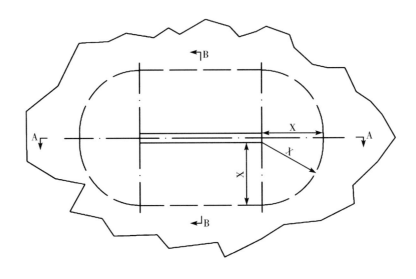

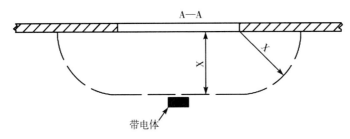

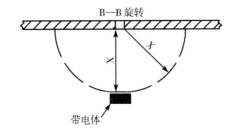

图 3　外壳中的开孔

估后方能使用。

8.1.7　设备不宜提供插座或其他方式的连接。

　　以下情况除外：

　　a)　在支架上使用的防水、防溅插座；

　　b)　在一个设备中安装多个装置时可使用接地型插座,但该插座需封闭在外壳内。

8.2　多根电源线

8.2.1　设备需要一根以上的电源线,必须满足以下所有条件：

　　a)　电源线一般不多于两根；

　　b)　每种电线的类型、规格和额定值应满足设备类型和负荷的要求；

　　c)　每个插头规格应符合 8.1.4 规定；

　　d)　按第 32 章试验的总电流应不小于其连接的分支电路电流之和的 80%（根据插头配置）；

　　　　例外：当两种插头的额定电流为 15 A 或更低时,且总电流输入等于或者小于插头额定电流时,总电流输入可小于分支电路额定电流之和的 80%；

　　e)　设备应配有单独控制开关,开关断开时设备的不接地导线应断开；

当提供有多种断开装置时,以下情况不需要单独的断开装置:

    1)   每一根电源线都有明显标识的独立控制或开关;

    2)   设备配有机械或电气联锁系统,如果两条电源线中的任何一条被切断,所有未接地导线会被连锁断开;

f)   该设备配有54.1.2中所示的说明;

g)   设备由两种不同类型的器材组成,如加热器和水泵;

h)   组成的每个设备各自是独立的,并能分别评估是否符合本标准要求。

8.3　永久性连接设备

8.3.1　概述

8.3.1.1　与电源永久连接的设备的布线连接方法应符合 GB/T 13869 的要求。

8.3.1.2　可固定或设有专用位置的设备可采用永久连接方式。

8.3.1.3　设在设备金属外壳内的接线系统,应符合 GB/T 13869 的要求,并应牢固连接,不活动、不变形,不影响外壳的性能。

8.3.1.4　接线装置的直径应符合表1中规定的用于接线系统的导管规格。

表 1　带有导管的接线装置的尺寸

导管规格	无螺纹连接的开孔	
mm	接线柱直径,mm	接线端最小直径,mm
12.7	22.2	29.26
19.1	27.8	36.83
25.4	34.5	45.82

8.3.1.5　在接线柱周围的表面应平坦,且规格适合于容纳与规格相应的金属导管的连接。接线端平坦区应具有表1中的最小直径。

8.3.2　接线盒

8.3.2.1　电源接线盒应满足:

a)   在进行电气连接期间,设备内部接线及电器元件不会受到机械拉力或外应力;

b)   在按照预定的目的安装设备以后,应对连接进行检查。

8.3.2.2　用于连接供电线路并安装在一起的接线盒,在连接中应做到防止转动。

8.3.2.3　与电源进行现场安装布线的接线盒,除电机所带的接线盒外,最小容积应按照表2中的规定。

表 2　接线盒室的最小容积

现场安装导体的规格 mm²	从盒外引入在盒内终止的每根现场安装电线的体积ᵃ cm³
2.1	33
3.3	37
5.3	41
8.4	50
13.3	82
ª　包括接地导线。	

8.3.2.4　不得将电气部件安装在移动的部位上,如接线盒的盒盖上。

8.3.2.5　如在电机接线盒中可以进行现场布线,该接线盒应符合 GB/T 16935.1 的要求。

8.3.3　连接装置和引线

8.3.3.1　永久连接的设备应提供接线装置,包括设备接地端子。对于导体连接,要具有该设备的额定载流容量;或者该设备应提供用于此连接的引线规格。

8.3.3.2 接线装置应有一个可以在现场与之连接的端子,除电线和用来连接的装置是作为该设备的一个部件提供的外(如压力端子连接器、焊片、焊环、弯曲套环或类似零件)。

8.3.3.3 用于电源导体但不包括接地导体的接线端子应提供具有牢固固定压力的接线装置(如通过螺栓或者通过螺丝固定)。以下情况除外:

    a)   可使用焊片;

    b)   对于 5.3 mm^2 或者更小的导体,可以使用有向上翻出的凸片或者凹垫圈接线螺钉或者螺栓螺母固定。

8.3.3.4 接线装置应通过表面之间的磨擦以外的方式来防止转动。如通过两只螺丝或铆钉、方形肩或榫、暗销、凸片或者偏置、连接条,或者固定在相邻的夹具、或通过同等装置来实现。

8.3.3.5 在接线装置上的接线螺钉或者螺栓螺母组合直径应不小于 4.8 mm。

8.3.3.6 接线装置上的螺钉应拧紧。

8.3.3.7 固定接线装置螺钉部分的端子板厚度应不小于 1.27 mm,应有两圈或者更多的全螺纹。如果需要,可以采用挤压方式提供螺纹。

8.3.3.8 向上翻起的凸片或者凹垫圈应可以将 8.3.3.1 中所要求的规格的导线压在螺钉或者垫圈下。

8.3.3.9 用于现场连接的引线应符合以下条件:

    a)   引线最小不应小于 0.82 mm^2;

    b)   绝缘厚度应符合表 3 的要求;

    c)   从接线盒内或接线装置引出引线的自由长度不得小于 150 mm。

8.3.4 端子和引线的识别

8.3.4.1 额定电压 220 V 或 220 V/380 V(3 相)或者更低的额定电压的永久连接设备使用螺纹灯座,或单相开关或非自动控制的过电流保护装置。如没有标示断开位置,应当有一个确定用于连接电源电路接地导体的端子或引线。用于连接电源接地端子或者引线应是与可绕金属电线管连接的。它不应与单相开关、带有开关位置的单相自动控制器或者过电流保护装置连接。

用于现场连接的引线参数见表 3。

表 3　用于现场连接的引线参数

绝缘材料	绝缘公称壁厚,mm	需要的编织层或护套	编织层或护套的公称厚度,mm
塑性或氯丁	0.8 [a]	不要 [a]	—
橡胶	0.8 [b]	要 [a]	0.4 [a]
交联合成聚合物 [c]	0.4	不要	—
[a]　当电线有公称厚度不小于 0.6 mm 的编织层或护套时,公称厚度可以小于 0.8 mm,但不得小于 0.4 mm;			
[b]　对于非硅橡胶类的耐热橡胶,公称壁厚不得小于 1.2 mm,并且不需要编织层;			
[c]　非氯丁橡胶或者橡胶的合成化合物。			

8.3.4.2 用于连接接地的接线导体的端子应采用镀有颜色的金属板。如果该金属板颜色是全白的,应有别于其他端子;或者该端子的正确标识应可以清楚地以某种方式显示,如附加接线图。

8.3.4.3 用于接地的电源导体的引线表面颜色应符合 GB 7947 的要求,并有别于其他引线。

9　电线拉力消除

9.1 为了减少电源线受机械外力作用引起接线端子位移或断路的危险,应采取电线夹或类似物等措施固定电源线,消除电线拉力。

9.2 橡胶绝缘电源线上可使用金属或其他材质的固定夹或类似物,并在金属夹下使用绝缘布、管或同等绝缘材料进行辅助保护。对于较重的热塑性绝缘电线,可直接使用电线夹等。除非认定电线夹会对电线绝缘保护层造成损害,否则不需要辅助绝缘保护。

9.3 若电源线被拉入进线孔可能引起机械性损伤或使电源线可能会处于高于其能承受温度的高温区,或可能将间隙减小到可接受的最小间隙值以下时,应采取可靠措施来防止这种影响。

9.4 如果在电源线中采用打结作为消除张力的措施,结头处接触的表面应没有突出、锋利的毛边、毛刺、飞边以及类似可能导致绝缘层磨损的类似物。

9.5 拉力消除装置应按照第42章所示进行试验。

10 套管

10.1 在电源线通过设备外壳的开口时,开口处应有套管或类似套管物。该套管与电线接触的表面应光滑。

10.2 如果穿线孔是木、瓷、酚醛塑料或者其他非导电材料,则该孔可被认作是起套管的相同作用。

10.3 电机框架或者电容器的外壳使用软橡胶、氯丁橡胶或者聚氯乙烯的,还应满足以下要求:

　　a) 该套管厚度不小于1.6 mm;

　　b) 该套管所在位置不会接触到油脂、油气或其他有影响的化合物。

如果设备使用的是不需要绝缘套管的某种电线,该套管的内孔是光滑的,无毛刺及飞边等,则任何材料制成的套管均可用在该设备中。

10.4 在设备中,聚氯乙烯电源线可采用与电源线的材料相同并且与电源线整体成型的套管,且组合段厚度不低于0.8 mm,并应完全充满电线的入孔。

11 接地

11.1 概述

11.1.1 可能与带电体接触的金属设备外壳或外露导电部件应按照11.1.2~11.1.9要求提供接地装置。如以下情况:

　　a) 部件、外壳和电线之间有接触点的;

　　b) 由于水、污染或两者可能造成的最小间隙减小的;

　　c) 不是双重绝缘保护的设备。

如说明书标明双重绝缘保护的设备则不需要提供接地装置,但该电气设备的双重绝缘保护应符合UL 1097的要求。

11.1.2 设备仅提供接地装置时,应符合11.1.3的要求。设备由电源线连接时,应符合11.1.4的要求。对于用户在维护期间可能触及到的带电部件或外露金属件以及在外壳内的所有易触及的金属件,均应有可靠的接地。

11.1.3 设备接地装置:

　　a) 设备通过金属封闭系统同电源永久连接的,设备应在金属外壳中有压坑或开孔等接地连接处或连接头;

　　b) 在同电源永久连接的非金属封闭的接线系统装置中,如非金属护套电缆、设备接地端子或引线,必须符合11.1.8的要求;

　　c) 在设备连接的电源线中,应有接地导体,并有明显标识。

11.1.4 电源线的接地导体应使用单独螺钉或其他等效的方法紧固到设备的框架或外壳上,该单独螺钉除电源线维修外不可能被卸下。螺钉应采用耐腐蚀材料或经防腐处理,但不会降低螺钉和任何其他导体之间的导电性。除振动外,不应使用锁紧垫圈,不得采用焊接方法来固定接地导体,保养和维护应由合格的维修人员进行。

11.1.5 电源线的接地导体应与接地型插头的接地插片牢固连接。

11.1.6 采用可分离式连接装置,如通过连接插头和匹配的连接器连接接地的,应做到在连接电路之前先接地,并在与电源断开后方能切断。

当采用设备接地或者断开时不会带电的互锁插头、插座以及连接器,则可以不作要求。

11.1.7 采用分别连接的方式使设备与一个以上的电源连接时,每条电源线均应提供接地线。

11.1.8 用于设备接地导体连接的端子,应可以固定符合要求规格的导线。依靠焊接连接的设备不能用于设备接地。

11.1.9 用于连接设备接地的接线螺钉或接线器,应设在设备正常保养时不需要拆卸处。

11.1.10 设备外的金属件,如胶粘的金属铭牌、把手或在外壳上的非接地螺钉类似物以及确认不可能带电的金属件,不要求接地。

11.2 标识

11.2.1 电源接地线的绝缘表面应是绿/黄色或浅蓝色。

11.2.2 仅用于连接设备的接地导线的绝缘引线的表面应为绿/黄色,其他引线不能采用该标识。

11.2.3 用于连接设备的接地导线的接线螺钉应标有一个绿色的头部,应为六角头或带槽头,或两者兼而有之。用于连接接地导线的接线端应进行明显标识,并在接线图上标有明显图形符号。标识和符号应符合 GB/T 5465.2 的规定。

12 内部布线

12.1 概述

12.1.1 内部电线的类型及大小应能满足其使用要求,并应考虑可能受到的温度、电压、接触到油和油脂的影响,以及使用时可能遇到的环境和介质。

12.1.2 导体如果使用无机或等效材料绝缘的,则没有任何温度限制。

12.2 电线保护

12.2.1 设备零部件之间的电线连接应有保护或密封。在设备外部不得使用裸露导线或带有绝缘接缝的导线。软电源线应有足够的长度,用于外部、内部连接或用于保养维修时可能暴露在外的内部接线。

12.2.2 内部接线可能通过设备外壳中的开孔暴露在外时,应受到12.2.1中要求的保护。如果内部采用漆包线,并符合 6.2 和 6.3 要求的。与设备的主要结构应紧密相附或牢固固定在外壳内,且不能受到应变或机械应力。

12.2.3 设备的接线端和接线处在正常使用中,应不受到溢流或喷溅的影响。

12.2.4 设备内部的电线邻近可燃材料或可能受外力的破坏时,则导线应是金属电线管、铠装电缆、刚性导管、金属线槽或具有等效的其他材料。

12.2.5 处于外壳内部、间隔间、线槽内等的电线应受到防护。电线的绝缘物应免受锋利边缘、毛刺、飞边、活动部件的影响。

12.2.6 电线通过设备金属内壳上的孔时,应有光滑套管减少绝缘层磨损。在16.1和16.2中提到的用于外部互连的软电源线可能受到机械力或移动时,应消除拉力,并符合第9章中的规定。

12.3 电线连接

12.3.1 灯座、可绕金属电线管、插座接地极、端子或引线,应连接到电源线的接地导线上。电源接地线的鉴别方法应符合8.3.3.2和8.3.3.3的要求。

12.3.2 电源开关、保险丝或者其他的电源控制设备应能断开电源的非接地线。

13 接头

13.1 接头接线处应机械加固,并具有良好导电性。若焊接接头断开或松动可能引起火灾或触电的危险时,应在焊接处采用机械方式固定后再进行焊接。

13.2 对于可能产生较大震动的设备,如水泵,应采用锁紧垫圈或其他装置,防止接线螺丝和螺母松动,以满足13.1的要求。

13.3 电压不超过380 V的设备,接头可使用由两层耐摩胶带或两层热塑性胶带或一层橡胶带上加一层耐摩胶带组成的绝缘层。如接头绝缘是由涂层织物、热塑性材料或其他类型的绝缘物包裹,应考虑导电性、耐热性和防潮性等。热塑胶带包裹接头内不应有尖锐突出物。

13.4 内部成束的接线连接到接线螺钉,其松散的导线不应接触到与导线不同极性的导体或金属件,可以采用压力连接器、焊接片、弯曲的凸片、焊接电线束或等效的装置。

13.5 接头、胶带或暴露在外的端子应封闭在金属、玻璃、大理石、陶瓷、酚醛或适合的热塑性材料中。

14 电路隔离

14.1 概述

14.1.1 除非提供了最高额定电压的绝缘保护,否则,电路中绝缘导体与电源应通过挡板或其他方法隔离。电路的绝缘导线应与不同电路的导体隔离开。

14.1.2 电路隔离应通过夹持、布线或等效方法,保证与不同电路的绝缘或非绝缘带电体隔离。

14.2 绝缘套

14.2.1 采用金属或绝缘材料(非纤维)的绝缘套来隔离不同电路的布线,该绝缘套应具有足够的机械强度。如果绝缘套是暴露在外或可能受到机械力,应将其固定。绝缘套中用来通过导体的未封闭的开孔孔径不应大于6.4 mm,其数量不得超过通过绝缘套的电线的数量。开孔应具有光滑表面,无论绝缘电线是否与开孔接触,拆除开孔的封口后,此开孔的面积不应大于所通过的电线截面积。

14.2.2 金属绝缘套金属层的厚度应至少与外壳材料的最小厚度相同。绝缘层厚度应不小于0.71 mm。该绝缘套应能够承受可能受到的机械力。

15 绝缘材料

用于固定带电体的材料应是瓷器或等效物。除水分不能进入的密封区域或用户不能进入的地方外,吸湿性高的材料不得用于电气绝缘。

16 相互连接的电线电缆

16.1 在设备的各段之间外部连接,或者在设备和与该设备一起使用的附助装置之间的外部连接,所用的电源线或电缆组件应采用与该设备的电源线等效或者更好的规格。

16.2 如12.2.1中所述的互连电缆或软电源线应在出厂前被永久连接在附件或者附属装置上。

16.3 如16.2所述的连接电线、电缆,应在出厂前配有连接插座的插头。

17 电动机

17.1 概述

17.1.1 电动机应能承受设备的最大负载,不会产生火灾、触电或其他人身伤害。

17.1.2 电动机绕组应能防潮。除漆包线外,嵌槽内衬、线圈裹布等吸湿性材料应进行防潮处理。

17.1.3 电刷的结构应保证当电刷磨损后其剩余部件仍能保持导电。

17.2 过电流保护

17.2.1 用于遥控、自控或者无人操作情况下直径不大于180 mm,额定功率不大于0.75 kW的电动机,除带阻抗保护电动机外都应有过热或过电流保护,以防止温度超过39.4.1.1和39.4.1.2中所规定的值,以免产生火灾或烧毁的危险。

17.2.2 对于17.2.1中采用独立过电流保护的多速电动机,应适用于电动机工作的所有速度。

17.2.3 电动机配有符合GB/T 13002的热保护装置或阻抗保护装置,则可以不进行17.2.1~17.2.6的试验。

17.2.4 电动机应有符合38.4.1.1~38.4.1.3要求的过热或过电流保护装置。

17.2.5 在进行第33章温升试验中,不得断开过热或过电流保护装置电路。

17.2.6 电动机保护装置的作用应不会增加导致火灾或触电危险的可能。

18 过电流保护装置

18.1 设备使用熔断丝作为保护装置时,应设置在方便更换但不会轻易碰触的位置。正常使用需要拆除或更换熔断丝时,除非使用工具打开门或者盖,否则将无法接触到。

当设备使用符合要求的电路分流装置时,可以不使用上述保护装置。

断路器的操作手柄、手动复位电动机保护装置的操作按钮以及类似的零部件,可以超出设备外壳表面。

18.2 除熔断丝座的螺旋套管或夹子以外的非绝缘带电体不得外露,以防在拆除或者更换熔断丝时被人接触。

18.3 熔断丝座或其他过电流保护装置应与未标识的电源导线连接,螺旋套管式熔断丝座应与负载端连接。

19 电气间隙

19.1 连接不同电路的非绝缘带电零件应互有电气间隙,即使是19.2~19.4中所述的零件。

19.2 极性相反或不同相限的非绝缘带电零件之间的间隙和使用时可能接地的零件与易触及金属之间的间隙不应作为低压回路。

19.3 相反极性的接线端子之间、接线端子与不同极性的非绝缘导电体之间的电气间隙不小于表4中的规定。

表4 接线端子的电气间隙

电压,V	最低要求的间隙		
	接线端子之间	接线端子之间或其与极性不同的非绝缘导电体之间[a]	
	平面上,mm	空气中,mm	平面上,mm
小于或等于380	6.4	6.4	6.4
大于380	12.7	9.5	12.7[b]
[a] 适用于其中插入绝缘易触及的金属件间隔总和;			
[b] 如果不是与电动机上的接线盒或端子盒中的接线端子,可以采用不小于9.5 mm的间隙距离。			

19.4 非绝缘带电零件与人可能触及暴露在外或接地的金属零件之间电气间隙不得小于表5中的规定。如非绝缘带电零件仅通过摩擦方式固定的,其与接近的金属件之间的间隙应符合表5中的规定。

如果在相反极性的带电零件之间,带电零件与易触及的外露金属件,带电零件与易触及接地金属件中间插入绝缘体的,零件与绝缘体的间隙不得小于1.2 mm。但是,两个零件之间的总间隙应符合表5中的规定。

通过接线器、垫圈或类似零件进行连接的端子螺钉或者螺栓,间隔不得小于表5中的规定。其最小间隙应以螺钉或螺栓等最外处为准。

表 5 非接线端子的电气间隙ᵃ

电压 V	零 件	最小间隙			
		电机直径≤180 mmᵇ		电机直径>180 mmᵇ	
		平面上,mm	空气中,mm	平面上,mm	空气中,mm
0～220	电动机的换向器或集电环	1.6	1.6	4.8ᶜ	3.2ᶜ
	设备的其他地方	1.4ᵈ	2.4ᵈ	6.4ᶜˑᵉ	3.2ᶜˑᵉ
220～380	电动机的换向器或集电环	1.6	1.6	4.8ᶜ	4.8ᶜ
	设备的其他地方	2.4	2.4	6.4ᶜˑᵉ	6.4ᶜˑᵉ

ᵃ 额定电压 380 V 或更低电压的加热元件可不小于 1.6 mm 的电气间隙;
ᵇ 直径在围绕定子铁芯的平面上测量,但不包括凸片、盒以及用于电机安装装配、连接或者连接的类似件;
ᶜ 在通用电动机上电气间隙应不小于 2.4 mm;
ᵈ 额定功率为 250 W 或者更低的电动机电气间隙不小于 1.6 mm;
ᵉ 包膜线可视为是非绝缘带电体。但在包膜线、刚性支撑以及固定在线圈上的电线和易触及的金属件之间(在表面上方以及空中),电气间隙应不小于 2.4 mm。

19.5 电气间隙不够的地方可使用绝缘衬或绝缘材料隔离,其厚度应不小于 0.71 mm。

19.6 本章中的电气间隙要求不适用固有间隙的部件,如弹簧开关、换向器和电刷等。

19.7 具有两个或者两个以上不同规格的电动机采用表 5 时,每台电动机应符合 GB 12350 的要求。其他间隙应按设备中最大电动机的要求执行。

20 防倒吸

配有电源线的空气泵由于液体倒流可能会导致触电危险的,应提供一个止回阀或等效的其他装置,以减少液体倒流的风险。止回阀可以作为空气软管的零件提供。防止倒流的装置应按照第 44 章的规定进行试验。也可以按照 53.1.4 所示对泵进行标记,以代替防止倒流装置。

如果采用通过整体连接刀片插头与插座连接,不带电源线的空气泵,应设有止回阀或者其他等效装置,以减少液体回流的风险,而不能按照 53.1.4 中所述进行标记。

21 减少机械伤害危险

21.1 概述

如果使用者在操作和维修设备时有可能会造成人身伤害危险的,应有减少危险的相应措施。

21.2 尖角、利棱

21.2.1 设备使用的材料(包括玻璃),在 45.1 和 45.2 机械滥用试验中,应无被用户接触到的外露尖角和利棱。

21.2.2 设备边缘、突出物或外壳的尖角、开孔、框架和防护罩、把手、手柄以及设备的类似零件应光滑和具圆边,不会在用户进行维护时造成割伤。

21.3 开关、控制、联锁

21.3.1 没有使用防护、安全控制、联锁等类似装置的设备,应对设备进行风险评估。

21.3.2 如果设备通电会造成人身伤害的,应标识电动机控制开关的"断开"位置。

21.3.3 如设备中安装自动复位保护装置的,电动机的自动重新启动应不会造成人身伤害。

21.3.4 如 21.3.3 中电动机自动重启可能造成人身伤害的,应使用电气联锁装置。

21.4 材料

21.4.1 设备零件采用的材料性能应能满足产品负荷的要求,不会因零件材料(如外壳、框架、防护或类似零件)断裂、老化造成人身伤害。

21.4.2 如 21.4.1 中材料与运动零件相邻,则认为有可能产生伤害的危险。

21.5 旋转和运动部件

21.5.1 旋转和运动部件,如果断裂可能导致人身伤害危险的,应有相应措施来减少危险的发生。

21.5.2 多台电动机的设备应按照 38.4.2 中所述进行试验,以确定它是否符合 21.5.1 的要求。

21.5.3 旋转或运动部件应采取相应的措施进行固定,防止由该部件脱离而引起人身伤害。

22 开关和控制器

22.1 除了电动机和已进行评估的设备外,控制开关的额定负载,除已进行了评估外,应不小于满负荷电流的两倍,且设备不应使用线开关。

22.2 控制电磁线圈、继电器、线圈或类似零件的开关和控制设备,除已进行了评估外,应按 46.1 进行过载试验。

22.3 电动机额定功率大于 250 W 的设备,应设有手动操作的控制开关。

22.4 带指示灯的开关,除使用低于 15 W 的指示灯(如钨丝灯),开关的额定电流应不小于交流指示灯的 6 倍或直流指示灯的 10 倍。

22.5 单相开关不得用与 8.3.3.2 和 8.3.3.3 中接地导体相连。

23 电容器

电动机中使用的电容器以及跨线连接的电容器(如用于消除无线电干扰或校正功率因数)应有防护外壳。防护外壳应采用不小于 0.51 mm 的金属材料,如外壳为钢板则厚度不小于 0.66 mm。如果电容器安装在可以接受载流零件的其他部件外壳中,电容器的防护外壳可采用比上述规定厚度薄的钢板或其他金属材料。

24 电子控制装置

24.1 电子元器件或装置应具有与其控制器或装置相近的性能。

24.2 电子控制装置应进行系统评估,同时元器件也应进行评估。

24.3 电子元器件故障不应导致火灾、触电或其他人身伤害的危险。

24.4 开路和短路可能会导致火灾、触电或人身伤害危险的元器件,应进行可靠性试验,即试验该元器件在规定的环境条件和时限内执行预期功能的可能性。进行 24.3 的评估时,需要依次对每个元器件进行开路和短路。

24.5 在电子控制装置试验时应考虑现场环境条件,如环境温度、振动、温度急增、电气冲击和潮湿等。

25 自动温控器

自动温控器应符合 UL 873,并按 47.1 中的规定进行试验。如果自动控温器短路,加热器不会超过允许的最高温度,或自动温控器不存被用户损坏的可能性,则可以不进行 47.1.1 中规定的试验。

26 熔断器

熔断器的结构应可以采用预设方式断开回路。在 29.2 中所规定的电压电路中,当熔断器不正常工作发热时,不应产生带电体短路或外壳与地连接。熔断丝应符合 47.2 中的试验要求。

27 整流器

当设备使用的整流器或电解电容发生短路时,应不会引起火灾、触电或其他人身伤害的危险。

28 加热元件

28.1 加热元件应采用支撑结构,为了减少机械损伤或与外界物体的接触,在对加热元件支撑结构进行试验时,应考虑加热元件本身下垂、安装松动以及其他对持续加热不利的影响。

28.2 对用户使用或者清洁时可能会接触到的加热元件,不应使用开放式电线连接结构。

28.3 对于需要采用送风冷却的加热元件,其设备的接线或结构应在启动送风冷却后加热元件方能工作。对于需要采用冷却装置的加热元件,其设备的接线或结构应在启动冷却装置后加热元件方能工作。

29 试验条件

29.1 试验应按要求进行,原则上按标准顺序进行试验。

29.2 除非另有规定,所有试验电压应符合表6的规定。

表6 试验电压

设备的额定电压	试验电压
设备额定电压为220 V或380 V	取最高电压值
设备额定电压不在上述电压范围内	取额定电压值
设备额定电压可以是或不是上述电压范围内	取最高电压值

30 漏电流试验

30.1 电线与设备连接,按照30.3～30.5进行试验时,漏电流(包括与设备一起使用的任何附件)应不超过:

　　a) 2芯非接地设备,0.5 mA;

　　b) 3芯可移动接地设备,0.5 mA;

　　c) 采用不大于20 A的标准插头,固定安装在指定地点的3芯接地设备,0.75 mA。

30.2 漏电流是在没有故障和施加压力的情况下,设备中相互绝缘的金属零件之间,带电零件与接地零件之间,通过其周围介质或绝缘表面所形成的电流。

30.3 除采用防止意外接触的保护装置或者符合第6章带电零件的防接触性要求,属于不可接触到的零件(当人的两只手可能同时接触到的零件视为可接触零件)外,其他所有外露零件都应进行漏电流试验。漏电流试验应独立测量设备中相互绝缘的金属零件之间,或带电零件与接地零件之间的漏电流。在认为没有伤害危险的电压下工作的零件,不适用漏电流试验。

30.4 如果零件是由部分或全部采用非金属制成的,则要用一块(100×200)mm的金属箔[对于表面面积小于(100×200)mm的零件,金属箔面积应与零件表面大小相同]将零件紧密包裹,确保金属箔与零件表面完全接触后,测量金属箔与接地零件之间以及金属箔与带电零件之间的漏电流。金属箔不能长时间使用,以免温升对设备产生不良影响。

30.5 漏电流试验按GB/T 12113的规定进行。

31 绝缘电阻试验

　　绝缘电阻试验采用兆欧表进行试验,电压等级为:

　　a) 100 V以下的电气设备或回路,采用250 V兆欧表;

　　b) 500 V以下至100 V的电气设备或回路采用500 V兆欧表。

　　绝缘电阻不得小于50 kΩ。

32 负载试验

　　将设备连接到其最高额定电压和额定频率的电路上,在33.2.1～33.2.3中所述的最大负荷条件下，测量设备的输入电流或输入功率。试验电压按照表 6 中的规定，测量输入电流或输入功率不应超过设备额定值的 105％。

33 温升试验

33.1 概述

33.1.1 设备应在 33.2.1～33.2.3 中的最大负载条件下进行试验，保护装置不应动作，并且密封剂不应流出。所测温升值不应超过表 7 中所示值。

33.1.2 表 7 中所列温升值是以 25℃环境温度为基础，但试验可以在 10℃～40℃的环境中进行。

表 7 最大正常温升

部 件 和 材 料	温升,K
1. 漆布绝缘	60
2. 保险丝	65
3. 木材和其他类似材料	65
4. 未浸渍的玻璃纤维	225
5. 连接电线或永久接线设备可能安装的表面以及与安装表面邻近的表面	65
6. 直径大于 180 mm 的直流电动机(表 5 附注 a)或通用交流电动机的 A 级绝缘线圈绕组： a)在开放环境中： 　　热电偶法 　　电阻法 b)在完全封闭环境中： 　　热电偶法 　　电阻法	 65 75 70 80
7. 直径不大于 180 mm(不包括通用电动机)(表 5 附注 a)交流电动机的 A 级绝缘线圈绕组： a)在开放环境中(热电偶法或电阻法) b)在完全封闭环境中(热电偶法或电阻法)	 75 80
8. A 级绝缘的振动线圈(热电偶法或电阻法)	75
9. A 级绝缘的继电器、电磁线圈、磁铁以及类似部件 　　热电偶法 　　电阻法	 65 85
10. 直径大于 180 mm 直流电动机和通用(表 5 附注 a)交流电动机的 B 级绝缘线圈绕组 a)在开放环境中： 　　热电偶法 　　电阻法 b)在完全封闭环境中： 　　热电偶法 　　电阻法	 85 85 90 100
11. 直径不大于 180 mm(不包括通用电动机)(见表 5 附注 a)交流电动机的 B 级绝缘线圈绕组 a)在开放环境中(热电偶或电阻法) b)在完全封闭环境中(热电偶或电阻法)	 95 100
12. B 级绝缘的振动线圈(热电偶或电阻法)	95
13. B 级绝缘的继电器、电磁线圈、磁铁以及类似部件 　　热电偶法 　　电阻法	 85 105
14. 电气绝缘采用电木或其故障可能造成火灾、触电或人身伤害危险的零件	125[a]
15. 采用橡胶或热塑性塑料绝缘的电线和电缆	35[a,b]
16. 电容器的外表面 　　电解电容器 　　其他类型电容器	 40[c] 65[d]

表7（续）

部 件 和 材 料	温升，K
17. A级绝缘的变压器：	
热电偶法	65
电阻法	75
18. 永久连接设备的接线盒或接线室中的任何位置，其中连接电源导线，包括导体本身，除非该设备按照54.2.1进行了标记	35

    a 对电木、橡胶和热塑性塑料绝缘的限制不适用于已经试验过的并确定具有耐热性能的其他化合物；

    b 在A级绝缘电动机内的橡胶绝缘导线、橡胶绝缘电动机引线、进入电动机的橡胶绝缘电源线，如果使用编织层，温升有可能超过35 K。但是，这不适用于热塑性塑料绝缘电线或电缆；

    c 对高于40℃（不是温升）工作的电解电容器，可以其标注的额定温度值为基础进行评估。如果没有标明额定温度值，可以通过在较高温度下进行试验以确定其可接受性；

    d 对高于65℃（不是温升）工作的电容器，可以其标注的温度额定值为基础进行评估。如果没有标明额定温度，可以通过在较高温度下进行试验来确定其可接受性。

33.2 最大负载

33.2.1 试验设备的最大负载是指在正常使用周期内可能出现的最大负载，但是实际使用条件可能超过制造商建议的最高负载。在33.3～33.5中试验按实际最高负载进行。

33.2.2 如果设备不是连续运转的，应采用其可能出现的间歇性或短期运行周期进行温升试验。

33.2.3 本章中的试验应将设备安装在近似工作条件下进行试验。如果设备需要靠墙、在房间直角处或在墙壁凹处安装，应采用模拟安装，以便使设备能模拟其适合的位置以及受到的通风限制。墙壁采用涂有无光黑漆的胶合板构成的。胶合板厚度不小于9.53 mm，其宽度和高度超出设备不小于0.61 m。可以在邻近的表面、支撑面上、支架上的各点、连接插头以及对于特定设备的其他合适位置上测量。

33.3 浸入式加热器

33.3.1 温升试验应首先将浸入式加热器按说明书标识的水位线浸在水中，然后开始工作，直至达到温度平衡为止。试验可在任何大小的容器中进行。如果结果不符合要求，应该按照说明书中指示的在最小规格和最大规格的水箱中重复进行。

33.3.2 按照33.3.1的规定进行试验期间，可以允许少量的水循环以防止水箱上部和底部的温差超过2℃。对于不大于150 L的水箱宜采用一台100 L/h的水泵，水泵安装位于水箱底部，离加热器至少50 cm；对于大于150 L的水箱宜采用一台200 L/h的水泵，水泵安装位于水箱底部，离加热器至少100 cm。如果采用上述方法，温差不能控制在2℃，可以调整泵流量和/或水泵与加热器之间的距离直到达到所需的状态。

33.4 试验电压

33.4.1 除非在32.4.2或32.4.3中另有说明，否则试验电压应按照表6的规定。

33.4.2 含有加热器或白炽灯的设备，表6所规定的电压可以调整，以便达到其标示的额定电压。但是，在任何情况下试验电压不应低于表6的规定。

33.4.3 当设备除了使用加热元件以外，还有一台电动机。如果整体连接，则电动机的试验电压应为表32.1中的规定值；如果电动机是单独供电，则电动机的试验电压应按照表6的规定。

33.5 其他试验要求

33.5.1 带有稳定负载设备的温升试验应连续监测温升，直至温度达到恒定，即以总试验时间的10%为一个间隔（但是间隔不得小于5 min）的连续三个读数基本不变则认为温度达到恒定。如果设备的温度可能受到开门通风的影响，试验时应将所有的门都打开。

33.5.2 如果采用热电偶测量温度，试验装置由铁—铜镍（0.05 mm²）热电偶、大于0.21 mm²但不小于

0.05 mm² 的电线和电位计构成；热电偶和相关仪表应试验计量合格。以总试验时间的 10％ 为一个间隔（但是间隔不得小于 5 min）的连续三个读数基本不变则认为温度达到恒定。

对于不能直接接触的零件，如浸在密封材料（包括保温层或超过两层最大厚度 0.8 mm 的棉花、纸张、人造丝或类似材料）中的线圈，可以通过电阻法来测量温升。

33.5.3 热电偶与连接导线应牢固固定，并与需要测量的表面保持良好的接触。

33.5.4 绕组的温升按照 33.5.2 的规定通过电阻法来确定。通过比较所需试验绕组测量温度下的电阻和其在已知的温度下的电阻，按式（1）计算：

$$\Delta t = \frac{R}{r}(k+t_1) - (k+t_2) \cdots\cdots\cdots\cdots\cdots\cdots\cdots\cdots\cdots\cdots\cdots (1)$$

式中：

Δt——绕组温升，单位为开（K）；

R——试验结束时绕组的电阻，单位为欧姆（Ω）；

r——试验开始时绕组的电阻，单位为欧姆（Ω）；

k——铜绕组为 234.5，铝绕组为 225.0；

t_1——试验结束时的室温，单位为摄氏度（℃）；

t_2——试验开始时的室温，单位为摄氏度（℃）。

33.5.5 分马力交流电动机绕组应采用热电偶法测量温升，将热电偶布置到电磁线上或通过电磁线但不超过导体本身的绝缘体上。采用热电偶法测量任何其他电动机的绕组温升应按照说明书要求安装热电偶或可以与导体分开，但通过线圈不超过导体本身的绝缘体上。

33.5.6 密封材料可接受的最高温度（修正到环境温度 25℃ 时）应比材料本身软化点温度低 15℃，软化点温度采用 ASTM E28-92 规定的圆环球装置来测量确定。

33.5.7 作为导体绝缘的陶瓷或类似材料没有温度限制。铜导体的最高温度不应超过 200℃。

33.5.8 短距离的橡胶或热塑性绝缘电线可以用于 60℃ 以上的环境中，如接线端。但是，为了防止设备导体绝缘老化，应进行相应的绝缘耐压试验。

34 绝缘耐压试验

34.1 概述

34.1.1 设备在以下位置应能承受 1 min、2 500 V、50 Hz 的标准正弦交流电压，不得发生击穿：

    a）带电零件和易接触零件之间；

    b）用于无线电或电弧抑制的电容器不同极性的带电体之间；

    c）正常工作时，设备达到最大工作温度时，一次回路与二次回路的带电零件之间。

34.1.2 使用时，部分或全部浸在水中的加热器应在带电零件与外露易接触零件之间施加电压的试验，并将加热器浸入到正常使用时的水位，在带电零件与水之间进行试验。

34.1.3 为了试验设备是否符合 34.1.1 中的要求，应采用 500 W 或功率更大的变压器电源进行试验，输出电压应是正弦波，并可调节。试验时，输出电压从零开始升高，直至达到所需要的试验电压为止，升压速度应与电压表上的试验电压显示相符，达到所需试验电压后保持 1 min。

34.1.4 对于在跨接线路或线路与接地上使用的电容器，如果充电强度无法保持必要的交流电压，电容器应在耐受 1 min 以下规定的直流电压后，不能出现绝缘表面击穿的现象。

    a）额定电压为 250 V 的设备，1 414 V；

    b）额定电压超过 250 V 的设备，1 414 V 加上 2.828 倍的额定电压（按照 29.2 和表 6 确定）。

34.2 二次回路

34.2.1 设备的二次回路应能承受 1 min 的试验电压：

a) 在一次回路和二次回路之间;

b) 在二次回路和接地金属零件之间,并将所有与底盘连接的零件与底盘断开;

c) 在通过变压器的绕组与共用连接但断开的变压器绕组提供的二次回路之间。如果试验的二次回路绕组需要接地的试验时应保持接地。

设备应在其最高正常工作温度下进行试验,试验电压应符合表8中所示。在最高正常工作温度下,电源变压器应能正常工作,而在表8中所示的电压下设备的二次回路应能承受1 min的电压。

表8 绝缘耐压试验

电路中最大电压	试验电压
1 000 V或者以下	最高电压的3倍,但不小于500 V
大于1 000 V	1 750 V加上电路中最大电压的1.25倍

34.2.2 为了试验设备是否符合34.2.1中的要求,应采用500 W或功率更大的变压器进行试验。输出电压应可以调节,电压可以从零开始升高,直至达到所需要的试验电压为止。升压速度应与电压表上的试验电压显示相符,达到所需试验电压后保持1 min。

34.2.3 参照34.2.2中提到的试验电压:

a) 对于交流电路应使用频率为50 Hz的电压;

b) 使用变压器产生试验电压时应使用正弦波电源,频率在180 Hz~1 000 Hz内,应防止磁芯饱和;

c) 对于直流电路,应使用直流电源。

35 接地连续性试验

35.1 测量设备接地装置的连接点之间、设备上或设备内以及接地零件之间的电阻值应不超过0.1 Ω。

35.2 可以采用任何适宜的仪器进行35.1的试验。但是,如果试验结果不合格,则应采用不小于12 V、25 A的(交流或直流)电源,测量设备接地装置连接点与接地零件之间产生的电压降。然后,通过电压降(单位:V)除以电流(单位:A)计算出电阻(单位:Ω)。电源接地不采用这种方法试验。

36 重复漏电流试验和绝缘耐压试验(湿热试验后)

36.1 将连接电线的设备放在相对湿度为93%±2%、温度为(32.0℃±2℃)的试验箱中进行48 h湿热试验。

36.2 在进行第一次漏电流试验后,将样品冷却或加热到略高于设定温度,再按照36.1将样品放置入试验箱中48 h。

36.3 在试验箱中,按照第30章对样品进行漏电流试验,结果应符合第30章的要求,直至当漏电流稳定或减少时,试验结束。

36.4 同时,在试验箱中按照第34章对样品进行绝缘耐压试验,结果应符合第34章的要求。

37 重复漏电流试验—加热器

浸入式加热器应按照38.1.7的规定,在一个装满标准试验硬水的金属容器中,浸入水中305 mm,如果产品浮起,不要强制将其浸入到正常水位下面。按照第31章的要求测量金属容器与大地之间的漏电流,时间为7 h,漏电流应不超过5 mA。

38 异常操作试验

38.1 概述

38.1.1 在实际工作中,设备如果不正确使用时(如将浸入式加热器放入空水箱里工作或放在水箱外)应不会产生火灾、触电或人身伤害的危险。

38.1.2 对 38.1.1 中所述的异常操作不局限于本章中所述的试验,其中部分试验是针对特殊类型的设备进行的。

38.1.3 设备应在连续工作条件下进行试验,以确定在异常操作下火灾、触电或人身伤害的危险不可能发生。试验应在表 29.1 中规定的电压下并且将设备按照要求安装或支撑好后进行。对于安装在水箱中或与水箱相连的接电线设备应安装在空水箱里面,并放在盖有白色棉纸的软木表面进行试验。

38.1.4 试验 7 h 后,如果未出现更坏的情况,试验可以结束。

38.1.5 当进行异常操作时,出现以下情况可以认为设备会引起火灾:

　　a) 出现火焰或熔融金属(熔化焊渣除外);

　　b) 安装在可燃材料上面或附件的设备,设备操作可能导致可燃材料灼热或燃烧。

38.1.6 如果出现以下情况可认为有触电的危险:

　　a) 对于接有电线的设备,按第 30 章进行漏电流试验,在可接触零件与地之间的漏电流大于 5 mA;

　　b) 对永久连接的设备,按第 31 章进行绝缘电阻试验,绝缘电阻值小于 50 kΩ。

　　对于在安全电压下工作的端子,可以不进行漏电流试验。对于使用液体工作的设备,在测量漏电流或者绝缘电阻前,应在设备的容器中注入符合 38.1.7 中要求的硬水。如果设备明显不能盛入液体,则可以不加液体。试验时,将相当于容器容积的水量倒入容器中,然后迅速地测量电流(或绝缘电阻)。潜入或浸入式设备应按要求方式浸入。

38.1.7 在第 37 章和 38.1.6 中使用的硬水溶液由 0.5 g 硫酸钙($CaSO_4 \cdot 2H_2O$)/L 蒸馏水组成。

38.1.8 对于大多数设备的异常操作的试验条件如 38.2～38.4.2 中所述。

38.2　加热器—电动机组合

　　使用电阻式加热元件与电动机相连的设备,如果将加热元件部分断开,电动机不应产生火灾、触电或人身伤害的危险。

38.3　浸入式加热器

38.3.1 带有控制的浸入式加热器在容器中将水加热到所控制的温度,然后突然浸入到常温的水中,反复进行试验 5 次,其结果应符合以下要求:

　　a) 绝缘耐压试验没有被击穿现象;

　　b) 对加热器工作无不利影响;

　　c) 没有增加火灾、触电或人身伤害的危险。

38.3.2 将浸入式加热器用一层棉布包裹好后,放在覆盖着两层纸巾的软木板上,按照表 6 连接到 50 Hz 的电源,温度调节装置设置为最大的加热速度,工作 7 h 后得到最终结果。其结果应符合以下要求:

　　a) 没有任何棉布或纸巾灼烧或燃烧;

　　b) 样品在试验后仍然可以正常工作;

　　c) 重复绝缘耐压试验没有被击穿现象。

38.4　电动机和保护器

38.4.1　概述

　　当电动机以最大负载运行时,保护装置应不会动作,A 级绝缘电动机绕组上的温度应不超过 140℃,B 级绝缘电动机绕组的温度应不超过 165℃,电动机应不会烧坏,且不存在产生火灾的危险。本规定不适用于泵用电动机、风机以及鼓风机的电动机。

38.4.1.1 当电动机堵转时,电动机绕组的温度应不超过表9中的规定值,电动机应不会烧坏,并不会产生火灾的危险。绘制出电动机工作后2h~72h的时间—温度变化值图,并计算得到电动机最高温度和最低温度的算术平均值。

表9 转子锁住试验期间的最高温度

	最　　高		平　　均	
	A级绝缘,℃	B级绝缘,℃	A级绝缘,℃	B级绝缘,℃
在工作后的首次1h内	200	225	—	—
在工作后的首次1h后	175	200	150	175

38.4.1.2 在38.4.1.1的试验期间,使用热电偶测量电动机绕组的表面温度。对于手动复位的保护装置,应在保护装置动作后尽快复位,连续进行4次试验。对于自动复位的保护装置,应连续进行72h试验(除非设备包括其他控制器,如定时器,而且控制器将工作时间明确限制在较短的时间周期内)。试验电压按表6中的规定。

38.4.1.3 电动机的自动复位热保护器应模拟正常工作,试验15d(除非设备包括其他控制器,如定时器,而且控制器将工作时间明确限制在较短的时间或15d内结束)。电动机的试验电压在表6规定试验电压的100%~110%之间。当电动机堵转时,应符合以下要求:

　　a) 未对电动机造成永久损坏(包括绝缘的明显老化);

　　b) 设备永久性断开回路,但不能出现断开电动机接地线、损坏电动机或其他任何危险的情况。电动机的手动复位保护器应能够断开回路50次而不损坏。本条款中所提到的15d和50次是包括38.4.1.2中所要求的4次操作。

38.4.2 串联电动机—超速

对于负载可变的串联电动机在1.3倍的额定电压下,以正常速度工作1min,可能产生危险的零件应不会松动。对于可能遇到的每种负载条件都要进行试验。

39 机械滥用试验—浸入式加热器

39.1 概述

取6个浸入式加热器样品,其中3个处在室温条件下,3个处在70℃条件下或比温升试验中测得其外壳上的温度高10℃(以较高者为准)的条件下,从0.91m的高处落到硬木地板上3次,每次坠落及每个样品应有不同面落在硬木地板上。

39.2 结果

在按照39.1进行试验后,应符合以下要求:

　　a) 样品在试验后按第40章进行3d的浸泡试验,绝缘电阻应符合第40章的要求;

　　b) 样品外壳应无破损;

　　c) 样品浸入38.1.7中所述的硬水溶液中,安装到规定水位,按第30章进行漏电流试验,应符合第30章的要求;

　　d) 使用图2所示的探针,应不能与任何非绝缘带电体接触;

　　e) 样品的间距应不低于最小值。

39.3 拉力和扭力

在温升试验期间,取3个浸入式加热器样品放置在试验箱中为期30d,试验箱保持70℃或比温升试验中测得其外壳上的温度高10℃(以较高者为准)。然后,将样品冷却至室温,进行拉力和扭力试验。拉力试验的目的是试验将外壳从设备其余部件分离所需要的力,而扭矩试验是为了试验将使用扭力固定到设备上的部件拆卸时所需要的力。将试验所得到的值与3个不同样品在室温条件下的试验值进行

比较,应符合以下要求:

    a)   对于室温条件下的试验样品,完全分离所需的力应不会减少到观察值的 50% 以上;

    b)   使用室温条件试验值 50% 的拉力或扭力施加到处理后的样品上,运动零件应不可能被拉动或扭动;

    c)   试验完成后,进行绝缘耐压试验应没有被击穿现象。

本条款不适用于不依靠扭力固定的零件,也不适用于在实际应用中不会受到拉力或扭力的零件。

40 浸泡试验

取 3 个浸入式加热器样品安装或浸入到预定的水位的容器中,每天运行 6 h,连续浸泡 30 d。然后,测量绝缘电阻或漏电流,并进行绝缘耐压试验。

其结果应符合以下要求:

    a)   永久连接设备,绝缘电阻应不小于 2 MΩ;

    b)   连接有电线和插头的设备,漏电流应不超过第 30 章中规定的数值;

    c)   应没有被击穿现象。

在 30 d 的试验期间和进行三项试验时,试验环境相对湿度需维持在 95%±5%,温度维持在(32±2)℃。

41 搁架试验

41.1 溢出(所有种类)

对于固定在墙壁或天花板上的设备,应放在一块厚度为 25.4 mm 的试验毡上进行试验。将可以用在搁架上的最大规格的水箱安装就位并注满水,任意拆下一个可拆卸的搁架支撑腿,从水箱中流到搁架上的水量应相当于标准使用容量的 1.5 倍。对于接有电线和插头的设备,溢出试验后应接着进行漏电流试验或对于永久连接的设备进行绝缘电阻试验和绝缘耐压试验。

其结果应符合以下要求:

    a)   漏电流不超过 30.1 中规定的数值;

    b)   没有被击穿现象;

    c)   绝缘电阻应不小于 2 MΩ;

    d)   搁架内应没有积水。

41.2 玻璃破裂(所有种类)

在 41.1 所述的条件下,取 1 个充满水的玻璃水箱,通过冲击方法将玻璃打碎。在搁架潮湿后,应符合以下要求:

    a)   对于永久连接的设备,绝缘电阻应不小于 5 MΩ;

    b)   对于连接电线和插头的设备,漏电流应不超过 30.1 中规定的数值;

    c)   没有被击穿现象;

    d)   搁架内应没有积水。

41.3 稳定性试验(单个设备)

41.3.1 对于免安装并连接有电线的搁架,应进行稳定性试验。

当搁架在以下两种条件下,从其原来直立位置向任何方向倾动 10°时,不得翻倒:

    a)   在搁架上安装最大规格空水箱时;

    b)   最大规格的水箱安装就位并注满水时。

41.3.2 在进行 41.3.1 试验中,水箱和搁架组合先如 a)中所述,然后如 b)中所述,应将支撑腿放在水平地面上,向水箱正下方的搁架施力,使整个设备以可能引起设备倾翻的方向倾斜 10°。

41.4 安装试验(需安装在墙壁或天花板上的设备)

41.4.1 拟安装在墙壁或天花板上的设备应按照54.3.2所述提供安装说明书。在说明书中,还应提供用于安装该设备所需要的所有零件。

41.4.2 搁架应能承受安装设备所可能遇到最大规格水箱总重量4倍的压力,但总负载应小于445 N。设备安装完成后维持试验载荷1 min,设备应不会出现故障或零件的永久性损坏。

41.4.3 在进行41.4.2的试验时,需要按照制造商的说明书要求,使用所推荐的零件和建筑安装设备。如果说明书中没有规定墙壁的施工方法,需要使用9.5 mm厚石膏板(干墙)作为支撑墙,在石膏板位于406 mm中心上用一对间隔50.8 mm×101.6 mm的螺栓。根据要求安装零件,在说明书中没有其他说明,可以调节设备从墙上伸出的最大间隙,但要确保设备使用螺母定位在螺栓之间并固定到石膏板上。在设备的重心上使用一个76.2 mm宽的带子施力,并在5 s~10 s内增加到可能遇到最大规格水箱和搁架总重量4倍的压力为止(水箱不需要放在搁架上,压力可直接施加于设备)。维持试验载荷1 min,设备应不会出现故障或零件的永久性损坏。

42 应变消除试验

设备电源线上的应变消除装置在承受156 N的直接拉力1 min后,电源线应不会移位,拉力不会传递到内部零件。

43 带电体淹水试验

43.1 对于在使用时要用水或其他导电液体的设备,定时器开关、浮球开关、浮标或类似零件的失灵应不会触及带电零件。

43.2 在试验期间,将会弯曲的罩子或隔膜拆下,设备应经过一个完整的工作周期以试验设备是否符合44.1的要求。即使不弯曲也会接触到水箱液体的零件(不包括常见的小振幅运动,如在使用过程中覆盖压力传感器的隔膜),则应对零件进行试验,以确定如果零件失灵是否会增加火灾或触电的危险,需要考虑的因素包括热、压力、使用操作方案以及其他可能引起材料老化的因素。

44 气泵防倒吸试验

对于水深低于0.6 m,气泵安装位置低于水底0.9 m的,应符合第19章防倒吸的要求。试验时,采用大小合适的软管插入水箱中,软管端部尽可能放在水体的最低位。在试验期间,气泵中所有的隔膜必须拆除。运行气泵,直至试验结束时得到试验结果。任何电气元件应不会被弄湿,绝缘体没有被击穿现象。

45 除浸入式加热器以外设备中使用玻璃的机械滥用试验

45.1 取3个带有玻璃零件的样品,每个都从最可能让玻璃破碎的位置,从0.91 m的高度上落到硬木板的表面上。每个样品从不同的3个位置试验,设备应没有外露的玻璃尖角。

45.2 用在桌上、长椅、搁架以及类似的结构和不能移动的设备,要进行6.8 J的冲击试验。将一个直径为50.8 mm、质量为0.535 kg的钢球用一根绳子悬挂起来,从所需的高度落下,冲击设备除了顶部以外的其他表面。取3个样品中的每一个要从不同的3个部位进行试验,设备应无外露的玻璃尖角。

46 开关和控制器试验

46.1 过载

设备连接到表6中所示电压的110%及额定频率的电源上,以确定是否与22.2相符。设备负载应与正常使用时的负荷相同。在试验期间,易触及的金属件要通过3 A保险丝接地。控制装置要通过50

个完整的周期以不超过 10 周期/min 的速度运行(如果所用各方可以接受,可以采用更快的周期速度)。接地线路中的保险丝在试验期间不得断开,不应有触点着火或点蚀。

46.2 电动机转子锁定超载

46.2.1 控制电动机的开关或其他装置(除非先前试验或互锁以免转子锁定超过电流)要接受 50 个周期的锁定或不锁定的超负载试验。设备应不得有电气或机械故障,其触点也没有明显的腐蚀或熔化。

46.2.2 控制电动机的开关或其他装置要进行试验,以确定是否符合 46.2.1 的要求。试验时,将设备的外接电源的频率和电压如表 6 所示,易接触的金属零件要通过带有 3 A 熔断丝的插头接地,电动机转子要锁定。在试验期间,所有单相电流断开设备需要安装在电源未接地的导体中。如果设备拟采用直流电或交流电,要将设备的易接触金属零件与单相电流断开设备相连。开关要每分钟操作不超过 10 次(如果所有各方可以接受,工作速度可以比每分钟 10 次快),接地电路中插头的保险丝应不得断开。

47 自动控温器、熔断器以及保护装置试验

47.1 自动控温器

自动控温器按照表 10 中的要求进行试验,试验负荷为额定负荷和 100% 的功率因数。在试验结束后,自动控温器应可以正常工作,其触点不得着火或有明显的腐蚀。

表 10 耐久试验的次数

控制类型	自动控制	手动控制
调节温度	对于正常工作周期 1 000 h 的设备,试验应不小于 30 000 次。试验可以采用短路控制装置进行。设备试验时的环境温度应不高于表 36.1 中的规定	/
限制温度	对于正常工作周期 100 h 的设备,试验应不低于 6 000 次	带负荷时,1 000 次;不带负荷时,5 000 次
限制和调节温度	当控制器短路时,可能有火灾风险的,100 000 次;当控制器短路时,不存在火灾风险,按照温度调节的试验次数	/

47.2 熔断器

使用一个或多个熔断器的设备,将其他温控设备从回路中分出,在断开熔断器的情况下操作 5 次,以确定是否符合第 26 章的要求,每个熔断器应能正常工作。在试验期间,外壳应通过包含 3 A 熔断丝的其他电源导体连接,试验期间熔断丝应不会烧断。

47.3 电动机热保护器—短路试验

取 3 个电动机热保护器样品,用棉布将外壳包裹后进行短路试验。对于额定功率为 373 W 或以下、380 V 或以下的电动机,电流为 200 A。对于其他额定值的电动机,但额定功率不超过 746 W,电压不超过 600 V,电流为 1 000 A。试验电路的功率因数为 90%～100%,功率测量应在电路中没有设备时进行,将不可回用熔断器与试验设备串联,熔断丝的额定值应不小于设备额定电流的 4 倍。对于额定电压为 220 V 或以下的设备,电流应不超过 20 A;对于额定电压为 220 V 但不超过 600 V 的设备,电流应不超过 15 A。样品试验要通过设备短路进行,热保护器外壳周围的棉布应不会着火。

48 拉力试验

连接电线的设备应按照说明书安装,在电源线上悬挂一个 4.54 kg 的重物。将电源线放置在可能经过的每一个位置进行试验,设备应不会倾翻。

49 密封材料老化试验

氯丁橡胶或橡胶化合物垫圈或弹性密封件应在温度为 100℃±2℃ 的高温试验箱中试验 70 h,试验

前后材料的物理特性应符合表11中所示。当不方便测量时,观察材料应没有明显裂缝、硬化或弹性变化。

表11 密封和垫圈的物理特性

材料的性能	试验前	试验后
伸缩性(50.8 mm试样,被拉伸至127 mm,保持2 min,释放2 min后测量)	12.7 mm	
伸长率(50.8 mm试样,断裂时最小伸长量)	250%(50.8 mm~178 mm)	原长度的65%
拉伸强度(断裂点的最小力)	5.86 kPa	原来的75%

50 盐雾试验

50.1 在海水环境中使用的设备应采取2个样品,按照50.2~50.5中所述的盐雾条件,进行24 h的试验。其中一个样品在正常工作状态进行盐雾试验,另一个样品在不工作状态进行试验。

50.2 盐雾试验应按GB/T 2423.17的规定进行。

50.3 盐溶液应符合以下要求:

　　a) 以去离子水配置的5%(以重量计)氯化钠溶液;

　　b) pH为6.5~7.2;

　　c) 比重1.016~1.040(温度33℃)。

50.4 雾室(箱)中的温度在整个试验期间,需要保持在(33±2)℃。任何在天花板上或箱盖上积聚的盐溶液不能滴落到试验样品上,滴下的液体不能循环使用。

50.5 设备应支撑或悬挂,以免与其他金属接触,然后进行24 h盐雾试验。结果应符合以下要求:

　　a) 对于连接电线的设备,按照第30章漏电流试验的要求进行试验,漏电流应不超过30.1中的数值;

　　b) 对于永久连接的设备,按照第31章绝缘电阻试验的要求进行试验,绝缘电阻应不低于50 000 Ω;

　　c) 按照第34章绝缘耐压试验的要求进行试验,应没有被击穿现象。

51 溢出试验

51.1 将设备连接表6中所示的电源,并按照说明书安装就位进行溢出试验。将符合50.3要求的盐水注满水池,再通过直径9.5 mm的软管以15.1 L/min的速度将总量等于水箱体积25%的盐溶液加入水池。对于按54.1.5标识只能在淡水条件下使用的设备,试验溶液为500 mg/L的二水硫酸钙($CaSO_4$·$2H_2O$)蒸馏水溶液。

51.2 试验结果应符合以下要求:

　　a) 对于连接电线的设备,按照第30章进行漏电流试验,漏电流应不超过30.1中规定的数值;按照第35章进行绝缘耐压试验,应没有被击穿现象;

　　b) 对于永久连接的设备,按照第31章进行绝缘电阻试验,绝缘电阻不应超过5 MΩ;按照第34章进行绝缘耐压试验,应没有被击穿现象。

52 标识

52.1 设备应在明显部位固定永久性产品标牌,标牌应符合GB/T 13306的规定。

52.2 设备标识牌应清晰,至少应包括以下内容:

　　a) 制造厂商名称及商标;

　　b) 产品名称及型号;

　　c) 主要技术参数;

    d) 制造日期或产品编号;

    e) 执行标准编号;

    f) 制造厂商地址。

52.3 对于只使用一台电动机的设备,电动机安装后如可以清晰看到其标牌,可不在标牌中标识电动机的主要参数。

52.4 如果设备的电压是可选择的,设备应有明显标记。此外,设备说明书中应有相应的说明。

53 警告标记

53.1 概述

53.1.1 警告标志应耐久并清晰,并位于不能活动的部件上。如果设备小到难以设置标记,则该标记可以放在设备的安全说明中。

53.1.2 对操作者警示的标志和说明应清晰可见。防止人身伤害的标示应标注"注意"、"警告"或者"危险"字样,标志应符合 GB 10396 的规定。

53.1.3 设备使用灯泡照明时,应有以下标记:"注意:为了防止可能发生的火灾或触电,使用电灯额定功率应低于××W。"

53.1.4 如果设备气泵未按照第 44 章进行防倒吸评估,泵体上应附有警示标志:"警告!为防止水回吸可能造成触电危险,气泵应安装在水位上方。"

53.1.5 如果在潮湿环境中使用的设备,未按照第 51 章进行盐雾试验验证可以在海水环境中使用,设备应标明"警告:为了防止腐蚀或材料老化可能导致触电危险,该设备只能在淡水环境中使用。"

53.1.6 浸入式加热器应在加热器上以标线的形式标明浸入水中的水位线,并标注"水位"字样。另在安全说明中标注:"注意事项:为防止可能的触电危险,不要将该加热器浸入所标示水位线以下使用。"

53.2 永久性连接设备

53.2.1 永久连接设备的接线盒或电源线,在第 33 章试验期间温升超过 35℃时,该设备应有永久性标记:"连接电源应使用额定温度至少为××℃的电线"。

53.2.2 永久连接设备应在连接电源的电线和检查时可见处有以下标记:

    a) 电源的额定值;

    b) 供电线路过电流保护装置的最高额定值。

53.2.3 永久连接到非刚性金属导体或铠装电缆的永久连接设备应在设备电源连接处标明该设备可以接受的系统。

54 说明书

54.1 概述

54.1.1 说明书应随设备一起提供。说明书的编写应符合 GB/T 9480 的规定,至少应包括以下内容:

    a) 安全说明;

    b) 安装说明;

    c) 操作和维护说明。

54.1.2 当设备有两条电源线时,在安装和操作维护说明中应清楚地注明,两根电源线的使用以及在移动、试验或修理期间必须切断的电源。

54.2 安全说明

54.2.1 安全说明应有以下内容:

    a) 特别提醒设备用户对可能造成火灾、触电或人身伤害危险有合理的防护措施;

b) 说明应该采取的预防措施,以减少此类风险发生的可能性。

54.2.2 安全说明可使用文字和插图。

54.2.3 安全说明可使用文字和插图的高度应符合:

a) "重要的安全说明"、"请阅读并遵守所有安全说明"和"重要事项"的字高应不小于 4.8 mm;

b) 其他字高应不小于 2.1 mm。

54.2.4 安全说明可以编号,"请阅读并遵守所有安全说明"和"重要事项"应分别于安全说明的首尾,也可以插在制造商认为合适的其他位置。

54.2.5 使用电线连接的设备,安全说明应包括以下项目内容。

警告:为了防止伤害,应遵守的基本安全防范措施:

a) 使用本设备前,必须仔细阅读本说明书。

b) 危险:为了避免触电发生,在设备使用时应特别注意。对于以下情况的每一种,不要尝试自行修理,应将设备送到授权的服务机构进行维修或更换设备:

    1) 如果设备落入水中,首先应拔掉电源插头,然后取出。如果设备的电气部件潮湿,应立即拔掉设备电源插头。(只针对非浸入式设备)

    2) 如果设备有异常漏水迹象,应立即将插头从电源上拔下。(只针对浸入式设备)

    3) 设备安装后,应仔细检查设备。如果不沾水的零部件上有水迹,请不要插上电源插头。

    4) 不要操作电线或插头损坏和跌落后的设备。

    5) 为了避免设备插头或插座潮湿,设备应合理安装,以防止水滴落到插座或插头上。如果插头或插座被淋湿,严禁先拔除电源插头。应先断开插座开关后,再拔出插头,并检查插座中是否有水。

c) 为了避免伤害,禁止触及运动部件或高温部件,如加热器、灯泡等。

d) 在设备不用时、在拆装零件前、在清洗前,应先将插头从插座上拔下。严禁猛拉电源线和插头。

e) 将设备用于其他用途、使用非制造商建议或出售的附件可能会造成不安全的风险。

f) 不要将设备安装或者存放在露天或 0℃ 以下。

g) 在设备工作前,应确认设备是否已安装牢固。

h) 阅读并遵守设备上的所有重要提示。

i) 如果需要延长线,应使用带有正确额定值的电线。应仔细布置电线,以免被绊倒或拉住。

j) 设备带有极性插头的,作为安全措施功能,插头只能从一个方向插入极性插座。如果插头无法插进,请联系专业电工。

54.2.6 对于采用永久连接的设备,安全说明应包括以下内容:

警告:为了防止伤害,应遵守的基本安全措施。

a) 阅读并遵守所有安全说明。

b) 危险:为了避免触电,在设备使用时应特别注意。对于以下情况的每一种,请不要尝试自行修理,应将设备送到授权的服务机构进行维修或更换设备:

    1) 设备安装后,应仔细检查设备。如果不沾水的零部件上有水迹,请不要插上电源插头。

    2) 如果设备已经失灵或者跌落过,请不要使用该设备。

c) 当设备在儿童或接近儿童处使用,有必要进行严密监督。

d) 为了避免伤害,禁止触及运动部件或高温部件,如加热器、灯泡等。

e) 在设备不用时、在拆装零件前、在清洗前,应先将插头从插座上拔下。

f) 将设备用于其他用途、使用非制造商建议或出售的附件可能会造成不安全的风险。

g) 不要将设备安装或存放在露天或 0℃ 以下。

h) 在设备工作前确认设备是否已安装牢固。

    i)   阅读并遵守设备上的所有重要提示。

54.3 安装说明

54.3.1 安装说明应包含安装所需的有关信息。对于接有电线的设备,应明确规定在将该设备插进电源前,用户必须:

    a)   安装好设备;

    b)   对于要求接地的设备,应提供接地装置。

对于永久连接设备,应规定设备要由合格的安装人员按照规定的操作规程进行安装。

54.3.2 对于永久安装到墙壁或天花板上的台架,要提供安装或固定的准确说明。说明书应对所提供的安装方法进行说明。

54.4 接地说明

54.4.1 设备电线配备接地插头时,插头必须插入符合规定的插座中。

54.4.2 设备连接电线接地时,设备电线应连接到接地端子和符合规定的电源接地端上。

54.5 操作和维护说明

操作和维修说明书应包括由制造商推荐的运行、维护(如清洁、润滑或非润滑)说明。

附　录　A

（资料性附录）

本标准与 UL 1018:2001 章条编号对照

本标准章条编号	对应的 UL 1018:2001 章条编号
3.1~3.3	3.4~3.6
4.1.1~4.1.2	4.1.1~4.1.2
4.2	4.2.1~4.2.7
4.3.1~4.4.3	4.3.1~4.4.3
5.1~5.5	5.1~5.5
6.1~6.6	6.1~6.6
7.1~7.2	7.1~7.2
8.1.1~8.1.5	8.1.1~8.1.5
—	8.1.6
8.1.6~8.1.8	8.1.7~8.1.9
—	8.1.10
8.1.9	8.1.11
8.2.1	8.1.A
8.3.1.1~8.3.3.5	8.2.1.1~8.2.3.5
—	8.2.3.6
8.3.3.6~8.3.3.9	8.2.3.7~8.2.3.10
8.3.4.1~8.3.4.3	8.2.4.1~8.2.4.3
9.1~9.5	9.1~9.5
10.1~10.4	10.1~10.4
11.1.1~11.2.3	11.1.1~11.2.3
12.1.1~12.1.2	12.1.1~12.1.2
—	12.2.1~12.2.2
12.2.1~12.2.6	12.3.1~12.3.6
—	12.3.7~12.3.8
12.3.1~12.3.3	12.4.1~12.4.3
13.1~13.5	13.1~13.5
14.1.1~14.2.2	14.1.1~14.2.2
15	15.1~15.3
16.1~16.3	16.1~16.3
17.1.1~17.2.6	17.1.1~17.2.6
18.1~18.3	18.1~18.3
19.1~19.7	19.1~19.7
20	20.1

（续）

本标准章条编号	对应的 UL 1018:2001 章条编号
21.1～21.5.3	21.1～21.5.3
22.1～22.6	22.1～22.6
—	23.1～23.4
23.1～23.2	24.1～24.2
24.1～24.5	25.1～25.5
—	26.1～26.2
25	27.1
26	28.1
27	29.1
28.1～28.3	30.1～30.3
—	31.1～31.3
29.1～29.2	32.1～32.2
30.1～30.4	33.1～33.4
30.5	33.5～33.7
31	34.1
32	35.1
33.1.1～33.2	36.1.1～36.3
—	34.5～36.7.1
33.6.1～33.7.8	36.8.1～36.9.8
34.1.1～34.2.3	37.1.1～37.2.3
35.1～35.2	38.1～38.2
36.1～36.4	39.1～39.4
37	40.1
38.1.1～38.1.8	41.1.1～41.1.7
38.2	41.2.1
38.3.1	41.3.1
—	41.3.2
38.4.1.1～38.4.1.4	41.4.1.1～41.4.1.4
38.4.2	41.4.2.1
39.1～39.3	42.1.1～42.3.1
40	43.1
41.1～41.4.3	44.2.1～44.4.3
42	45.1
43.1～43.2	46.1～46.2
44	47.1
45.1～45.2	48.1～48.2
46.1～46.2.2	49.1.1～49.2.2
47.1～47.3	50.1.1～50.3.1
48	51.1
49	52.1
50.1	53.1
50.2	53.2～53.3
50.3～50.5	53.4～53.6

（续）

本标准章条编号	对应的 UL 1018:2001 章条编号
—	54.1
51.1～51.2	54.2～54.3
—	55.1～55.3
—	56.1～56.10
—	57.1～57.3
—	58.1
52.1～52.4	59.1～59.4
—	59.5～59.7
53.1.1～53.2.3	60.1.1～60.2.3
—	60.2.4
—	61.1
54.1.1～54.3.2	62.1.1～62.3.2
—	62.3.3
54.4.1～54.4.2	62.4.1～62.4.2
54.5	62.5.1
—	63.1～71.1

附 录 B

（资料性附录）

本标准与 UL 1018:2001 技术性差异及其原因

本标准的章条编号	技术性差异	原 因
1	修改为"本标准规定了水产养殖电器设备（以下简称设备）必须遵守的安全要求。本标准适用于室内使用，电压在 380 V 或以下的水产养殖电器设备，如电加热器、水泵、微滤机、臭氧发生器、紫外线杀菌器、鼓风机、空气压缩机、制氧机、增氧机、制冷（热）机组、投饲机、水质监测仪器仪表、报警器以及类似设备。"	根据我国水产养殖电器设备现状，规定适用范围
2	增加本部分	根据国家标准编制规定
3	增加该条款	便于使用者适用
4.2	修改为"金属材料外壳应根据该设备的预期用途，对材料规格、形状和厚度进行评估。"	增加可操作性
4.3.2 a)4)	修改为"电动机符合 GB/T 13002 中对热保护电机的要求。"	适应我国技术条件
8.1.4	修改为"插头应符合 GB/T 11918 的要求。"	适应我国技术条件
8.1.5	修改为"电源线的类型应为 GB/T 5013.4 和 GB/T 5023.5 规定的类型，并可用于：a) 移动式电气设备；b) 家用电器设备；c) 8.2.1 除外所包括的设备。电源线识别标志应符合 GB/T 6995 的要求。"	适应我国技术条件
8.3.1.1	修改为"与电源永久连接的设备的布线连接方法应符合 GB/T 13869 的要求。"	适应我国技术条件
8.3.1.3	修改为"设在设备金属外壳内的接线系统，应符合 GB/T 13869 的要求，并应牢固连接，不活动，不变形，不影响外壳的性能。"	适应我国技术条件
8.3.2.5	修改为"如在电机接线盒中可以进行现场布线，该接线盒应符合 GB/T 16935.1 的要求。"	适应我国技术条件
8.3.4.3	修改为"用于连接接地的电源导体的引线表面颜色应符合 GB 7947 的要求，并应有别于其他引线"	适应我国技术条件
11.2.3	修改为"用于连接设备的接地导线的接线螺钉应标有一个绿色的头部，应为六角头或带槽头，或两者兼而有之。用于连接接地导线的接线端应进行明显标识。并在接线图上标有明显图形符号，标识和符号应符合 GB/T 5465.2 的规定。"	适应我国技术条件
17.2.3	修改为"电动机配有符合 GB/T 13002 的热保护装置或阻抗保护装置，则可以不进行 17.2.1～17.2.6 的试验。"	适应我国技术条件
19.7	修改为"具有两个或者以上的不同规格的电动机适用表 19.2 时，每台电动机应符合 GB 12350 的要求。其他间隔应根据设备中最大电动机的规格进行。"	适应我国技术条件
30.5	修改为"漏电流试验按 GB 12113 的规定进行。"	适应我国技术条件
33.1.2	表 7 中 105 级修改为 A 级，130 级修改为 B 级	适应我国技术条件
50.2	修改为"盐雾试验应按 GB/T 2423.17 的规定进行。"	适应我国技术条件

（续）

本标准的章条编号	技术性差异	原　因
52.1	修改为"设备应在明显部位固定永久性产品标牌，标牌应符合GB/T 13306的规定。"	适应我国技术条件
53.1.2	修改为"对操作者警示的标志和说明应清晰可见。防止人身伤害的标示应标注"注意"、"警告"或者"危险"字样，标志应符合GB 10396的规定。"	适应我国技术条件
54.1.1	修改为"说明书应随设备一起提供。说明书的编写应符合GB/T 9480的规定，至少应包括以下内容：a）安全说明；b）安装说明；c）操作和维护说明。"	适应我国技术条件
54.5	修改为"操作和维修说明书应包括由制造商推荐的运行、维护（如清洁、润滑、或非润滑）说明。"	增加可操作性便于标准执行
	删除了UL 1018中的8.1.6、8.1.10、8.2.3.6、12.2.1～12.2.2、12.3.7～12.3.8、23.1～23.4、26、31.1～31.3、36.4～36.7.1、41.3.2、54.1、55.1～55.3、56.1～56.10、57.1～57.3、58.1、59.5～59.7、60.2.4、61.1、62.3.3、63.1～71.1	适应我国技术条件

ICS 65.150
B 94

中华人民共和国水产行业标准

SC/T 6051—2011

溶氧装置性能试验方法

Test method for the performance of oxygenator

2011-09-01 发布

2011-12-01 实施

中华人民共和国农业部 发布

前　　言

本标准按照 GB/T 1.1—2009 给出的规则起草。

本标准由中华人民共和国农业部渔业局提出。

本标准由全国水产标准化技术委员会渔业机械仪器分技术委员会(SAC/TC 156/SC 6)归口。

本标准起草单位:中国水产科学研究院渔业机械仪器研究所。

本标准主要起草人:倪琦、张宇雷、顾川川、刘晃、吴凡。

溶氧装置性能试验方法

1 范围

本标准规定了检测溶氧装置增氧性能所需要的试验条件、试验方法及计算方法。

本标准适用于溶氧装置增氧能力、氧利用率和动力效率的检测。

2 规范性引用文件

下列文件对于本文件的应用是必不可少的。凡是注日期的引用文件,仅注日期的版本适用于本文件。凡是不注日期的引用文件,其最新版本(包括所有的修改单)适用于本文件。

GB 5749 生活饮用水卫生标准

GB/T 3863 工业氧

GB/T 17611 封闭管道中流体流量的测量 术语和符号

HJ 506 水质 溶解氧的测定 电化学探头法

SC 6001.2 渔业机械基本术语 养殖机械

3 术语和定义

GB/T 17611、HJ 506 和 SC 6001.2 界定的以及下列术语和定义适用于本文件。

3.1

溶氧装置 oxygenator

使用工业氧气,并使之充分溶解入水体中的装置或设备,但不包括直接在水体内释放气体的曝气型设施设备。

3.2

理论饱和溶解氧浓度 theoretical saturated dissolved oxygen

在规定条件下,当增氧时间趋向于无穷大时,水体中的溶解氧浓度能够达到的值。

3.3

氧利用率 oxygen transfer ratio

在规定条件下,单位时间内水体中溶解氧质量的增量占供氧质量的百分比。

4 试验方法

使用待检测溶氧装置对试验水池内经过消氧处理的水体进行增氧,根据水体内溶解氧随时间的增

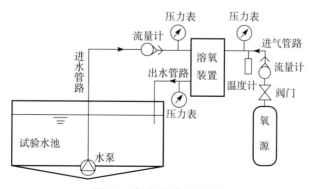

图 1 试验系统原理图

长曲线拟合出氧质量转移系数和理论饱和溶解氧浓度,从而计算出溶氧装置的增氧能力。试验系统结构如图1所示。

5 试验水池

试验用水池要求:
a) 圆形、敞口、直壁、锥底水泥池,规格尺寸及注水深度见图2和表1;
b) 池底坡度为1:20;
c) 池内设有挡流板,规格尺寸见图2和表1;
d) 池壁设有水深及水体体积标尺。

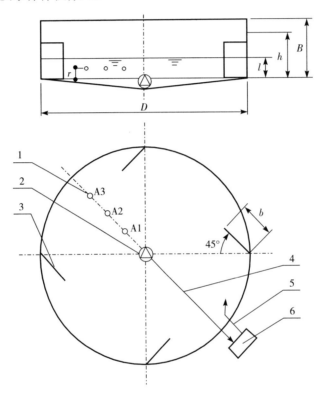

说明:
1——溶氧仪探头;
2——水泵;
3——挡流板;

4——进水管路;
5——出水管路;
6——溶氧装置。

注:溶氧装置出水位置在试验池水面以下,深度为水深的1/2;出水方向与该处圆周切向方向呈45°。

图2 试验水池及部分设备安装示意图

表1 试验水池及挡流板规格尺寸

池型	处理量 m³/h	直径(D) m	池深(B) m	水深(h) m	挡流板规格		
					长(b) m	宽(l) m	数量 块
1	≥15～≤30	6.3	1.15	0.4	1.2	0.8	4
2	>30～<60	8	1.4	0.6	1.5	0.8	4
3	≥60	10	1.7	0.8	1.9	0.8	4

6 试剂和材料

6.1 无水亚硫酸钠(Na_2SO_3)

作试验用水消氧用,投加量按式(1)计算:

$$G = 8 \cdot C \cdot V \cdot K \quad\cdots\cdots\cdots\cdots\cdots\cdots\cdots\cdots\cdots\cdots\cdots\cdots\cdots (1)$$

式中:

G——亚硫酸钠投加量,单位为克(g);

8——理论上消耗 1 g 氧所需亚硫酸钠量,单位为克每克(g/g);

C——水中的溶解氧浓度,单位为毫克每升(mg/L);

V——试验水池内水的体积,单位为立方米(m^3);

K——脱氧安全系数,一般取 1.2~1.5。

6.2 二价钴盐

作试验用水消氧的催化剂,投加一次即可,投加量以钴离子(Co^{2+})浓度 0.3 mg/L～0.5 mg/L 计算,用水充分溶解后待用。

6.3 试验用水

试验用水应符合 GB 5749 的要求。

6.4 试验用氧

试验用氧应符合 GB/T 3863 的要求。

7 仪器和设备

7.1 溶解氧测量仪

7.1.1 测量探头

原电池型(如铅/银)或极谱型(如银/金),准确度为±0.1 mg/L,探头上应附有温度补偿装置。安装位置见图 1 和表 2。

表 2 溶解氧测量点安装位置

尺　寸	测量点编号		
	A1	A2	A3
离池边距离	$\frac{3}{8}D$	$\frac{1}{4}D$	$\frac{1}{8}D$
深度(r)	$\frac{1}{2}h$	$\frac{1}{2}h$	$\frac{1}{2}h$

7.1.2 显示仪表

直接显示溶解氧的质量浓度或饱和百分率。

7.2 流量计

7.2.1 气体流量计

宜使用具有自动温度、压力补偿功能的用氧气标定的质量流量计测量,准确度等级不低于 1.5 级;或使用转子流量计测出体积流量后,根据该处流体的绝对静压、绝对温度和流体成分计算其质量流量(修正方法以说明书为准),准确度等级不低于 1.6 级。

7.2.2 液体流量计

准确度等级不低于 1.6 级,宜使用转子流量计。

7.3 其他设备

7.3.1 潜水泵

规格型号根据待检测溶氧装置的工作要求选配。

7.3.2 变频器

规格型号根据试验用水泵功率选配。

7.4 其他仪器仪表

7.4.1 气压表

最小分度为 0.1 kPa,准确度为 ±0.2 kPa。

7.4.2 温度计

最小分度为 0.2℃,准确度为 ±0.2℃。

7.4.3 刻度尺

最小分度为 1 mm,准确度为 ±2 mm。

7.4.4 压力表

准确度等级不低于 1.5 级。

7.4.5 功率仪

准确度不超过满量程的 ±0.5%。

7.4.6 计时器

最小分度为 0.01 s。

8 试验程序

8.1 试验步骤

具体试验过程应按下列步骤执行:

a) 清洗试验水池,注水至要求水位;

b) 按 HJ 506 及使用说明书规定的方法标定溶氧仪测量探头;

c) 将溶氧仪测量探头按图 1 和表 2 所示位置稳妥安置于水池中;

d) 启动水泵,使用变频器调节至溶氧装置额定水流量,试运转 5 min;

e) 试验人员就位,所有仪表进入工作状态;

f) 将氯化钴溶液均匀撒入试验水池中;

g) 均匀撒入亚硫酸钠溶液,静置,待溶解氧示值降至接近 0 mg/L 时启动水泵;

h) 打开进气阀门,并调节至溶氧装置额定气流量,待水中溶解氧刚开始上升时开始记录溶解氧示值;

i) 所有仪器读数必须保持同步,记录的时间间隔除特殊要求外应为每分钟 1 次;

j) 待溶解氧测量最低点上升到 12 mg/L 后,试验结束;

k) 根据测得的各组溶解氧值,计算每个测量点的在标准状态下(水温 20℃,大气压力 101.325 kPa)的增氧能力 Q_s 值,并取其均值作为该次试验 Q_s 的结果值;

l) 计算标准状态下的氧利用率和动力效率。

8.2 试验要求

为确保检测结果的准确,要求:

a) 试验应按 8.1 要求重复 2 次;

b) 试验用水重复使用不应超过 8 次;

c) 试验过程中气体流量计示值波动不应超过待检测装置额定进气量的 ±2%;

d) 试验过程中水体流量计示值波动不应超过待检测装置额定水流量的 ±2%;

e) 每次试验应有完整的记录。

9 结果计算与判定

9.1 结果计算

9.1.1 氧质量转移系数

20℃水温条件下的氧质量转移系数 $K_La_{(20)}$ 按式(2)计算：

$$K_La_{(20)} = \frac{K_La_{(T)}}{1.024^{(T-20)}} \quad\text{……………………………………}(2)$$

式中：

$K_La_{(20)}$——20℃水温条件下的氧质量转移系数，按附录 A 中规定的方法进行计算，单位为每分钟（min^{-1}）；

$K_La_{(T)}$——试验条件下的氧质量转移系数，按附录 A 中规定的方法进行计算，单位为每分钟（min^{-1}）；

1.024——温度修正系数；

T——试验时的水温，单位为摄氏度（℃）；

20——标准状态水温，单位为摄氏度（℃）。

9.1.2 理论溶解氧饱和浓度

标准状态下（水温 20℃，大气压力 101.325 kPa）的理论饱和溶解氧浓度 $C_{\infty(20)}$ 按式(3)计算：

$$C_{\infty(20)} = \frac{C_{\infty(T)}}{\tau \cdot \Omega} \quad\text{……………………………………}(3)$$

式中：

$C_{\infty(20)}$——标准状态下（水温 20℃，大气压力 101.325 kPa）的理论饱和溶解氧浓度，单位为毫克每升（mg/L）；

$C_{\infty(T)}$——试验条件下的理论饱和溶解氧浓度，按附录 A 中规定的方法进行计算或按附录 B 中给出的程序使用 MATLAB 进行运算，单位为毫克每升（mg/L）；

τ——温度修正系数，按式(4)计算；

Ω——大气压力修正系数，按式(5)计算。

$$\tau = \frac{\rho(O)_{s(T)}}{\rho(O)_{s(20)}} \quad\text{……………………………………}(4)$$

式中：

$\rho(O)_{s(T)}$——水温为 T℃、大气压力为 101.325 kPa、在水蒸气饱和的、含氧体积百分率为 20.94% 的空气存在时，纯水中氧的溶解度，单位为毫克每升（mg/L）。该值可由表 C.1 中查到，间隔更小的数据宜用内插法推算；

$\rho(O)_{s(20)}$——水温为 20℃、大气压力为 101.325 kPa、在水蒸气饱和的、含氧体积百分率为 20.94% 的空气存在时，纯水中氧的溶解度由表 C.1 中可查到，该值为 9.09 mg/L。

$$\Omega = \frac{P_b}{P_s} \quad\text{……………………………………}(5)$$

式中：

P_b——试验时的大气压力，使用气压表测得，单位为千帕（kPa）；

P_s——标准大气压力 101.325，单位为千帕（kPa）。

9.1.3 增氧能力

标准状态下（水温 20℃，大气压力 101.325 kPa）的增氧能力 Q_s 按式(6)计算：

$$Q_s = K_La_{(20)} \times V \times C_{\infty(20)} \times 10^{-3} \quad\text{……………………………}(6)$$

式中：

Q_s——标准状态下（水温 20℃，大气压力 101.325 kPa）的增氧能力，单位为千克每小时（kg/h）；

V——试验用水体积，单位为立方米（m^3）。

9.1.4 氧利用率

标准状态下（水温 20℃，大气压力 101.325 kPa）的氧利用率 ε_s 按式(7)计算：

$$\varepsilon_s = \frac{Q_s}{q \times \mu} \quad \cdots\cdots\cdots\cdots\cdots\cdots\cdots\cdots\cdots\cdots\cdots\cdots\cdots\cdots\cdots\cdots\cdots \quad (7)$$

式中：

ε_s——标准状态下(水温20℃,大气压力101.325 kPa)的氧利用率,单位为百分率(%)；

q——气体流量计示值流量换算到标准状态下(温度为20℃,压力为101.325 kPa)下的质量流量,单位为千克每小时(kg/h)；

μ——氧气纯度,单位为百分率(%)。

9.1.5 动力效率

标准状态下(水温20℃,大气压力101.325 kPa)的动力效率 E_s 按式(8)计算：

$$E_s = \frac{Q_s}{N_1 + N_2} \quad \cdots\cdots\cdots\cdots\cdots\cdots\cdots\cdots\cdots\cdots\cdots\cdots\cdots\cdots \quad (8)$$

式中：

E_s——标准状态下(水温20℃,大气压力101.325 kPa)的动力效率,单位为千克每千瓦小时[kg/(kW·h)]；

N_1——溶氧装置正常工作时由于输送水流所消耗的功率,单位为千瓦(kW)。计算方法根据溶氧装置气液混合腔内的工作状态分为两种情况,分别按式(9)和式(10)计算；

N_2——除去输送水流所需要的能耗,纯氧溶氧装置正常工作所必须的额外的动力功率,使用功率仪测量,单位为千瓦(kW)。

气液混合腔内的工作压力接近常压时,N_1 按式(9)计算：

$$N_1 = \frac{G \times \rho \times H \times g \times 10^{-3}}{3\,600} \quad \cdots\cdots\cdots\cdots\cdots\cdots\cdots\cdots\cdots\cdots\cdots \quad (9)$$

式中：

G——溶氧装置水处理量,由水体流量计测得,单位为立方米每小时(m³/h)；

ρ——试验水温条件下,水的密度以 1×10^3 kg/m³ 计(不考虑温度对密度的影响)；

H——溶氧装置正常工作所必须的水位落差,使用米尺测量,单位为米(m)；

g——重力加速度9.8,单位为牛顿每千克(N/kg)；

3 600——单位为秒每小时(s/h)。

气液温柔合腔内需要一定工作压力时,N_1 按式(10)计算：

$$N_1 = \frac{G \times (P_{in} - P_{out})}{3\,600} \quad \cdots\cdots\cdots\cdots\cdots\cdots\cdots\cdots\cdots\cdots\cdots \quad (10)$$

式中：

P_{in}——溶氧装置进水口处压力,使用压力表测量,单位为千帕(kPa)；

P_{out}——溶氧装置出水口处压力,使用压力表测量,单位为千帕(kPa)；

9.2 判定规则

9.2.1 每组3个测量点的 Q_s 值与其均值误差应在±5%内视为有效,否则应重新测定。

9.2.2 两次试验结果的差值与平均值的比值不应超过0.08,否则应重新测定。

10 检测报告

检测报告应包括下列各项：

——注明按照本标准进行；

——试验条件,试验用仪器设备；

——被检测纯氧溶氧装置名称、型号和生产厂家；

——试验结果；

——说明试验中发生的任何异常现象;

——试验单位、日期、地点和人员。

附 录 A

（规范性附录）

用非线性回归法计算氧质量转移系数

A.1 非线性回归计算 K_La 值的方法

A.1.1 氧转移基本方程

由双膜理论得知，氧转移基本方程式见式（A.1）：

$$\frac{dC}{dt} = K_La(C_\infty - C) \quad\cdots\cdots\cdots\cdots\cdots\cdots \text{（A.1）}$$

式中：

C——溶解氧浓度，单位为毫克每升（mg/L）；

t——增氧时间（0、1、2、3……n），单位为分钟（min）；

K_La——氧质量转移系数，单位为每分钟（min^{-1}）；

C_∞——理论饱和溶解氧浓度，水中溶解氧达到饱和状态时的值或时间 t 趋向于无穷大时水中的溶解氧浓度值，单位为毫克每升（mg/L）。

在 t 为 0 的条件下将公式 A.1 积分后，可得溶解氧浓度关于增氧时间的 $C-t$ 方程[式（A.2）]：

$$C = C_\infty - (C_\infty - C_0)e^{-K_La \cdot t} \quad\cdots\cdots\cdots\cdots\cdots \text{（A.2）}$$

式中：

C_0——理论初始溶解氧浓度，增氧时间 $t=0$ 时水中的溶解氧浓度，单位为毫克每升（mg/L）。

A.1.2 回归方程

参照式（A.2），为测得的 $C-t$ 数据组选配回归方程式见式（A.3）：

$$C(P_i, t) = P_1 - (P_1 - P_2) \cdot e^{(-P_3 \cdot t)} \quad\cdots\cdots\cdots\cdots\cdots \text{（A.3）}$$

式中：

P_i——用以表征待定变量，$i=1$、2、3；

P_1——理论饱和溶解氧浓度 C_∞，单位为毫克每升（mg/L）；

P_2——理论初始溶解氧浓度 C_0，单位为毫克每升（mg/L）；

P_3——氧质量转移系数 K_La，单位为每分钟（min^{-1}）。

A.1.3 迭代过程

利用 Newton 迭代法将式（A.3）在 P_i^1 点展为泰勒级数，并弃去一阶导数后的高阶项，使所设回归方程线性化，即可得到式（A.4）：

$$C(P_i^1 + \Delta P_i^1, t) = C(P_i^1, t) + \sum (\partial C/\partial P_i)^1 \Delta P_i^1 \quad (i = 1、2、3) \cdots\cdots\cdots\cdots \text{（A.4）}$$

式中：

$P_i^1 + \Delta P_i^1$——P_i^1 点处附近的一点（$i=1$、2、3），设为 P_i^2，即：$P_i^2 = P_i^1 + \Delta P_i^1$（$i=1$、2、3）。迭代法特点之一是多次重复计算。$P_i^1$ 的上标 1 表示第一次计算，是首次迭代时给出的预估值；

$(\partial C/\partial P_i)^1$——$P_i^1$ 点处 C 对 P_i 的偏导数值。

按式（A.5）计算 S 值：

$$S = \sum_{t=1}^{n} [C_t - C(P_i^1 + \Delta P_i^1, t)]^2 \quad (i = 1、2、3) \cdots\cdots\cdots\cdots \text{（A.5）}$$

式中：

S——增氧时间 t 从 1～n 所有溶解氧浓度测量值与拟合值之差的平方的总和，单位为毫克每升的平方$[(mg/L)^2]$；

C_t——t 时刻溶解氧浓度测量值，单位为毫克每升(mg/L)。

对 $S(\Delta P_i^1)$ 进行最小二乘法计算得正规方程组，解之得 ΔP_i^1。进行第二次计算时，将式（A.3）在 $\Delta P_i^2(i=1,2,3)$ 点展开为泰勒级数，重复第一次计算过程，得 $\Delta P_i^2(i=1,2,3)$。经第二次计算得 P_i^2 及 $\Delta P_i^2(i=1,2,3)$。至第 $j+1$ 次计算时，取 $P_i^{j+1}=P_i^j+\Delta P_i^j$，重复同样计算过程，得 ΔP_i^j。重复计算，直至相对偏差和绝对偏差都满足要求为止。若进行至第 $j+1$ 次，即达到要求，则此时的 P_i^j 分别为 $P_1^j=C_\infty$、$P_2^j=C_0$、$P_3^j=K_{La}$，即为三个待定变量。

A.2 非线性回归法计算 K_La 值的步骤

A.2.1 测取水体在增氧过程中不同时刻 t 的溶解氧浓度值，直至达到要求。

A.2.2 检查试验数据的完整性和可靠性。

A.2.3 分别给出第 1 次迭代时 P_1^1、P_2^1、P_3^1 的预估值，取值时可按下列规则：

——P_1^1 为理论饱和浓度 C_0 预估值，根据待检测溶氧装置出水溶解氧浓度最高值预估；

——P_2^1 为初始溶解氧浓度 C_0 预估值，即消氧后水体中的溶解氧浓度，取 0.1；

——P_3^1 为氧质量转移系数 K_{La} 预估值，选值范围为 0.01~0.03。

A.2.4 根据试验所得的 $C-t$ 数值按下列步骤计算：

a) 按式（A.6）计算各时刻 W 值（$j=1$）：

$$W = C_t - C_e \qquad (t=1、2、3\cdots\cdots n;j=1) \qquad\qquad (A.6)$$

式中：

W——溶解氧浓度测量值和计算值之间的差，单位为毫克每升(mg/L)；

j——迭代次数；

C_e——将 $P_i^j(i=1、2、3;j=1)$ 带入式（A.3）计算所得值；

C_t——试验过程中 t 时刻溶解氧浓度的测量值。

b) 按下列公式分别计算 a_{11}、a_{22}、a_{33}、a_{12}、a_{13}、a_{23}：

$$a_{11} = \sum_{t=1}^{n} Z_1^2$$

$$a_{22} = \sum_{t=1}^{n} Z_2^2$$

$$a_{33} = \sum_{t=1}^{n} Z_3^2$$

$$a_{12} = a_{21} = \sum_{t=1}^{n} (Z_1 Z_2)$$

$$a_{13} = a_{31} = \sum_{t=1}^{n} (Z_1 Z_3)$$

$$a_{23} = a_{32} = \sum_{t=1}^{n} (Z_2 Z_3)$$

式中：

$$Z_1 = 1 - e^{(-P_3 \cdot t)}$$

$$Z_2 = e^{(-P_3 \cdot t)}$$

$$Z_3 = t(P_1^j - P_2^j)e^{(-P_3 \cdot t)}$$

c) 按下列公式分别计算 d_1、d_2、d_3：

$$d_1 = \sum_{t=1}^{n} (WZ_1)$$

$$d_2 = \sum_{t=1}^{n} WZ_2$$

$$d_3 = \sum_{t=1}^{n} WZ_3$$

d)　按下列公式分别计算 e_1、e_2、e_3、e_4、e_5：

$$e_1 = a_{22}a_{11} - a_{12}a_{12}$$

$$e_2 = a_{11}d_3 - a_{13}d_1$$

$$e_3 = a_{11}a_{23} - a_{13}a_{12}$$

$$e_4 = a_{11}a_{33} - a_{13}a_{13}$$

$$e_5 = a_{11}d_2 - a_{12}d_1$$

e)　按下列公式分别计算 b_1^j、b_2^j、b_3^j（$j=1$）：

$$b_1^j = \frac{d_1 - a_{12}b_2 - a_{13}b_3}{a_{11}}$$

$$b_2^j = \frac{e_5 - e_3 b_3}{e_1}$$

$$b_3^j = \frac{e_1 e_2 - e_3 e_5}{e_1 e_4 - e_3 e_3}$$

f)　按公式计算 S_j（$j=1$）：

$$S_j = (W - b_1 Z_1 - b_2 Z_2 - b_3 Z_3)^2$$

g)　按规律 $P_i^{j+1} = b_i^j + P_i^j$ 重复计算，直至 P_i^{j+1} 和 P_i^j 之间相对偏差的绝对值以及 S_{j+1} 和 S_j 之间的绝对偏差满足式（A.7）和式（A.8）；

$$| (P_i^{j+1} - P_i^j)/P_i^j | \leqslant 1 \times 10^{-6} \quad (i = 1、2、3 \cdots\cdots n; j = 1、2、3 \cdots\cdots) \cdots\cdots\cdots\cdots (A.7)$$

$$| S_{j+1} - S_j | \leqslant 1 \times 10^{-6} \quad (j = 1、2、3 \cdots\cdots) \cdots\cdots\cdots\cdots\cdots\cdots (A.8)$$

h)　第 j 次计算所得 P_i 值（$i=1、2、3$）即所求的三个待定变量 C_∞、C_0 和 $K_L a$ 的值。

附　录　B
（资料性附录）
MATLAB 编程实例

B.1　程序语言

使用 MATLAB7.0 计算 C_∞、C_0 和 K_La 值的程序可编写如下：

```
clear;clc
y=input('请从第一个数据开始输入（格式为[1.11 2.22 3.33]）:');
i=[18 0.1 0.01];
x=1:length(y);
opt=optimset('display','off');
f=@(p,x)(p(1)-p(2)*exp(-p(3)*x));
p=fminsearch(@(p)sum((f(p,x)-y).^2),i,opt);
cc=corrcoef(x,f(p,x));
disp('*************************************************************')
disp(['C-t 曲线方程为:y=',num2str(p(1)),'-',num2str(p(2)),'*EXP(-',num2str(p(3)),'x)'])
disp(['拟合相关系数为:R2=',num2str(cc(2))])
disp('其中:')
disp(['理论饱和溶解度为:','C∞(T)=',num2str(p(1)),'(mg/L)'])
disp(['初始溶解氧浓度为:','C0(T)=',num2str(p(1)-p(2)),'(mg/L)'])
disp(['氧质量转移系数:','KLa(T)=',num2str(p(3)),'(每分钟)'])
disp('*************************************************************')
```

其中，i=[18 0.1 0.01]语句可用来分别确定 C_∞、C_0 和 K_La 首次迭代时的预估值。

B.2　运行结果

程序运行输出结果如下：

```
*************************************************************
```

$C-t$ 曲线方程为：$y=17.9675-18.1463*EXP(-0.017618)$

拟合相关系数为：$R^2=0.99413$

其中：

理论饱和溶解度为：$C_\infty(T)=17.9675$

初始溶解氧浓度为：$C_0(T)=-0.1788$

氧质量转移系数：$K_La(T)=0.017618$

```
*************************************************************
```

附 录 C
（规范性附录）
水中氧的溶解度与温度的关系

水中氧的溶解度在给定的压力条件下随温度变化。

表 C.1 给出了标准海拔大气压（101.325 kPa）下、在水蒸气饱和的、含氧体积百分率为 20.94％的空气存在时，纯水中氧的溶解度 $\rho(O)_s$，以每升纯水中氧的毫克数表示。

表 C.1　氧的溶解度与水温

温度（T）℃	在标准大气压 101.325 kPa 下氧的溶解度[$\rho(O)_s$] mg/L	温度（T）℃	在标准大气压 101.325 kPa 下氧的溶解度[$\rho(O)_s$] mg/L
0	14.62	21	8.91
1	14.22	22	8.74
2	13.83	23	8.58
3	13.46	24	8.42
4	13.11	25	8.26
5	12.77	26	8.11
6	12.45	27	7.97
7	12.14	28	7.83
8	11.84	29	7.69
9	11.56	30	7.56
10	11.29	31	7.43
11	11.03	32	7.30
12	10.78	33	7.18
13	10.54	34	7.07
14	10.31	35	6.95
15	10.08	36	6.84
16	9.87	37	6.73
17	9.66	38	6.63
18	9.47	39	6.53
19	9.28	40	6.43
20	9.09		

ICS 47.020.70
U 65

中华人民共和国水产行业标准

SC/T 6070—2011

渔业船舶船载
北斗卫星导航系统终端技术要求

Technical requirements for fishery shipborne terminal
based on BeiDou navigation satellite system

2011-09-01 发布 2011-12-01 实施

中华人民共和国农业部 发布

SC/T 6070—2011

目　次

前　言

本标准按照 GB/T 1.1—2009 给出的规则起草。

本标准由中华人民共和国农业部渔业局提出。

本标准由全国水产标准化技术委员会渔业机械仪器分技术委员会(SAC/TC 156/SC 6)归口。

本标准主要起草单位:农业部南海区渔政局、广东海洋大学、海南北斗星通信息服务有限公司、成都国星通信有限公司、北京中星世通电子科技有限公司。

本标准主要起草人:梁炳东、李平、朱又敏、杨学兵、林宝玺、高惠、甘来、邬亮、杨飒、何瞿秋、朱健。

渔业船舶船载北斗卫星导航系统终端技术要求

1 范围

本标准规定了渔业船舶船载北斗卫星导航系统终端的技术要求,包括基本要求、结构要求、功能要求、性能要求及其他要求。

本标准适用于在渔业船舶上安装使用的船载北斗卫星导航系统终端设备。可作为该设备的选型依据,也可作为该设备的研制、生产和检验依据。

2 规范性引用文件

下列文件对于本文件的应用是必不可少的。凡是注日期的引用文件,仅注日期的版本适用于本文件。凡是不注日期的引用文件,其最新版本(包括所有的修改单)适用于本文件。

GB 2312 信息交换用汉字编码字符集 基本集

SC/T 7002.1 船用电子环境试验条件和方法 总则

SC/T 7002.2 船用电子设备环境试验条件和方法 高温

SC/T 7002.3 船用电子设备环境试验条件和方法 低温

SC/T 7002.5 船用电子设备环境试验条件和方法 恒定湿热(Ca)

SC/T 7002.6 船用电子设备环境试验条件和方法 盐雾(Ka)

SC/T 7002.8 船用电子设备环境试验条件和方法 正弦振动

SC/T 7002.9 船用电子设备环境试验条件和方法 碰撞

SC/T 7002.10 船用电子设备环境试验条件和方法 外壳防护

SC/T 7002.12 船用电子设备环境试验条件和方法 长霉

SC/T 7002.14 船用电子设备环境试验条件和方法 电磁兼容

3 术语和定义

下列术语和定义适用于本文件。

3.1

北斗卫星导航系统 BeiDou navigation satellite system

中国正在实施的自主发展、独立运行的卫星导航系统(简称北斗),由空间段、地面段和用户段组成,具有定位、导航、授时和短报文通信功能。

3.2

北斗用户机 BeiDou user device

实现定位和短报文通信等功能的北斗卫星导航系统用户终端设备。

3.3

渔业船舶船载北斗终端 BeiDou fishery shipborne terminal

在北斗用户机的基础上增加兼容 GPS 的卫星定位功能和海洋渔业业务处理功能,以及增加用于显示导航信息和其他渔业管理信息的显控部件,由定位通信单元、显控单元、电缆和安装配件等部分组成,适合渔船安装使用的北斗用户终端设备。

3.4

北斗运营服务中心 BeiDou operation and service centre

为用户提供基于位置的信息共享、短报文信息转发、数据传送、远程测控以及各类信息增值服务的机构。对于海洋渔业用户而言,北斗运营服务中心可向海洋渔业作业船舶提供船岸之间的短报文通信、航海通告、遇险求救、增值信息(如天气、海况、渔场、渔汛等信息)等服务;向渔业管理部门提供渔业管理、船位监控、紧急求援指挥等信息服务;向渔业经营者提供渔业交易信息服务以及物流运输信息服务。

3.5

北斗运营服务中心用户机　user device of BeiDou operation and service centre

北斗运营服务中心所应用的、经过标识的北斗用户机,作为向渔业船舶船载北斗终端进行短报文通信的转发设备。渔业船舶船载北斗终端入网时,须设置北斗运营服务中心用户机的标识。

3.6

服务状态　service status

反映渔业船舶船载北斗终端功能开通状态的标识,以及由于欠费或其他原因被北斗运营服务中心注销其注册业务服务的标识。

3.7

服务频度　service frequency

渔业船舶船载北斗终端连续两次向北斗卫星导航系统申请服务的时间间隔,受其在北斗运营服务中心所注册的用户等级的限制。

3.8

报警区域　alarm area

渔业管理部门根据渔业需要,对渔业船舶船载北斗终端设置的特定区域。

3.9

区域报警　regional alarm

当船舶进入、停留或离开报警区域并满足报警条件时,渔业船舶船载北斗终端发出报警信息。

3.10

紧急报警　emergency alarm

船舶遇到紧急情况时,渔业船舶船载北斗终端发出报警信息。

3.11

紧急报警附加信息　additional emergency alarm information

在紧急报警发送成功的前提下,用户发出的与紧急报警性质相关的其他信息,如抓扣、追赶、碰撞、搁浅、火灾、风灾、落水、伤病和故障等。

3.12

通播　broadcast

北斗运营服务中心向所有渔业船舶船载北斗终端广播发送短报文的通信方式。

3.13

组地址　address of multicast

根据渔业生产和管理的需要,对船舶进行编组时,多台渔业船舶船载北斗终端共用的标识地址。

3.14

组播　multicast

北斗运营服务中心向组地址相同的渔业船舶船载北斗终端发送信息的短报文通信方式。

3.15

单播　unicast

渔业船舶船载北斗终端之间,渔业船舶船载北斗终端与北斗运营服务中心或移动通信网络的手持电话之间,进行一对一发送信息的短报文通信方式。

4 基本要求

4.1 基本组成

渔业船舶船载北斗终端主要由下列部件组成：

a) 定位通信单元：由收发天线、收发信道、北斗卫星定位和短报文通信、兼容 GPS 的卫星定位、信息采集和处理、I/O 接口及协议、电源等功能模块组成；

b) 显控单元：由包含中央处理器和应用程序及存储器的主板、各功能和信息的控制和处理、I/O 接口及协议、显示屏、键盘及紧急报警键、电源等功能模块组成；

c) 安装配件：包括电缆、紧固件等。

4.2 数据接口

渔业船舶船载北斗终端的各单元应至少具有一个通用的 RS-232 数据接口，串口参数包括：

a) 传输速率的默认值：19 200 比特每秒（bit/s）；

b) 起始位：1 比特（bit）；

c) 数据位：8 比特（bit）；

d) 停止位：1 比特（bit）；

e) 校验位：无。

5 结构要求

5.1 定位通信单元的结构

渔业船舶船载北斗终端的定位通信单元为一体式设计的独立单元。该单元通过一个接插件和一根电缆与显控单元连接，实现电源的馈电和数据信息的传送。

5.2 显控单元的结构

渔业船舶船载北斗终端的显控单元为一体式设计的独立单元。该单元除应具有与定位通信单元相连接的独立接插件和电缆外，还应具有与渔船上其他设备进行互联的接插件。

按键应背光，具有独立的紧急报警键。显示屏幕亮度应能调节，直至熄灭。

5.3 外观

渔业船舶船载北斗终端的表面状况和外观质量应满足以下要求：

a) 应进行可靠有效的防腐蚀、防盐雾和防止压力海水进入（舱外设备）及水溅入（舱内设备）设备的三防处理；

b) 表面不应有明显凹痕、划伤、裂缝、变形、灌注物溢出等缺陷；金属零件不应有腐蚀和其他机械损伤；

c) 文字符号及标志清晰美观。

6 功能要求

6.1 定位

渔业船舶船载北斗终端的定位功能要求包括：

a) 能利用北斗卫星导航系统确定船舶位置，并可兼容 GPS 的卫星定位；

b) 可以通过北斗指令控制的方式要求定位通信单元进行北斗定位，也可以通过显控单元用手动方式向定位通信单元发送北斗定位指令；

c) 能够按照规定的时间要求或者航速、航向变化情况，进行动态的定位数据采集；

d) 能够按照设定的时间间隔、距离间隔或者时刻点，自动发送位置信息或位置信息包；

e) 按照先进先出原则，具有动态存储最近时间段之内全部定位信息的功能；

f)　应能给出定位状态信息,当不能定位时,应根据设定给出视觉信息和提示音信息。

6.2　短报文通信

渔业船舶船载北斗终端的短报文通信功能要求包括:

a)　具有短报文预存、编辑、输入、存储、发送、接收和显示的功能;

b)　在接收到短报文信息后,应能自动发出接收到短报文信息的回执;

c)　能够利用北斗卫星导航系统进行包括汉字、数字和英文等内容的短报文通信;

d)　短报文中的汉字采用 GB 2312 编码的一级字库,英文采用 ASCII 码编码;

e)　短报文通信对象包括北斗运营服务中心、其他渔业船舶船载北斗终端、北斗用户机、移动通信网络的手持电话等;

f)　渔业船舶船载北斗终端应能够接收北斗运营服务中心以单播、组播和通播方式,发送给本渔业船舶船载北斗终端的短报文通信信息;

g)　应支持中英文输入,提供拼音、笔画和手写等输入法进行短报文编辑。

6.3　管理

渔业船舶船载北斗终端的管理功能应包括:

a)　渔业船舶船载北斗终端应能接收和处理所属的北斗运营服务中心用户机发送的管理指令,接受所属的北斗运营服务中心用户机对其进行注册和注销管理;

b)　具有渔业船队信息的处理和保存功能;

c)　具有渔业船舶的进港报告和出港报告功能;

d)　具有渔业船舶船载北斗终端状态信息的输出和上报功能;

e)　具有接收气象信息的功能;

f)　具有在远程指令的控制下,进行位置报告、定时调位的功能;

g)　具有参数管理功能,参数包括服务状态、位置报告、位置采样、定位的频度、航向变化、速度零值、航速、定位点区分、应答延时的门限值、北斗运营服务中心用户机号;

h)　对于接收到的通播或组播信息,为防止众多用户同时进行应答而产生信息阻塞,应具有随机延时应答功能;

i)　宜有外接其他船用设备的接口,能够接收和显示该设备的信息,并可发送给北斗运营服务中心;

j)　遥控永久关闭:在远程指令的控制下,应清除应用软件程序和存储数据。

6.4　报警

6.4.1　紧急报警

渔业船舶船载北斗终端的紧急报警功能应包括:

a)　按下显控单元面板上紧急报警键 3 s 后可触发紧急报警,紧急报警键宜采用红色字符并应具有避免误操作措施,若发生误操作应能通过手动方式撤销误操作;

b)　紧急报警信息应包含船舶的位置和时间信息,在紧急报警发送成功后,还可发出与紧急报警性质相关的紧急报警附加信息;

c)　报警求救信号应按照设定频度持续不断地发出,直到收到北斗运营服务中心的确认信息或用户解除报警时为止;

d)　渔业船舶船载北斗终端接收到北斗运营服务中心发布的紧急报警救护信息时,渔业船舶船载北斗终端应能发出满足视听要求的持续声光提示信息,同时将信息内容直接显示在屏幕上,直至用户手动确认,并向北斗运营服务中心回复应答信息时为止。

6.4.2　区域报警

渔业船舶船载北斗终端的区域报警功能应包括:

a) 禁渔区报警信息；

b) 他国水域越界报警信息。

6.5 显示和辅助导航

渔业船舶船载北斗终端的显示和辅助导航功能要求包括：

a) 当无按键操作时，可默认显示定位的经纬度、速度、时间、接收卫星信号电平和定位是否有效，以及接收到新的短报文信息和是否处于报警状态的提示信息；

b) 应保存与显示航迹数据，包括列表显示方式和海图显示方式，以海图显示方式显示航迹时，应进行航迹的动态平滑处理；

c) 应支持航路点的标位功能，包括输入坐标标位方式和海图标位方式，并能保存标位数据；

d) 应能够设置和储存航路点位置，并能计算和显示由当前位置到达选定航路点或目的地的距离、方位、待航时间和预计到达时间等导航信息；

e) 应显示位置、速度和时间等导航数据，显示方式包括直接数字显示和叠加到海图上显示。

6.6 状态监测

渔业船舶船载北斗终端正常工作时，应能对以下状态实时监测，并给出以下相应的提示信息：

a) 接收卫星信号电平；

b) 观测空域内的卫星分布图、卫星信号的锁定状态；

c) 服务状态；

d) 发射状态；

e) 供电状态。

6.7 校时

渔业船舶船载北斗终端应具有日历时钟（显示格式为 yyyy-mm-dd hh:mm:ss），并能通过接收的卫星系统时间进行自动校时。

6.8 抑制响应

渔业船舶船载北斗终端应具备抑制响应功能。当接收到北斗卫星导航系统发出的抑制指令后，应不再发射除通信回执以外的其他信号，直到抑制指令解除。

6.9 计算机控制显示

渔业船舶船载北斗终端除必备的显控单元外，可通过数据接口与外设进行信息交换。外接计算机配备相应的软件，可以对渔业船舶船载北斗终端的有关工作状态进行监测和控制。

7 性能要求

7.1 定位性能指标

7.1.1 接收天线的性能要求为：

a) 波束宽度：仰角方向为 5°～90°，方位角方向为 0°～360°；

b) 极化方式：右旋圆极化；

c) 圆极化轴比：不大于 2；

d) 电压驻波比：不大于 1.5；

e) 天线增益：在仰角 10°以上，增益优于—2.5 dB。

7.1.2 输入端保护能力：接收 20 dBmW 未调制连续波信号时，前置放大器不应损坏。

7.1.3 接收灵敏度：优于—130 dBmW 时，应正常捕获；优于—133 dBmW 时，应正常跟踪。

7.1.4 首次定位时间：小于等于 2 min。

7.1.5 重捕时间：小于等于 1 s。

7.1.6 定位误差：小于等于 15 m。

7.1.7 测速范围:大于等于 100 km/h。

7.1.8 测速精度:小于等于 0.2 m/s。

7.1.9 数据输出更新率:不低于每秒一次。

7.2 短报文通信性能指标

7.2.1 接收天线的性能要求为:

    a) 波束宽度:仰角方向为 $10°\sim75°$,方位角方向为 $0°\sim360°$;

    b) 极化方式:右旋圆极化;

    c) 圆极化轴比:不大于 2;

    d) 电压驻波比:不大于 1.5。

7.2.2 开机首捕时间:小于等于 2 s。

7.2.3 失锁重捕时间:小于等于 2 s。

7.2.4 接收通道数:大于等于 6。

7.2.5 接收误码率:在下列条件下,接收信号的误码率小于等于 1×10^{-5}:

    a) 天线口面 I 支路信号功率大于等于 −157.6 dBW(仰角为 $30°\sim75°$);

    b) 天线口面 I 支路信号功率大于等于 −154.6 dBW(仰角为 $10°\sim29°$)。

7.2.6 伪码跟踪随机误差:不大于 12.5 ns。

7.2.7 接收信号功率的指示刻度,应符合表 1 给出的要求。

表 1 接收信号功率的指示刻度

接收信号功率,dBW	$\leqslant-158$	$-157\sim-156$	$-155\sim-154$	$-153\sim-152$	$\geqslant-151$
信号强弱指示,挡	0	1	2	3	4

7.2.8 发射天线的性能要求为:

    a) 波束宽度:仰角方向为 $10°\sim75°$,方位角方向为 $0°\sim360°$;

    b) 极化方式:左旋圆极化;

    c) 圆极化轴比:不大于 2;

    d) 电压驻波比:不大于 1.5。

7.2.9 载波相位噪声:载波相位噪声应满足以下要求:

    a) 100 Hz:−60 dBc/Hz;

    b) 1 kHz:−70 dBc/Hz;

    c) 10 kHz:−80 dBc/Hz;

    d) 100 kHz:−90 dBc/Hz。

    注:dBc 也是一个表示功率相对值的单位,与 dB 的计算方法完全一样。一般来说,dBc 是相对于载波功率而言,在许多情况下,用来度量与载波功率的相对值,如用来度量干扰(同频干扰、互调干扰、交调干扰、带外干扰等)以及耦合、杂散等的相对量值。

7.2.10 发射信号载波抑制:发射信号包络峰值与发射信号载波分量的差值,不大于 30 dB。

7.2.11 发射信号强度:发射信号 EIRP 值范围分别为:

    a) 在仰角为 $50°\sim75°$时,EIRP 大于等于 12 dBW;

    b) 在仰角为 $30°\sim49°$时,EIRP 大于等于 10 dBW;

    c) 在仰角为 $10°\sim29°$时,EIRP 大于等于 6 dBW。

7.3 管理性能技术指标

渔业船舶船载北斗终端管理性能应达到以下性能指标:

a) 保存北斗运营服务中心用户机台数：大于等于 8 台；

b) 保存组地址个数：大于等于 16 个；

c) 缓存待发送短报文信息的条数：大于等于 10 条；

d) 保存报警区域的个数：大于等于 100 个；

e) 判断区域报警的区域个数：大于等于 100 个。

7.4 信息存储技术指标

渔业船舶船载北斗终端存储信息的技术指标应达到：

a) 已接收的短报文信息大于等于 25 条；

b) 已发送的短报文信息大于等于 25 条；

c) 预制的内置短报文信息大于等于 50 条；

d) 自定义的短报文信息大于等于 50 条；

e) 地址簿存储地址数量大于等于 200 条；

f) 定位数据存储能力应能至少保留存储最近 10 min 之内的全部定位数据，最大存储能力应不小于 3 000 个航迹点数据。

7.5 响应时间

渔业船舶船载北斗终端应达到以下的响应时间要求：

a) 指令应答：在不超过服务频度的前提下，收到单播指令后，立即回复的延迟时间小于等于 2 s；收到组播或通播指令后，在规定的组播或通播应答延时门限范围内随机延时应答；

b) 下行短报文通信转发：从定位通信单元确认收到短报文开始，到显控单元显示短报文信息的时间小于等于 5 s；

c) 上行短报文通信转发：在不超过频度的前提下，从显控单元发出通信申请到定位通信单元发出短报文信息的时间间隔小于等于 2 s。

7.6 供电电压和功耗

渔业船舶船载北斗终端各单元的直流供电电压和功耗分别如表 2 所示。

表 2 各单元的供电电压和功耗

序号	项　　目	要　　求	
		定位通信单元	显控单元
1	直流供电电源的额定电压值	24 V	24 V
2	允许直流电源电压的变化范围	12 V～36 V	12 V～36 V
3	工作时功耗(不发射信号)	≤6 W	≤4.5 W
4	瞬时最大功耗(含发射信号)	≤75 W	≤6 W

7.7 电源电压的适应性

渔业船舶船载北斗终端在表 3 给出的直流供电电压变化范围内应能正常工作，并且具有供电电压超压和欠压时自动截断供电电源的保护功能，以及电源电压突跳和正负极反接时的保护功能。

表 3 电源电压适应性要求

序号	项　　目	电源电压值	要　　求
1	直流供电电源的电压变化范围	12 V～36 V	正常工作(含电缆)
		10 V～12 V	渔业船舶船载北斗终端可以正常开机，除不进行北斗发射操作外，其他功能均正常
2	自动截断直流供电电源的保护功能	＜10 V 或＞36 V	自动截断供电电源，渔业船舶船载北斗终端自动关机；应防止电压频繁波动而导致定位通信单元故障

表 3（续）

序号	项　目	电源电压值	要　求
3	截断保护后恢复到直流工作电压	＞10 V 或＜36 V	定位通信单元自动接通直流供电电源进行工作,显控单元可以手动开机工作
4	直流电压突跳保护	≤70 V	渔业船舶船载北斗终端不应烧坏或击穿
5	直流电源正负极反接保护	≤70 V	渔业船舶船载北斗终端无损坏

8　其他要求

8.1　环境适应性要求

8.1.1　总体要求

渔业船舶船载北斗终端的环境适应性总体要求应符合 SC/T 7002.1 的有关规定。

8.1.2　高低温工作

渔业船舶船载北斗终端各单元的高低温工作要求应符合 SC/T 7002.2 和 SC/T 7002.3 的规定。

8.1.3　振动

渔业船舶船载北斗终端的抗振动性能应符合 SC/T 7002.8 的规定。

8.1.4　碰撞

渔业船舶船载北斗终端的防碰撞性能应符合 SC/T 7002.9 的规定。

8.1.5　外壳防护

渔业船舶船载北斗终端的外壳防护性能应符合 SC/T 7002.10 的规定。定位通信单元防护等级为 IP66,显控单元防护等级为 IP54。

8.1.6　湿热

渔业船舶船载北斗终端的湿热工作条件应符合 SC/T 7002.5 的规定。

8.1.7　防盐雾

渔业船舶船载北斗终端的防盐雾性能应符合 SC/T 7002.6 的规定。

8.1.8　防霉菌

渔业船舶船载北斗终端的防霉菌性能应符合 SC/T 7002.12 的规定。

8.2　电磁兼容性要求

渔业船舶船载北斗终端的电磁兼容性性能应符合 SC/T 7002.14 的规定。

8.3　可靠性要求

渔业船舶船载北斗终端的平均故障间隔时间(MTBF)≥3 300 h。

8.4　安装要求

8.4.1　定位通信单元的安装

8.4.1.1　定位通信单元应安装在舱外空旷位置,不宜安装在工作甲板周围的护栏杆上或烟囱附近。

8.4.1.2　定位通信单元的安装点应在保证不超出避雷保护范围的前提下,宜高出船舶上其他直立物体的顶部。船舶上直立金属物体对定位通信单元仰角方向的遮挡角不宜大于 10°。

8.4.1.3　定位通信单元的安装位置应避开本船舶上雷达天线辐射波束的直接照射。

8.4.2　显控单元的安装

显控单元应使用配套的固定支架,安装于舱内,其位置应便于观察和操作。

附 录 A
（规范性附录）
接口数据传输协议

A.1 定位通信单元与外设信息传输格式

渔业船舶船载北斗终端的定位通信单元与显控单元或者其他外设的信息传输格式，由指令的名称和长度、用户地址、信息内容及校验和等部分组成。其接口数据基本传输协议如表 A.1 所示，具体格式内容由厂商自行确定。

表 A.1 定位通信单元与显控单元或者其他外设的接口数据基本传输协议

指令	长度	用户地址	信息内容												校验和
用户信息 $YHXX	16 bit	24 bit	通播地址 24 bit	用户机类别 8 bit	入站频度 8 bit	通信 bit 数 16 bit	下属用户个数≤100 8 bit	1 ID号 24 bit	…		nID号 24 bit				8 bit
状态信息 $ZTXX	16 bit	24 bit	用户机工作状态 8 bit		ID卡状态 8 bit		供电类别 8 bit		电池剩余电量 8 bit		温度 8 bit				8 bit
GPS信息 $GPSX	16 bit	24 bit	时间 48 bit	经度 40 bit	纬度 40 bit	高度 16 bit	速度 16 bit	方向 16 bit	卫星数 8 bit	状态 8 bit	精度系数 8 bit	估计误差 16 bit			8 bit
区域信息 $QYXX	16 bit	24 bit	区域个数 8 bit		区域编号1 8 bit		…			区域编号n 8 bit					8 bit
授时信息 $SSXX	16 bit	24 bit	年 16 bit		月 8 bit	日 8 bit	时 8 bit	分 8 bit	秒 8 bit						8 bit
版本输出 $BBSC	16 bit	24 bit	用户机厂家代码 16 bit	北斗用户机软件 主版本号 8 bit	次版本号 8 bit	构建号 16 bit	与外设数据接口要求 主版本号 8 bit	次版本号 8 bit	出入站信号格式 主版本号 8 bit	次版本号 8 bit					8 bit
GPS视图 $GPSV	16 bit	24 bit	卫星个数 8 bit	编号1 卫星编号 8 bit	卫星仰角 8 bit	方位角 16 bit	信噪比 8 bit	…	编号n						8 bit
系统参数 $XTCS	16 bit	24 bit	服务状态 8 bit	备用 8 bit	位置数据包的报告频度 16 bit	航线记录参考采样频度1 8 bit	航线记录参考采样频度2 8 bit	GPS定位频度 16 bit	航线改变的采样门限值 8 bit	速度零值的门限值 8 bit	航行速度的门限值 8 bit	前后定位点区分门限值 8 bit	组播通播应答延时门限 8 bit	北斗运营服务中心用户机号 24 bit	8 bit
区域报警 $QYBJ	16 bit	24 bit	年 16 bit		月 8 bit	日 8 bit	时 8 bit	分 8 bit	报警类别 8 bit						8 bit
区域数据 $QYSJ	16 bit	24 bit	区包总数 8 bit	本包序号 8 bit	本机区域数 8 bit	本包区域数 8 bit	区域1 区域编号 8 bit	报警类别 8 bit	边界点数 8 bit	坐标数据 N bit	区域n …				8 bit

A.2 外设与定位通信单元信息传输格式

北斗渔船船载设备的显控单元或者其他外设与定位通信单元的信息传输格式，由指令的名称和长度、用户地址、信息内容及校验和等部分组成。其接口数据基本传输协议如表 A.2 所示，具体格式内容由厂商自行确定。

表 A. 2 显控单元或者其他外设与定位通信单元的接口数据基本传输协议

指　令	长度	用户地址	信　息　内　容									校验和
用户指令 $ YHZL	16 bit	24 bit	读卡申请 DKSQ									8 bit
版本信息 $ BBXX	16 bit	24 bit	查询版本 CXBB									8 bit
状态检测 $ ZTJC	16 bit	24 bit	输出控制　8 bit			输出频度　8 bit						8 bit
读取参数 $ DQCS	16 bit	24 bit	输出控制　8 bit			输出频度　16 bit						8 bit
GPS 指令 $ GPSL	16 bit	24 bit	输出控制　8 bit			输出频度　16 bit						8 bit
读取区域 $ DQQY	16 bit	24 bit	输出控制　8 bit			区域编号　8 bit						8 bit
授时申请 $ SSSQ	16 bit	24 bit	输出控制　8 bit			输出频度　8 bit						8 bit
GPS 设置 $ GPSZ	16 bit	24 bit	输出控制　8 bit		坐标系　8 bit		输出频度　16 bit					8 bit
区域设置 $ QYSZ	16 bit	24 bit	区域个数 8 bit	区域1数据						…	区域 k 数据	8 bit
				区域编号 8 bit	报警类别 8 bit	边界点数 8 bit	边界点 1 64 bit	…	边界点 n 64 bit	…	…	

ICS 11.220
B 41

中华人民共和国水产行业标准

SC/T 7015—2011

染疫水生动物无害化处理规程

Protocol of biosafety disposal for serious diseased aquatic animals

2011-09-01 发布
2011-12-01 实施

中华人民共和国农业部 发布

前　言

本标准按照 GB/T 1.1—2009 给出的规则起草。

本标准由中华人民共和国农业部渔业局提出。

本标准由全国水产标准化技术委员会(SAC/TC 156)归口。

本标准主要起草单位:全国水产技术推广总站、江苏省水产技术推广站。

本标准主要起草人:陈辉、孙喜模、陈爱平、江育林、邹勇、黄春贵、方苹、段翠兰、王习达。

染疫水生动物无害化处理规程

1 范围

本标准规定了无害化处理的染疫水生动物对象、染疫水生动物的起捕、无害化处理方法、染疫水体及周围环境和使用工具的处理方法、处理记录等。

本标准适用于水生动物养殖、运输和销售等。

2 术语和定义

下列术语和定义适用于本文件。

2.1

染疫水生动物 diseased aquatic animal

被传染性病原感染、不明原因死亡或中毒性疾病死亡的水生动物。

2.2

无害化处理 biosafety disposal

通过用焚毁、掩埋或其他物理、化学等方法将染疫水生动物进行处理,以达到消灭传染性病原、阻止病原扩散的目的。

3 处理对象

染疫水生动物。

4 染疫水生动物的起捕

测定水体,用过量的消毒剂泼洒,待染疫水生动物浮头后进行拉网,捕捞并称重。

5 处理方法

5.1 焚毁

将染疫水生动物投入焚化炉或用其他方式烧毁炭化。

5.2 掩埋

5.2.1 掩埋地区应与水产养殖场所、饮用水源地、河流等地区有效隔离。

5.2.2 选择地下水较低、土质无径流的地点挖坑。

5.2.3 坑底铺 2 cm 厚生石灰。

5.2.4 将染疫水生动物分层放入,每层加生石灰覆盖,生石灰重量与染疫水生动物重量相同。

5.2.5 坑顶部土层不低于 1 m。

5.2.6 用土填埋、夯实。

5.3 高温

5.3.1 高压蒸煮法

把染疫水生动物或者体重大于 2 kg 的染疫水生动物切成重不超过 2 kg、厚不超过 6 cm 的肉块,放在密闭的高压锅内,在 112 kPa 压力下蒸煮 30 min。

5.3.2 一般煮沸法

将染疫水生动物或根据体重把染疫水生动物切成 5.3.1 规定大小的肉块,放在普通锅内煮沸 1 h

（从水沸腾时算起）。

6 染疫水体及周围环境处理

水体经消毒剂消毒后抽干,对养殖池塘用生石灰（2 250 kg/hm²）消毒,曝晒,并对后续养殖的水生动物进行连续二年的疫病监测。

对染疫水生动物的养殖池塘附近的池埂、道路用浓度为 30 mg/kg 的漂白粉进行喷雾消毒。

7 使用工具处理

对运输工具用浓度为 30 mg/kg 的漂白粉进行喷雾消毒；对捕捞工具用强氯精进行浸泡。

8 处理记录

对全程无害化处理过程进行记录,记录表参见附录 A。

附 录 A

（资料性附录）

染疫水生动物无害化处理记录表

养殖场名称：　　　　　　　　　　塘口编号：　　　　　　　　　No.

染疫水生动物	品　种		面积,hm²	
	规格,cm		数量,kg	
	处理方法			
染疫水体	水深,m		水体,m³	
	消毒剂种类		消毒剂数量	
	第一次消毒时间		消毒方法	
	第二次消毒时间		消毒方法	
使用工具	工具名称			
	消毒剂种类			
	浸泡时间		销毁与否	是□　　否□
备注				
	实施人		证明人	

日期：　　年　月　日

ICS 67.120.30
B 50

中华人民共和国水产行业标准

SC/T 7210—2011

鱼类简单异尖线虫幼虫检测方法

Method for detection of *Anisakis simplex* larva in fish

2011-09-01 发布
2011-12-01 实施

中华人民共和国农业部 发布

前　言

本标准按照 GB/T 1.1—2009 给出的规则起草。

请注意本文件的某些内容可能涉及专利。本文件的发布机构不承担识别这些专利的责任。

本标准由中华人民共和国农业部渔业局提出。

本标准由全国水产标准化技术委员会(SAC/TC 156)归口。

本标准主要起草单位:中国科学院水生生物研究所、全国水产技术推广总站。

本标准主要起草人:吴山功、王桂堂、孙喜模、陈爱平、姚卫建、朱泽闻。

鱼类简单异尖线虫幼虫检测方法

1 范围

本标准规定了简单异尖线虫(*Anisakis simplex*)幼虫形态学鉴定和聚合酶链式反应(PCR)检测方法。

本标准适用于鱼类简单异尖线虫幼虫的检测。

2 规范性引用文件

下列文件对于本文件的应用是必不可少的。凡是注日期的引用文件,仅注日期的版本适用于本文件。凡是不注日期的引用文件,其最新版本(包括所有的修改单)适用于本文件。

GB/T 6682 分析实验室用水规格和试验方法(eqv ISO 3696:1987)

GB/T 18088 出入境动物检疫采样

3 试剂和溶液

除另有说明外,所有试剂均为分析纯,试验用水符合 GB/T 6682 中一级水的指标。

3.1 生理盐水:0.85 g 氯化钠溶于 100 mL 蒸馏水中,室温保存。

3.2 巴氏液:0.85 g 氯化钠和 3 mL 甲醛溶液溶于 97 mL 蒸馏水中,室温保存。

3.3 10%的甘油酒精:10 mL 甘油溶于 90 mL 70%的酒精中,室温保存。

3.4 乙醇:70%、80%的乙醇以及无水乙醇。

3.5 乳酸酚透明液:按甘油:苯酚:乳酸:蒸馏水的体积比 2:1:1:1 的比例配置,室温保存。

3.6 TE:10 mmol/L Tris-Cl(pH 8.0)1 mmol/L EDTA(pH 8.0),在 1.05 kg/cm² 高压下蒸汽灭菌 20 min,于 4℃贮存。

3.7 10% SDS 溶液:10 g SDS 溶于 90 mL 蒸馏水中,68℃助溶,调 pH 至 7.2,最后加水定容至 100 mL,室温保存。

3.8 抽提缓冲液Ⅰ:400 μL TE、16 μL 蛋白酶 K(5 mg/mL)和 20 μL 10% SDS 的混合溶液。

3.9 抽提缓冲液Ⅱ:按 Tris 溶液饱和过的重蒸酚:氯仿:异戊醇以 25:24:1 的比例混合,密闭避光 4℃保存。

3.10 MgCl₂:25.0 mmol/L。

3.11 TAE 缓冲溶液:按 Tris 碱 4.84 g、冰乙酸 1.142 mL 和 Na₂EDTA·2H₂O 0.744 mL 加水定容到 1 000 mL。

3.12 1.0%琼脂糖:琼脂糖 1 g 溶于 100 mL TAE 中。

3.13 *Taq* 酶:−20℃保存,避免反复冻融。

3.14 蛋白酶 K:−20℃保存,避免反复冻融。

3.15 dNTPs:含 dATP、dTTP、dGTP 和 dCTP 各 10 mmol/L。

3.16 10×PCR buffer:500.0 mmol/L pH8.8 的 Tris-HCl、500.0 mmol/L 的 KCl 和 1%的 TritonX-100 混合溶液。

3.17 矿物油:要求无 DNA 酶和 RNA 酶,用于无热盖的 PCR 扩增仪。

3.18 分子量标准:推荐使用 DL 2000 marker,4℃保存;长期贮存应分装置于−20℃,避免反复冻融。

3.19 溴酚蓝指示剂溶液：溴酚蓝 100 mg,双蒸水 5 mL,室温下过夜。待溶解后再称取蔗糖 25 g,加双蒸水溶解后与溴酚蓝溶液混合,摇匀后定容至 50 mL,加入 NaOH 调至蓝色。

4 仪器和设备

4.1 电子天平。

4.2 剪刀、镊子、昆虫针和手术刀。

4.3 体视显微镜及普通光学显微镜。

4.4 酒精灯。

4.5 培养皿。

4.6 普通台式离心机和高速冷冻离心机。

4.7 普通冰箱和超低温冰箱。

4.8 微量移液器和 Tip 头。

4.9 PCR 扩增仪。

4.10 离心管和 PCR 管。

4.11 紫外透射仪。

4.12 水平电泳仪。

5 寄生虫分离和固定

5.1 分离

按 GB/T 18088 的标准采样抽样检查。从鱼腹腔、胃、肠系膜、肝脏、生殖腺、肌肉等组织中分离虫体。

5.2 固定

将虫体置于有生理盐水的培养皿中,然后将部分虫体置于巴氏液中固定用于形态学观察;部分虫体置于 80% 的乙醇溶液中用于后续分子生物学检测。

6 形态鉴定

6.1 样品处理

将用巴氏液固定的虫体取出后置于 10% 的甘油酒精中透明,在显微镜下观察其形态特征;对于透明不好的结构,用乳酸酚透明液透明后再观察形态特征。

6.2 形态特征

幼虫活体呈乳白色、半透明,在生理盐水中时而卷曲呈盘状,时而如蚯蚓样蠕动。虫体长圆筒形,两端略细,体长 10 mm～30 mm。前端钝圆,口唇尚未发育完全,无间唇,排泄孔位于两亚腹唇间。头部顶端有一钻孔齿,平均高 10.5 μm。食道为肌肉质,中间较细,前端和后端均膨大。神经环位于食道前端约 1/7 距离处。食道之后是腺体胃,胃长圆筒形,黑色不透明(活体时胃呈乳白色),长为宽的 3 倍～5 倍,腺胃与中肠交接处分界线明显。肠管粗大,直肠明显,尾部很短,末端圆钝。无胃盲囊和肠盲囊。性腺未发育(参见附录 A)。简单异尖线虫食道椭圆形(obling),通常呈 S 形,长度超过宽度,交合刺超过 0.7 mm,长交合刺长度很少超过短交合刺的 2 倍,比例大约是 1∶1.6。

7 分子生物学检测法

7.1 DNA 的提取

取 80% 酒精溶液保存的异尖线虫样品放入 1.5 mL 的离心管中,加入 1 mL 的 TE(pH 8.0)室温浸泡过夜。移除 TE,再加入 500 μL 抽提缓冲液 I 于 55℃ 消化 3 h,4℃ 放置至室温后加入 500 μL 抽提缓冲液 Ⅱ,摇匀,轻缓摇动 10 min,11 000 g 离心 10 min,收集上清。加入 500 μL 抽提缓冲液 Ⅱ 重复抽提两次,然后加入 2 倍上清体积的 0℃ 无水乙醇于 −20℃ 放置 1 h。5 000 g 离心 10 min 收集沉淀,70% 乙醇洗涤沉淀两次,干燥后溶于 40 μL TE(pH 8.0),−20℃ 保存备用。

7.2 28S 和 ITS rDNA 的 PCR 扩增

7.2.1 引物

引物 391,5′- AGC - GGA - GGA - AAA - GAA - ACT - AA - 3′ 和 390,5′- ATC - CGT - GTT - TCA - AGA - CGG - G - 3′

引物 538,5′- AGC - ATA - TCA - TTT - AGC - GGA - GG - 3′ 和 501,5′- TCG - GAA - GGA - ACC - AGC - TAC - TA - 3′

引物 93,5′- TTG - AAC - CGG - GTA - AAA - GTC - G - 3′ 和 94,5′- TTA - GTT - TCT - TTT - CCT - CCG - CT - 3′

用引物(391 和 390)和引物(538 和 501)扩增异尖线虫细胞核核糖体 RNA 大亚基(28 S rDNA)5′末端包含 D2 和 D3 区域的片段;用引物(93 和 94)扩增核核糖体 DNA 内部转录间隔区 1、内部转录间隔区 2 和 5.8 S 亚单位序列。

7.2.2 PCR 扩增

PCR 反应体系(25 μL)包括 0.5 μL 20 μmol/L 的上下游引物各一条,0.5 μL 10 mmol/L 的 dNTPs,2.5 μL 25 mmol/L 的 MgCl₂,2.5 μL 10×PCR buffer,0.2 U DNA Taq 酶以及模板基因组 DNA 1 μL,最后用水定容到 25 μL。PCR 反应条件为:94℃ 变性 5 min;94℃ 30 s,55℃ 30 s,72℃ 1 min,35 个循环;72℃ 延伸 8 min,PCR 反应同时做阴性对照和阳性对照。

7.3 PCR 产物电泳与测序

取 5 μL PCR 产物加入 1 μL 溴酚蓝指示剂溶液,混匀,用 1.0% 琼脂糖于 TAE 缓冲溶液中电泳分离,紫外透射仪下检查是否存在大约 1 000 bp 和 800 bp~1 100 bp(28 S rDNA:391 与 390 引物对约 800 bp;538 与 501 引物对约 1 100 bp)的目的条带。

存在目的条带,则取 PCR 扩增产物测序。得到的序列与 GenBank 数据库中的参考序列进行比对,参考序列 *A. simplex* 的 28 S rDNA(AY821754 和 AY821755)和 ITS rDNA(AY821739)见附录 B。

8 结果判定

8.1 虫体形态特征符合 7.2 描述的,判定为简单异尖线虫幼虫。

8.2 PCR 扩增产物测序,序列与参考序列(参见附录 B)进行比较,序列相似性在 98% 以上者,判定虫体为简单异尖线虫幼虫。

符合上述结果之一者判定为简单异尖线虫幼虫。

附　录　A
（资料性附录）
简单异尖线虫形态结构

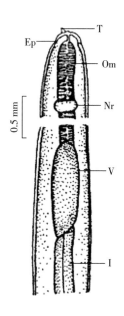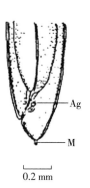

说明：

V——胃（Ventriculus）；

T——钻齿（Boring tooth）；

Ic——肠盲囊（Intestinal cecum）；

Om——食道肌（Oesophageal musle）；

I——肠管（Intestine）；

Ep——排泄孔（Excretory pore）；

Ag——侧尾腺（Aside caudal gland）；

Nr——神经环（Nerve ring）；

M——尾棘（Mucron）。

附　录　B
（资料性附录）
简单异尖线虫核酸序列

B. 1　28 S rDNA 序列

AY821755(引物:391 和 390)

```
  1 AAAGAAACTA ACGAGGATTC CCATAGTAAC GGCGAGTGAA ATGGGAAAAG CCCAGCGCTG
 61 AATCCATCGA TCACTGGTCG CTTGGAATTG TAGCGTATAG GTGCGGCTGT CCGCTCGTTT
121 CGTGCACCCA AAGTCCCCTT GAGCGGGGCC ATAGTCCAAA GAAGGTGCTA GACCTGTACG
181 GGTGGCGAGA CGGTCGGTTG GTCGCTCCTT GGAGTCGGGT TGCCTGGGAT CGCAGCCCAA
241 AGTTGGTGGT AGACCTCATC TAAGGCTAAA TATGGCCACG AAACCGATAG CAAACAAGTA
301 CCGTGAGGGA AAGTTGCAAA GAACTTTGAA GAGAGAGTTC AAGAGGGCGT GAAACCGCCG
361 AGATTGAAAC GGATAGAGTT GACGAAACTC GATCGCATTC ATCCGATCCG CCTAGCGGTT
421 CGGCGGTTGT TGACTTCCTC GATGAGGGCA ACGCCGTCGC TGGCTGTTGG GTGTTAGATG
481 GGTGTATTTG CGGTCGGTAT GCGCCGAGAG CTTTGCGAAC GCATGTTGGC GTTGATGTAG
541 TGGACCACTC CCTTCGGGCG TGGAACCCTG CACTGACTGA GGCATGTCGT TTGTAGGGTG
601 TTGCTGGTTG ACGTCTCCGC TATGGTGCGT CGGCTTTGTC GGACTGTTGT GGCTACTGGG
661 TGATCGCATG CGAGCGCCTG TGGTTTATGA TCGTACGATG AGGTGCAGAC GCGCTTGAGA
721 CGTGCATCTC GGTGTGAACG TTGACCACCT ATCCGA
```

B. 2　AY821754(引物:538 和 501)

```
   1 TTCCCATAGT AACGGCGAGT GAAATGGGAA AAGCCCAGCG CTGAATCCAT CGATCACTGG
  61 TCGCTTGGAA TTGTAGCGTA TAGGTGCGGC TGTCCGCTCG TTTCGTGCAC CCAAAGTCCC
 121 CTTGAGCGGG GCCATAGTCC AAAGAAGGTG CTAGACCTGT ACGGGTGGCG AGACGGTCGG
 181 TTGGTCGCTC CTTGGAGTCG GGTTGCCTGG GATCGCAGCC CAAAGTTGGT GGTAGACCTC
 241 ATCTAAGGCT AAATATGGCC ACGAAACCGA TAGCAAACAA GTACCGTGAG GGAAAGTTGC
 301 AAAGAACTTT GAAGAGAGAG TTCAAGAGGG CGTGAAACCG CCGAGATTGA AACGGATAGA
 361 GTTGACGAAA CTCGATCGCA TTCATCCGAT CCGCCTAGCG GTTCGGCGGT TGTTGACTTC
 421 CTCGATGAGG CAACGCCGT CGCTGGCTGT GGGTGTTAG ATGGGTGTAT TTGCGGTCGG
 481 TATGCGCCGA GAGCTTTGCG AACGCATGTT GGCGTTGATG TAGTGGACCA CTCCCTTCGG
 541 GCGTGGAACC CTGCACTGAC TGAGGCATGT CGTTTGTAGG GTGTTGCTGG TTGACGTCTC
 601 CGCTATGGTG CGTCGGCTTT GTCGGACTGT TGTGGCTACT GGGTGATCGC ATGCGAGCGC
 661 CTGTGGTTTA TGATCGTACG ATGAGGTGCA GACGCGCTTG AGACGTGCAT CTCGGTGTGA
 721 ACGTTGACCA CCTATCCGAC CCGTCTTGAA ACACGGACCA AGGAGTCTAG CATATGCGCG
 781 AGTCATTGGG TGGTAAACCT AAAGGCGTAA TGAAAGTAAA GGCTGTCTTG TTACGGCTGA
 841 TATGGGATCT GTGTGGCTTT CGAGCCATAC GGCGCACCAT AGCCCCGTCC CGGTTGCTTG
 901 CAATGGGGCG GAGGTAGAGC GCATACGCTG GACCCGAAA GATGGTGAAC TATGCCTGAG
 961 CAGGATGAAG CCAGAGGAAA CTCTGGTGGA AGTCCGAAGC GGTTCTGACG TGCAAATCGA
1021 TCGTCTGACT TGGGTATAGG GGCGAAAGAC TAATCG
```

B. 3　ITS rDNA 序列

AY821739

```
  1 AAGGTTTCCG TAGGTGAACC TGCGGAAGGA TCATTATCGA GCGAATCCAA AACGAACGAA
 61 AAAGTCTCCC AACGTGCATA CCTTCCATTT GCATGTTGTT GTGAGCCACA TGGAAACTCG
121 TACACACGTG GTGGCAGCCG TCTGCTGTGC TTTTTTTAGG CAGACAATGG CTTACGAGTG
181 GCCGTGTGCT TGTTGAACAA CGGTGACCAA TTTGGCGTCT ACGCCGTATC TAGCTTCTGC
241 CTGGACCGTC AGTTGCGATG AAAGATGCGG AGAAAGTTCC TTTGTTTTGG CTGCTAATCA
301 TCATTGATGA GCAGCAGCTT AAGGCAGAGT TGAGCAGACT TAATGAGCCA CGCTAGGTGG
361 CCGCCAAAAC CCAAAACACA ACCGGTCTAT TTGACATTGT TATTTCATTG TATGTGTTGA
421 AAATGTACAA ATCTTGGCGG TGGATCACTC GGTTCGTGGA TCGATGAAGA ACGCAGCCAG
481 CTGCGATAAA TAGTGCGAAT TGCAGACACA TTGAGCACTA AGAATTCGAA CGCACATTGC
541 GCTATCGGGT TCATTCCCGA TGGCACGTCT GGCTGAGGGT CGAATTACGG TGAACTGTCT
601 TCACGGTCTT TCTGGACTGT GAAGCATTCG GCAAGCAATT GCTGTTGTGT TGTTGGTGAT
661 TCTATCATGG ACAATATGAC GCGCGGTTCC TTGCTTAGTG ATGATAAAAG AAGACGTCAA
721 CACCGAATCT ACTATACTAC TAATACTAGT ATATAGGTGA GGTGCTTTTG GTGGTCACAA
781 AAGTGACAAG TATGCCATTT CATAGGGGCA ACAACCAGCA TACGTGATAA GTTGGCTGGT
841 TGATGAAACG GCAACGGAAT GACGGACGTC TATGTGATCA AAAATGATAC TATTTGACCT
901 CAGCTCAGTC GTGATTACCC GCTGAATTTA AGCA
```

ICS 11.220
B 41

中华人民共和国水产行业标准

SC/T 7211—2011

传染性脾肾坏死病毒检测方法

Detection method of infectious spleen and kidney necrosis virus

2011-09-01 发布

2011-12-01 实施

中华人民共和国农业部 发布

SC/T 7211—2011

前　言

本标准按 GB/T 1.1—2009 给出的规则起草。

本标准由中华人民共和国农业部渔业局提出。

本标准由中华人民共和国农业部全国水产标准化技术委员会(SAC/TC 156)归口。

本标准起草单位:中国水产科学研究院珠江水产研究所、中山大学。

本标准主要起草人:潘厚军、何建国、吴淑勤、翁少萍、董传甫、付小哲、石存斌。

传染性脾肾坏死病毒检测方法

1 范围

本标准规定了采用间接荧光抗体技术(IFAT)和聚合酶链式反应技术(PCR)检测传染性脾肾坏死病毒(ISKNV)的方法。

本标准适应于传染性脾肾坏死病毒病的流行病学调查、诊断、检疫和监测。

本标准可检测包含 ISKNV 在内的肿大细胞病毒属病毒,包括真鲷虹彩病毒(RSIV)、条石鲷虹彩病毒(RBIV)、斜带石斑鱼虹彩病毒(OSGIV)等;但不能检测虹彩病毒科其他属病毒。

2 规范性引用文件

下列文件对于本文件的应用是必不可少的。凡是注日期的引用文件,仅注日期的版本适用于本文件。凡是不注日期的引用文件,其最新版本(包括所有的修改单)适用于本文件。

GB/T 6682 分析实验室用水规格和试验方法

GB/T 18088 出入境动物检疫采样

SC/T 7014 水生动物检疫实验技术规范

3 术语和定义

下列术语和定义适用于本文件。

3.1

传染性脾肾坏死病毒 ISKNV, infectious spleen and kidney necrosis virus

传染性脾肾坏死病毒是虹彩病毒科肿大细胞病毒属的代表种。该病毒为一种胞质型双链 DNA 病毒,呈二十面体对称结构,病毒颗粒直径约 150 nm,基因组大小 111 032 bp。该病毒感染敏感细胞,可引起一定程度的皱缩、坏死等细胞病变(CPE);感染鳜和多种海、淡水养殖鱼类,引起脾脏和肾脏肿大、坏死,鳃发白、呈缺血状的淡红色,肝脏苍白等症状。

该病毒的主衣壳蛋白(MCP,major capsid protein)是高丰度结构蛋白,约占 ISKNV 蛋白总量的40%。虹彩病毒 MCP 基因具有高度的保守性,是虹彩病毒进行系统分类的主要依据。MCP 基因也是对虹彩病毒进行分子诊断的常用靶基因。

4 试剂和材料

4.1 水

符合 GB/T 6682 中一级水的要求。

4.2 ISKNV 参考株和 ISKNV 的 DNA

由有资质的动物病原微生物菌(毒)种保藏机构提供。

4.3 敏感细胞株

鳜仔鱼细胞系(MFF‑1)或其他敏感细胞系、株,由有资质的实验室提供。

4.4 Mab(2D8)

抗 ISKNV 单克隆抗体,由有资质的实验室提供,−20℃保存。

4.5 FITC 标记的羊抗鼠 IgG

商品化试剂,−20℃保存。

4.6 基因组 DNA 提取试剂盒

商品化试剂盒,按说明书要求保存。

4.7 *Taq* 酶

−20℃保存,避免温度剧烈变化。

4.8 dNTP

−20℃保存,含 dCTP、dGTP、dATP、dTTP 各 10 mmol/L。

4.9 引物

−20℃保存。其序列如下:上游引物 F:5′- CGT GAG ACC GTG CGT AGT - 3′;下游引物 R:5′- AGG GTG ACG GTC GAT ATG - 3′。使用时浓度均为 20 μmoL/L。

4.10 DNA 分子量标准(Marker)

推荐使用 DL2000,各片段大小依次为 2 000 bp、1 000 bp、750 bp、500 bp、250 bp 和 100 bp。也可使用 DNA ladder 100,各片段大小依次为 1 500 bp、1 000 bp、900 bp、800 bp、700 bp、600 bp、500 bp、400 bp、300 bp、200 bp 和 100 bp。

4.11 核酸凝胶染色剂

溴化乙啶(EB)或其他 EB 替代品。

4.12 甲醇

分析纯试剂,使用前预冷到−20℃。

4.13 无水乙醇

分析纯试剂。

4.14 其他试剂

见附录 A。

5 仪器、设备和器材

5.1 倒置显微镜、荧光显微镜或倒置荧光显微镜。

5.2 生化培养箱。

5.3 普通冰箱和超低温冰箱。

5.4 PCR 扩增仪。

5.5 离心机和离心管。

5.6 电泳仪和水平电泳槽。

5.7 紫外观察灯或凝胶成像仪。

5.8 组织研磨器。

5.9 漩涡振荡器。

5.10 24 孔、6 孔细胞培养板和 25 cm² 细胞培养瓶。

5.11 微量移液器及吸头。

5.12 剪刀、镊子、解剖刀等解剖用具。

5.13 载玻片、盖玻片。

5.14 湿盒。

6 样品来源

6.1 采样

按 GB/T 18088 的规定执行。如是体长小于 4 cm 的鱼苗取整条鱼,体长为 4 cm～6 cm 的鱼苗取内脏(包括头肾和脾脏),体长大于 6 cm 的鱼则取头肾、脾脏和心脏等组织,成熟雌鱼还需取卵巢液。

样品分成 3 份进行处理,1 份制作组织印片,用于无细胞培养的 IFAT 检测;1 份制作组织样品匀浆液,用于感染敏感细胞分离病毒;1 份进行 DNA 抽提,用于 PCR 检测。

6.2　组织印片

用解剖刀将脾、肾等组织横向切开,用镊子夹起,将组织横切面在载玻片上轻轻涂抹数下;滴加冷甲醇(—20℃)数滴以完全覆盖组织印片处,室温放置 3 min~5 min;自来水冲洗,室温干燥 10 min。

6.3　感染敏感细胞样品前处理

用组织研磨器冰浴中将样品匀浆,再用无血清细胞培养液(A.1,不加血清)按 1∶10(w/v)稀释度悬浮,加入抗生素,使最终浓度为青霉素 200 IU/mL、链霉素 200 μg/mL 和两性霉素 B 0.5 μg/mL,于 15℃下孵育 2 h~4 h 或 6℃下孵育 6 h~24 h。4℃ 5 000 r/min 离心 15 min,收集上清液。卵巢液直接用无血清细胞培养液稀释 2 倍以上,4℃ 5 000 r/min 离心取上清液,用于敏感细胞感染检测。含 ISKNV 参考株的组织样品,同样处理。

6.4　DNA 抽提

取待检鱼组织样品或待检细胞,用基因组 DNA 提取试剂盒抽提,或按 6.4.1~6.4.2 的方法处理。

6.4.1　取 100 mg 鱼组织样品,加 1.0 mL PBS 匀浆后(A.2),取 450 μL 放入 1.5 mL 的离心管,加入 450 μL CTAB 溶液(A.3)并混匀,25℃放置 2 h,其间轻柔振荡几次备用。

如果是培养细胞,取 450 μL 细胞悬液,加入 450 μL CTAB 溶液,同样处理。

6.4.2　在有样品离心管中加入 600 μL 抽提液 I(A.4),用漩涡震荡器震荡 30 s。12 000 r/min 离心 10 min,小心吸取上层水相(约 800 μL)于新的 1.5 mL 离心管,加入 700 μL 抽提液 II(A.5),用漩涡震荡器震荡 30 s。12 000 r/min 离心 10 min,小心吸取上层水相(约 600 μL)于新的 2.0 mL 离心管,加入 1/10 体积(60 μL)的乙酸钠(A.6),两倍体积的无水乙醇(1 200 μL),倒置数次混匀后,12 000 r/min 离心 5 min;去上清,沉淀中加入 70%乙醇,12 000 r/min 离心 20 min,洗涤沉淀两次,抽吸除去乙醇溶液,干燥后加入 10 μL 水溶解,用作 PCR 检测模板。

7　ISKNV 的分离

7.1　细胞培养

取长满单层的敏感细胞,用胰酶—乙二胺四乙酸混合消化液(A.7)消化,用含 10%胎牛血清的细胞培养液(A.1)进行传代培养,1 瓶可传代 3 瓶~5 瓶。在细胞瓶或细胞板中加细胞培养液,25 cm² 细胞瓶加培养液 4 mL,6 孔板每孔加 1 mL,24 孔板接种 500 μL。细胞浓度为 1.0×10^5 个/mL~2.0×10^5 个/mL。

7.2　病毒分离

7.2.1　试验准备

7.2.1.1　细胞

按 7.1 的方法培养,长成致密层的敏感细胞。

7.2.1.2　待检组织样品匀浆液

6.3 制备的体积比为 1∶10 待检组织样品。

7.2.1.3　阳性对照样品匀浆液

6.3 制备的体积比为 1∶10 的 ISKNV 参考株样品。

7.2.1.4　空白对照

仅有敏感细胞,不接种组织样品匀浆液。

7.2.2　病毒分离操作

6.3 制备的组织匀浆液以 1∶10、1∶100、1∶1 000 3 个稀释度,接种于 24 孔或 6 孔板长满 80%的敏感细胞单层中,24 孔接种 500 μL,6 孔板每孔加 1 mL;27℃吸附 1 h 后,去除上清液,再加入新鲜的细胞培养液,置于 27℃培养。

阳性对照和待测样品分别接种细胞后,每天用倒置显微镜检查,连续观察 7 d。空白对照细胞应当正常。待检上清稀释液的培养出现细胞病变(CPE),应立即进行鉴定。如阳性对照细胞出现 CPE,被检样品未出现 CPE,需盲传两代,同上观察细胞病变。

如果阳性对照未出现 CPE,则试验无效,应采用敏感细胞和新的组织样品重新按上述方法进行病毒学检查。

8 病毒的鉴定Ⅰ:间接荧光抗体试验(IFAT 方法)

8.1 试验准备

8.1.1 待检样品

6.2 制备的组织印片,CPE 刚开始出现或盲传两代的细胞培养物。

8.1.2 阳性对照

感染 ISKNV 参考株的鳜组织印片或敏感细胞培养物。

8.1.3 阴性对照

正常鱼的组织或正常的敏感细胞。

8.1.4 一抗

Mab(2D8),以 PBS(A.2)1∶100 稀释备用。

8.2 间接荧光抗体试验操作

待检鱼组织按 6.2 的方法制备组织印片;细胞培养物用 PBS 漂洗 3 次,用滤纸吸干水份,冷甲醇(—20℃)室温固定 10 min,PBS 洗涤 3 次,1 min/次。

滴加经 1∶100 稀释的 Mab(2D8),37℃湿盒孵育 30 min,PBS 漂洗 3 次,加入 FITC 标记的羊抗鼠 IgG(工作浓度参考产品说明),37℃孵育 30 min,PBS 漂洗 3 次,pH 9.0 碳酸盐缓冲甘油(A.8)封片,镜检。

8.3 结果判定

在荧光显微镜下观察可见:阳性对照有显著绿色荧光;阴性对照无显著绿色荧光;待检样品如有显著绿色荧光,则判断为阳性。

9 病毒的鉴定Ⅱ:聚合酶链式反应(PCR 方法)

9.1 试验准备

设阳性对照、阴性对照和空白对照。取含有已知 ISKNV 参考株的细胞和病鱼组织悬液作阳性对照(可以是阳性参考株制备的 DNA 模板),取正常鱼的组织或正常的敏感细胞 DNA 模板作阴性对照,取等体积的水代替样品为模板作空白对照。

9.2 PCR 扩增 DNA

PCR 反应体系为 50 μL:在 PCR 反应管中加入 10×PCR 缓冲液(A.9)5 μL,dNTP 1 μL,上游引物和下游引物各 1.0 μL,25 mmoL/L 的 $MgCl_2$ 5 μL,Taq 酶(5 U/μL)0.5 μL,模板 2.5 μL,加水到总体积 50 μL;PCR 扩增条件:94℃预变性 2 min;94℃30 S,61℃ 45 S,72℃ 1 min,30 次循环;72℃延伸 7 min;4℃保存备用。

9.3 琼脂糖凝胶电泳

TBE 电泳缓冲液(A.10)配置 1.0%琼脂糖凝胶(含 1 μg/mL EB,或相应浓度的 EB 替代品)。将 10 μL 样品和 2 μL 溴酚蓝指示剂溶液(A.11)混匀后加入样品孔;5 V/cm 电泳约 0.5 h,凝胶成像仪或紫外观察灯下观察核酸条带并判断结果。

9.4 结果判定

ISKNV 阳性对照 PCR 扩增后出现约 562 bp 的 DNA 条带,而阴性对照、空白对照无该电泳条带。如待测样品中出现 562 bp 的条带为阳性。

若阳性对照没有对应条带,说明 PCR 系统出现问题,需查找原因重新实验;若阴性对照有 562 bp 的带,说明试验中有污染需要重做;若待测样品产生的 DNA 条带大小与 562 bp 有差异,需重新进行 PCR 扩增,并对扩增片段进行基因测序,根据与已知 ISKNV DNA 片段的序列吻合度对结果进行判定。

10 综合判定

10.1 待测鱼有临床症状,IFAT 或 PCR 试验阳性者;

无临床症状,细胞培养出现 CPE,IFAT 或 PCR 试验为阳性者;

无临床症状,细胞培养未出现 CPE,IFAT 和 PCR 试验为阳性者。

均判定为 ISKNV 阳性。

10.2 不管有无临床症状,若 IFAT 和 PCR 试验均为阴性,判定为 ISKNV 阴性。

10.3 不管有无临床症状,若 IFAT 和 PCR 试验有一个为阳性,判定为 ISKNV 可疑。

附 录 A

（规范性附录）

试剂配制

标准中所有试剂，除特别说明外，全部采用分析纯的试剂。

A.1 细胞培养液

DMEM 培养液，按说明书要求配置，每 1 000 mL 培养液中加入 2.38 g HEPES（如培养基中已含该成分，则不需添加），溶解后用 1 mol/L NaOH 调 pH 至 7.2，0.22 μm 滤膜过滤除菌。进行细胞培养时，加入终浓度为 10％的胎牛血清，即可使用或 4℃保存备用。

A.2 磷酸盐缓冲溶液（PBS）

氯化钠（NaCl）	8 g
氯化钾（KCl）	0.2 g
磷酸氢二钠（Na_2HPO_4）	1.44 g
磷酸二氢钾（KH_2PO_4）	0.24 g

用 800 mL 水溶解，调 pH 至 7.4，加水至 1 000 mL，分装后 15 磅高压蒸汽灭菌 20 min，室温保存。

A.3 CTAB 溶液

按 2％ CTAB、1.4 mol/L NaCl、20.0 mmol/L EDTA、20.0 mol/L Tris‑HCl pH7.5 配制。用前加巯基乙醇到终浓度为 0.25％。

A.4 抽提液 I

酚/三氯甲烷/异戊醇：100 mmol/L pH(8.0)Tris 饱和的重蒸酚：三氯甲烷：异戊醇＝25：24：1（$v/v/v$）体积比混合，密闭避光保存。

A.5 抽提液 II

将三氯甲烷和异戊醇以 24：1（v/v）比例混合，密闭避光保存。

A.6 3 mol/L 乙酸钠（CH_3COONa），pH5.2

称取 40.81 g $CH_3COONa \cdot 3H_2O$，溶于 80 mL 水中，用冰乙酸调 pH 至 5.2，加水定容到 100 mL，高压灭菌，分装，4℃冻存备用。

A.7 胰酶—乙二胺四乙酸混合消化液

氯化钠（NaCl）	0.8 g
氯化钾（KCl）	0.02 g
磷酸二氢钾（KH_2PO_4）	0.02 g
磷酸氢二钾（K_2HPO_4）	0.115 g
乙二胺四乙酸（EDTA）	0.02 g
胰酶	0.25 g

双蒸水   100 mL

0.22 μm 滤膜过滤除菌后分装备用。

A.8 碳酸盐缓冲甘油

0.5 mol/L 碳酸缓冲液

碳酸钠(Na_2CO_3)	0.6 g
碳酸氢钠($NaHCO_3$)	3.7 g
去离子水	90 mL

调 pH 为 9.0,定容至 100 mL。

取上述碳酸缓冲液与甘油以 1:1(v/v)比例均匀混合。

A.9 *Taq* 酶用 10 倍 PCR 浓缩缓冲液(10×PCR 缓冲液)

Tris - HCl	100.0 mmoL/L,pH 8.8
氯化钾(KCl)	500.0 mmoL/L
TritonX - 100	1%

A.10 TBE 电泳缓冲液(5×浓缩液)

Tris	54.0 g
硼酸	27.5 g
EDTA	2.922 g
加水到	1 000.0 mL

用 5.0 moL/L 的盐酸(HCl)调 pH 到 8.0。

使用时,取 5×浓缩液用水稀释 5 倍即为 TBE 电泳缓冲液。

A.11 溴酚蓝指示剂溶液(6×上样缓冲液)

每 100 mL 水溶液中含溴酚蓝 0.25 g、蔗糖 40 g。

附 录 B

（资料性附录）

ISKNV 主衣壳蛋白（MCP）基因的全序列（1 362bp）

```
   1 atgtctgcaa tctcaggtgc aaacgtaacc agcgggttca tcgacatctc cgcgtttgat
  61 gcgatggaga cccacttgta cggcggcgac aatgccgtga cctactttgc ccgtgagacc
 121 gtgcgtagtt cctggtacag caaactgccc gtcaccctgt caaaacagac tggccatgcc
 181 aattttgggc aggagtttag tgtgacggtg gcgaggggcg cgactacct cattaatgtg
 241 tggctgcgtg ttaagatccc ctccatcaca tccagcaagg agaacagcta catccgctgg
 301 tgcgacaatc tgatgcacaa tctagtggag gaggtgtcgg tgtcatttaa cgacctggtg
 361 gcacagaccc tcaccagcga gttccttgac ttctggaacg cctgcatgat gcccggcagc
 421 aaacagtctg gctacaacaa gatgattggc atgcgcagcg acctggtggc cggcatcacc
 481 aacggccaga ctatgcccgc cgtctacctt aatttgccca ttcccctctt ctttacccgt
 541 gacacgggcc tggcgttgcc taccgtgtct ctgccgtaca cgaggtgcg catccacttc
 601 aagctgcggc gctgggagga cctgctcatc agccagagca accaggccga catggccata
 661 tcgaccgtca ccctggctaa cattggcaat gtagcacccg cactgaccaa tgtgtctgtg
 721 atgggcactt acgctgtact gacaagcgag gagcgtgagg tggtggccca gtctagtcgt
 781 agcatgctca ttgaacagtg ccaggtggcg ccccgtgtgc ccgtcacgcc cgcagacaat
 841 tctttggtgc atctggacct caggttcagt caccccgtga aggccttgtt ctttgcagta
 901 aagaacgtca cccaccgcaa cgtgcaaagc aactacaccg cggccagtcc cgtgtatgtc
 961 aacaacaagg tgaatctgcc attgatggcc accaatcccc tgtccgaggt gtcactcatt
1021 tacgagaaca cccctcggct ccaccagatg ggagtagact acttcacatc tgtcgacccc
1081 tactactttg cgcccagcat gcctgagatg gatggtgtta tgacctactg ctatacgttg
1141 gacatgggca atatcaaccc catgggttca accaactacg gccgcctgtc caacgtcacc
1201 ctgtcatgta aggtgtcgga caatgcaaag accaccgcgg cgggcggtgg cggcaacggc
1261 tccggctaca cggtggccca aaagtttgaa ctggtcgtta ttgctgtcaa ccacaacatc
1321 atgaagattg ctgacggcgc cgcaggcttc cctatcctgt aa
```

注:涂墨并划线处为引物序列所在位置

ICS 65.150
B 52

中华人民共和国水产行业标准

SC/T 7212.1—2011

鲤疱疹病毒检测方法
第1部分：锦鲤疱疹病毒

Detection methods of cyprinid herpesvirus(CyHv)—
Part 1:Koi herpevirus

2011-09-01 发布　　　　　　　　　　　　　　　　2011-12-01 实施

中华人民共和国农业部 发布

前　言

SC/T 7212—2011 分为三个部分：

第 1 部分：锦鲤疱疹病毒；

第 2 部分：鲤痘疮病毒；

第 3 部分：金鱼造血器官坏死病毒。

本部分为 SC/T 7212—2011 的第 1 部分。

本部分按照 GB/T 1.1—2009 给出的规则起草。

请注意本文件的某些部分可能涉及专利，本文件的发布机构不承担识别这些专利的责任。

本部分由中华人民共和国农业部渔业局提出。

本部分由全国水产标准化技术委员会(SAC/TC 156)归口。

本部分起草单位：中国水产科学研究院珠江水产研究所、广东出入境检验检疫局、广州市兴达动物药业有限公司。

本部分主要起草人：谭爱萍、叶星、姜兰、赵飞、邹为民、林志雄、陆小菪、乌日琴、简清、陈信廉。

鲤疱疹病毒检测方法
第1部分:锦鲤疱疹病毒

1 范围

本部分规定了锦鲤疱疹病毒(Koi herpevirus,KHV)的采样程序、病毒鉴定方法与结果判定指标。本部分适用于锦鲤疱疹病毒的检测。

2 规范性引用文件

下列文件对于本文件的应用是必不可少的。凡是注日期的引用文件,仅注日期的版本适用于本文件。凡是不注日期的引用文件,其最新版本(包括所有的修改单)适用于本文件。

GB/T 6682 分析实验室用水规格和试验方法

GB/T 18088 出入境动物检疫采样

SC/T 7014—2006 水生动物检疫实验技术规范

3 术语和定义

下列术语和定义适用于本部分。

3.1

锦鲤疱疹病毒 Koi herpevirus,KHV

锦鲤疱疹病毒,又称鲤疱疹病毒3型(CyHV‐3),是一种双链DNA病毒,其直径为170 nm~230 nm,含有31个病毒多肽,具有核心、衣壳和囊膜结构。

4 试剂和材料

4.1 水

符合GB/T 6682中一级水的要求。

4.2 阳性对照

阳性对照为已知受KHV感染,且PCR检测结果为锦鲤疱疹病毒阳性的DNA模版。

4.3 阴性对照

阴性对照为已知未受KHV感染,且PCR检测结果为锦鲤疱疹病毒阴性的DNA模版。

4.4 空白对照

灭菌双蒸水(无DNA酶)。

4.5 无水乙醇

4.6 十六烷基三甲基溴化铵(CTAB)

4.7 *Taq* DNA 聚合酶

Taq DNA 聚合酶或 *Ex Taq* DNA 聚合酶,生化试剂,−20℃保存。

4.8 dNTPs 混合物

含dATP、dTTP、dCTP、dGTP各25 mmol/L的混合物,−20℃保存。

4.9 引物

锦鲤疱疹病毒胸苷激酶(TK)基因扩增引物,P1:5′‐GGG‐TTA‐CCT‐GTA‐CGA‐G‐3′,P2:

5′- CAC - CCA - GTA - GAT - TAT - GC - 3′。

锦鲤疱疹病毒 *Sph* 基因扩增引物，P3：5′- GAC - ACC - ACA - TCT - GCA - AGG - AG - 3′，P4：5′-GAC - ACA - TGT - TAC - AAT - GGT - CGC - 3′。

4.10 矿物油

要求无 DNA 酶，用于无热盖的 PCR 扩增仪。

4.11 DNA 分子量标准

推荐使用 DNA ladder 100，各片段大小依次为：1 500 bp，1 000 bp，900 bp，800 bp，700 bp，600 bp，500 bp，400 bp，300 bp，200 bp，100 bp。也可使用其他合适的 DNA 分子量标准。

4.12 核酸凝胶染色剂

溴化乙啶(EB)或其他 EB 替代品。

5 仪器与设备

5.1 PCR 扩增仪

5.2 水平电泳仪

输出直流电压 0 V～600 V。

5.3 紫外观察灯或凝胶成像仪

5.4 离心机

最高转速可达 12 000 r/min 以上。

5.5 普通冰箱

5.6 组织研磨器

5.7 微量移液器

6 采样

6.1 采样数量

按 SC/T 7014—2006 中 6.1 的规定执行。

6.2 个体要求

活的或刚死不久的鱼。

6.3 采样部位

有临床症状的鱼，如体长不超过 4 cm，取整条鱼；体长为 4 cm～6 cm，取内脏(包括肾)；体长大于 6 cm，则取脑、肝、肾、脾和鳃组织。

无症状的鱼取肾、脾、鳃和脑组织。

性成熟雌鱼还需取卵巢液。

7 KHV 的 PCR 检测

7.1 DNA 抽提

7.1.1 取 100 mg 待检新鲜组织与 300 μL CTAB 溶液(A.1)研磨匀浆，置于 1.5 mL 离心管内。加入 450 μL CTAB 溶液并混匀，25℃放置 2 h。

7.1.2 加入 600 μL 酚-三氯甲烷-异戊醇(A.2)至样品离心管中，用力混合至少 30 s，12 000 r/min 离心 5 min，小心取上层水相(约 800 μL)置于新的 1.5 mL 离心管中。

7.1.3 加入 700 μL 三氯甲烷-异戊醇(A.3)，用力混合至少 30 s，12 000 r/min 离心 5 min，小心取上层水相(约 600 μL)置于新的 1.5 mL 离心管中。

7.1.4 加入−20℃预冷的1.5倍体积的无水乙醇(约900 μL),倒转数次混匀后,置−20℃沉淀8 h以上。

7.1.5 12 000 r/min离心30 min,小心弃上清,倒置于吸水纸上吸干水分;37℃干燥20 min或抽真空干燥。

7.1.6 加10 μL无菌双蒸水溶解,作为DNA模板。

DNA抽提也可选用商品化DNA抽提试剂盒,按相应说明书提供的方法予以抽提。

7.2 基因扩增

7.2.1 TK基因扩增

7.2.1.1 按表1加入除Taq DNA聚合酶以外的各项试剂,配成无酶反应预混物。

表1 10份TK基因PCR反应预混物所需试剂组成

试 剂	50 μL体系	100 μL体系	试剂终浓度
10×Taq PCR缓冲液(无Mg^{2+})	100 μL	200 μL	2×
MgCl$_2$(25 mmol/L)	50 μL	100 μL	2.5 mmol/L
dNTPs(25 mmol/L)	5 μL	10 μL	各0.25 mmol/L
引物P1(100 pmol/μL)	5 μL	10 μL	1 pmol/μL
引物P2(100 pmol/μL)	5 μL	10 μL	1 pmol/μL
无菌双蒸水(无DNA酶)	307.5 μL	615 μL	
Taq DNA聚合酶(5 U/μL)	2.5 μL	5 μL	0.025 U/μL
10份反应总体积(无DNA模板)	475 μL	950 μL	
DNA模板的使用体积与实际提取样品的DNA浓度有关,需根据实际情况进行调整,并用无菌双蒸水(无DNA酶)的增加或减少至终体积。			

7.2.1.2 将无酶反应预混物按10份/支或100份/支分装,保存于−20℃。在临用前,根据所需的反应份数,取出无酶反应预混物,加入相应体积的Taq DNA聚合酶,混匀,即成完全反应预混物。

7.2.1.3 将完全反应预混物按1份/支分装到无DNA聚合酶的0.2 mL PCR管中,分别加入相应体积的样品DNA模板(0.1 μg~2 μg)。如果使用无热盖的PCR扩增仪,需在反应混合物上滴加2滴矿物油。混匀后3 000 r/min离心30 s。

7.2.1.4 将上述PCR管置于PCR扩增仪。94℃预变性5 min;95℃变性1 min、51℃退火1 min、72℃延伸1 min,40次循环;72℃延伸10 min;4℃保温。

7.2.2 Sph基因扩增

7.2.2.1 按表2,加入除Ex Taq DNA聚合酶以外的各项试剂,配成无酶反应预混物。

表2 10份Sph基因PCR反应预混物所需试剂组成

试 剂	20 μL体系	100 μL体系	试剂终浓度
10×Ex Taq PCR缓冲液	20 μL	100 μL	1×
dNTPs(25 mmol/L)	1.6 μL	8 μL	各0.2 mmol/L
引物P3(100 pmol/μL)	2 μL	10 μL	0.5 pmol/μL
引物P4(100 pmol/μL)	2 μL	10 μL	0.5 pmol/μL
无菌双蒸水(无DNA酶)	163.4 μL	817 μL	
Ex Taq DNA聚合酶(5 U/μL)	1 μL	5 μL	0.025 U/μL
10份反应总体积(无DNA模板)	190 μL	950 μL	
DNA模板的使用体积与实际提取样品的DNA浓度有关,需根据实际情况进行调整,并用无菌双蒸水(无DNA酶)的增加或减少至终体积。			

7.2.2.2 按7.2.1.2的方法配制含Ex Taq DNA聚合酶完全反应预混物。

7.2.2.3 按7.2.1.3的方法加入样品DNA模板及离心。

7.2.2.4 将上述 PCR 管置于 PCR 扩增仪。94℃ 预变性 30 s；94℃ 变性 30 s、63℃ 退火 30 s、72℃ 延伸 30 s，40 次循环；72℃ 延伸 7 min；4℃ 保温。

7.3 琼脂糖凝胶电泳

用电泳缓冲液 TBE(A.4)配制 2% 的琼脂糖(含 0.5 μg/mL EB 或相应浓度的 EB 替代品)平板，凝固后放入水平电泳槽，使电泳缓冲液刚好淹没胶面。将上述 8 μL 混合有上样缓冲液(A.5)的 PCR 产物加入样品孔，使用 DNA 分子量标准作对照。120 V 电泳约 20 min，于紫外光下观察电泳片段的数量和位置。

7.4 核酸测序

将 PCR 产物做核酸序列测定，测序结果与已知序列进行比较。

7.5 结果判断

7.5.1 琼脂糖凝胶电泳

7.5.1.1 *TK* 基因

PCR 产物经琼脂糖凝胶电泳后，阳性对照出现一条约 409 bp 的 DNA 片段，阴性对照和空白对照没有此 DNA 片段。待检样品出现一条约 409 bp 的 DNA 片段则判定为阳性。

7.5.1.2 *Sph* 基因

PCR 产物经琼脂糖凝胶电泳后，阳性对照出现一条约 292 bp 的 DNA 片段，阴性对照和空白对照没有此 DNA 片段。待检样品出现一条约 292 bp 的 DNA 片段则判定为阳性。

7.5.2 核酸测序

7.5.2.1 *TK* 基因

将所测序列与已知的 *TK* 基因序列比较(参考 B.1)，同源性达到 95% 以上则判定为阳性。

7.5.2.2 *Sph* 基因

将所测序列与已知的 *Sph* 基因序列比较(参考 B.2)，同源性达到 95% 以上则判定为阳性。

8 综合判定

符合下列特征之一者则判定为锦鲤疱疹病毒阳性：

——*TK* 基因和 *Sph* 基因的琼脂糖凝胶电泳结果均为阳性；

——琼脂糖凝胶电泳检测条带可疑，但 *TK* 基因和 *Sph* 基因核酸测序结果为阳性。

附　录　A

（规范性附录）

试剂及其配制

A.1　CTAB 溶液

按 2% CTAB、1.4 mol/L NaCl、20.0 mmol/L EDTA、20.0 mol/L Tris-HCl pH7.5 配制。用前加巯基乙醇至终浓度为 0.25%。

A.2　酚—三氯甲烷—异戊醇

用 1.0 mol/L pH 7.9±0.2 Tris 过饱和的重蒸酚、三氯甲烷和异戊醇按 25：24：1 的比例混合，密闭避光保存。

A.3　三氯甲烷—异戊醇

将三氯甲烷和异戊醇按 24：1 的比例混合，密闭避光保存。

A.4　TBE 电泳缓冲液（5×浓缩液）

Tris　　　　　　　　　　　　54.0 g

硼酸　　　　　　　　　　　　27.5 g

乙二胺四乙酸　　　　　　　　2.922 g

加水到　1 000.0 mL

用 5.0 mol/L 的盐酸调至 pH 8.0。

A.5　上样缓冲液

溴酚蓝 100 mg，加双蒸水 5 mL，在室温下过夜。待溶解后再称取蔗糖 25 g，加双蒸水溶解后移入溴酚蓝溶液中，摇匀后定容至 50 mL。加入氢氧化钠（NaOH）溶液 1 滴，调至蓝色。

附　录　B
（资料性附录）
基因序列

B. 1　*TK* 基因序列（GenBank 登录号 AB375390）

```
1    GGGTTACCTG TACGAGGTGA TGCAGCGTCT GGAGGAATAC GACGCCGTGG CCGTCGACGA
61   GGGACAGTTC TTCCCCGACC TCTACGAGGG AGTCGTGCAG CTGCTGACCG CGGGCAAGTA
121  CGTGATCGTG GCGGCGCTGG ACGGGGACTT TATGCAGCAG CCCTTCAAGC AGGTGACGGC
181  GTTGGTGCCC ATGGCGGACA AGCTGGACAA GCTGACGGTG GTGTGCATGA AGTGCAAGAT
241  GCGCGACGCA CCCTTCACCG TCAGAATCTC TCAGGGCACG GACCTGGTCC AGGTTGGAGG
301  CGCCGAGTCT TACCAGGCGG TGTGTCGTCC CTGTCTCACG GGGTTCAGGA TGGCCCAGTA
361  CGAGCTGTAC GGTCCGCCGC CTCCTCCTCC TGCGCATAAT CTACTGGGTG
```

B. 2　*Sph* 基因序列（GenBank 登录号 AY568950）

```
1    GACACCACAT CTGCAAGGAG TGCTCGAACA AGCTGCCCGC TCAGAGGGAC AATCTCAGCA
61   ACACCTACCA CAGCACGTGC CCGCAGTGCA GGGACCCGAG CATCGTGGGG TTCCAGACCA
121  TGGACCTCGC ATACGCCGTC GAGGACCGCT ACAAGAGCCT CTTCAAGCTG ACGCCGCAAC
181  AGTCGCAGTC GTTCAAGAAG CACATACTGC GGTGAGACGA CGGCGAGGAC CCGCAGCGCA
241  CGGGAAACCT CCGCAACCTC CCAACATTGA TGCGACCATT GTAACATGTG TC
```

ICS 65.150
B 52

中华人民共和国水产行业标准

SC/T 7213—2011

鮰嗜麦芽寡养单胞菌检测方法

Detection methods for stenotrophomonas maltophilia from chanel fish

2011-09-01 发布

2011-12-01 实施

中华人民共和国农业部 发布

前　　言

本标准按照 GB/T 1.1—2009 给出的规则起草。

请注意本文件的某些内容可能涉及专利。本文件的发布机构不承担识别这些专利的责任。

本标准由中华人民共和国农业部渔业局提出。

本标准由全国水产标准化技术委员会(SAC/TC 156)归口。

本标准起草单位:中国水产科学研究院珠江水产研究所。

本标准主要起草人:姜兰、赵飞、邹为民、谭爱萍、陆小苕、罗理、王伟利。

鮰嗜麦芽寡养单胞菌检测方法

1 范围

本标准规定了由嗜麦芽寡养单胞菌(*stenotrophomonas maltophilia*)引起的鮰细菌性病害的病原鉴定方法与结果判定。

本标准适用于斑点叉尾鮰(*Ictalurus punctatus*)和云斑鮰(*Ictalurus nebulosus*)分离的嗜麦芽寡养单胞菌的检测。

2 规范性引用文件

下列文件对于本文件的应用是必不可少的。凡是注日期的引用文件,仅注日期的版本适用于本文件。凡是不注日期的引用文件,其最新版本(包括所有的修改单)适用于本文件。

GB/T 6682　分析实验室用水规格和实验方法

GB/T 4789.28—2003　食品卫生微生物学检验　染色法、培养基和试剂

GB/T 18652—2002　致病性嗜水气单胞菌检验方法

SC/T 7014—2006　水生动物检疫实验技术规范

3 试剂、染色液与培养基

检验中所需试剂、染色液与培养基的配制按 GB/T 4789.28、GB/T 18652 或 SC/T 7014 执行;聚合酶链式反应(PCR)测定用水应符合 GB/T 6682 中一级水的规格,且要用焦炭酸二乙酯(DEPC)处理水(A.1),上述未提及的见附录 A。

16S rRNA 序列扩增引物,P1:5′- AGAGTTTGATCCTGGCTCAG - 3′,P2:5′- GGTTACCTT-GTTACGACTT - 3′,−20℃保存。

4 设备和器械

超净工作台、生物显微镜、PCR 仪、电泳仪、微生物检测必备辅助设备和器械等。

5 细菌分离与培养

5.1 取样

取鱼的肝、肾及病灶组织。

从取样组织中直接分离接种;在无菌环境中将样品置于无菌离心管中,用无菌盐水冲洗并捣碎,然后分离接种。

5.2 分离培养

样品接种在血液琼脂平板(按 GB/T 4789.28—2003 中 4.6 规定的方法配制),按常规法划线。28℃培养 24 h～48 h。然后,从中挑取黄、灰或淡黄色的单菌落在普通营养琼脂平板(按 GB/T 4789.28—2003 中 4.7 规定的方法配制)进行纯化培养。

6 革兰氏染色

按 GB/T 4789.28—2003 中 2.2 的规定执行。

7 生理生化试验

7.1 葡萄糖氧化发酵试验(O/F试验)

按 GB/T 4789.28—2003 中 3.1 的规定执行。若封口管与开口管的培养基均变黄色,为发酵型细菌,判断为阳性;否则为非发酵型菌,判断为阴性。

7.2 葡萄糖酸盐试验

将待检菌接种于 1% 葡萄糖酸盐液体培养基中(配制方法见 A.2、A.3),置 28℃静置培养 24 h,加入裴林试剂 0.5 mL(配制方法见 A.4),于 100℃水浴 10 min 后迅速冷却,待观察。试管液体出现黄绿色、绿橙色或红色沉淀为阳性,不变色(仍为蓝色)为阴性。

7.3 肌醇发酵试验

将待检菌穿刺接种于肌醇发酵试验培养基(配制方法见 A.5),28℃培养,分别在 24 h、72 h、120 h 时观察。培养基变黄色为阳性,不变黄色为阴性。

7.4 硫化氢(H_2S)试验

按 GB/T 4789.28—2003 中 3.14 的规定执行。培养基变黑色为阳性,不变黑色为阴性。

7.5 吲哚试验

按 SC/T 7014—2006 中表 2 的吲哚(靛基质)试验的规定执行。培养基变红色为阳性,不变红色为阴性。

7.6 甲基红(M.R)试验

按 SC/T 7014—2006 中表 2 的甲基红(M.R)试验规定执行。培养基变红色为阳性,不变红色为阴性。

7.7 乙酰甲基甲醇(V-P)试验

按 SC/T 7014—2006 中表 2 的乙酰甲基甲醇(V-P)试验规定执行。培养基下层出现红色为阳性,不出现红色为阴性。

7.8 氧化酶试验

以毛细管吸取四甲基对苯二胺的 1% 水溶液滴在细菌的菌落上。菌落呈玫瑰红色、深紫色为阳性,不变色为阴性。

7.9 过氧化氢酶(接触酶)试验

按 SC/T 7014—2006 中表 2 的接触酶试验的规定执行。有气泡产生为阳性,不产生气泡为阴性。

7.10 淀粉水解试验

按 SC/T 7014—2006 中表 2 的淀粉水解试验规定执行。菌落周围有透明环为阳性,无透明环为阴性。

7.11 液化明胶试验

按 GB/T 4789.28—2003 中 3.10 的规定执行。培养基液化为阳性,不液化为阴性。

7.12 脂酶(Tween 80)试验

将待检菌接种于脂酶(Tween 80)测定培养基平板(配制方法见 A.6),28℃培养 7 d。在细菌生长的周围有模糊晕圈者为阳性,无模糊晕圈者为阴性。

7.13 DNA 酶试验

将待检菌接种于 DNA 酶培养基平板(配制方法见 A.7)上,28℃培养 48 h。菌落周围培养基出现粉红色晕圈为阳性,无粉红色晕圈为阴性。

7.14 精氨酸双水解酶试验

将幼龄待检菌穿刺接种在精氨酸双水解酶培养基(配制方法见 A.8),空白对照采用不含精氨酸的培养基。用灭菌的凡士林油封管,置 28℃培养 24 h。培养基转红色为阳性,不转红色为阴性。

7.15 鸟氨酸脱羧酶试验

按 GB/T 4789.28—2003 中 3.12 的规定执行。培养基呈紫色为阳性,对照管培养基为黄色。

7.16 运动性试验

半固体琼脂按 GB/T 4789.28—2003 中 4.30 规定的方法配制。把待测菌穿刺接种于半固体琼脂,28℃~30℃培养 24 h~48 h。若接种细菌由穿刺线向四周扩散,其边缘呈云雾状,为运动性阳性;若接种细菌只生长在穿刺线上,边缘十分清晰,为运动性阴性。

8 16S rRNA 基因的序列测定和同源性分析

8.1 DNA 提取

8.1.1 将 5.2 分离纯化的待检菌接种于普通营养液体培养基中,以 28℃摇床培养 24 h。

8.1.2 取 2 mL 待检菌培养液,12 000 r/min 离心 1 min,收集菌体。

8.1.3 菌体悬浮于 500 μL TE 缓冲液(pH 8.0)(A.9),振荡悬浮,加入 50 μL 10% 的 SDS 溶液(A.10),10 μL 20 mg/mL 的蛋白酶 K(A.11),混匀,37℃温育 1 h。

8.1.4 加入 100 μL 5 mol/L 的 NaCl 溶液(A.12),充分混匀,再加入 100 μL CTAB/NaCl 溶液(A.13),混匀,65 温育 20 min。

8.1.5 加入等体积的酚:氯仿:异戊醇(25:24:1)(A.14),混匀,12 000 r/min 离心 5 min。

8.1.6 取上清液加入等体积的氯仿:异戊醇(24:1)(A.15),混匀,12 000 r/min 离心 5 min。

8.1.7 取上清液,加入 1 倍体积异丙醇,颠倒混合,室温下静止 10 min,10 000 r/min 离心 10 min;沉淀用 70% 酒精洗涤 2 次,室温晾干。

8.1.8 加入 50 μL 的 TE 缓冲液溶解,−20℃贮存,备用。

8.2 16S rRNA 序列扩增

8.2.1 在 PCR 管中加 10×PCR 缓冲液(无 Mg^{2+})5.0 μL,MgCl$_2$(25 mmol/L)5.0 μL,dNTPs(10 mmol/L)1.0 μL,引物(20 μmol/L)P1 和 P2 各 1.0 μL,Taq DNA 酶(5 U/μL)0.5 μL,DNA 模板 1.0 μL,无菌双蒸水 35.5 μL。设空白对照,空白对照取等体积的双蒸水代替 DNA 模板。如果使用无热盖的 PCR 扩增仪,需在反应混合物上覆加 2 滴矿物油。混匀后 3 000 r/min 离心 30 s。

8.2.2 将反应管置于 PCR 扩增仪,按下列程序进行 PCR 扩增:94℃预变性 2 min;94℃变性 45 s,52℃退火 1 min,72℃延伸 1 min,35 次循环;72℃延伸 7 min;4℃保温。

8.3 琼脂糖凝胶电泳

8.3.1 用 TAE 电泳缓冲液(A.16)配制 1% 的琼脂糖(含 0.5 μg/mL EB 或相应浓度的 EB 替代品)平板,凝固后放入水平电泳槽,使电泳缓冲液刚好淹没胶面。将上述 6 μL 样品和 2 μL 溴酚蓝指示剂溶液(A.17)加入样品孔,使用 DNA 分子量标准参照物作对照。

8.3.2 120 V 电泳约 20 min,当溴酚蓝到达底部时停止。于紫外光下观察电泳条带的数量和位置。

8.3.3 在长波紫外灯下用刀片切下含目的条带(约 1 500 bp)的胶块,放入无菌离心管中称重。

8.4 PCR 扩增产物纯化、测序及序列比对

8.4.1 PCR 扩增产物纯化

8.4.1.1 按每 0.1 g 胶加 0.1 mL 酚,将酚加入 8.3.3 含有目的条带胶块的离心管中。

8.4.1.2 经漩涡混匀器振荡 1 min~2 min,将离心管在−70℃放置 1 h,使凝胶完全冻结。

8.4.1.3 37℃水浴将冻结的凝胶融化后,在漩涡混匀器上振荡 1 min~2 min;14 000 r/min 离心 5 min。

8.4.1.4 取上层水相转入另一离心管中,加入等体积的酚:氯仿:异戊醇(25:24:1)(A.14),混匀,12 000 r/min 离心 5 min。

8.4.1.5 取上清液加入等体积的氯仿：异戊醇(24：1)(A.15)，混匀，12 000 r/min 离心 5 min。

8.4.1.6 向收集的水溶液中加入 1/10 体积的 3 mol/L 的乙酸钠和 2 倍体积的无水乙醇，置－20℃过夜或－70℃放置 1 h~2 h。

8.4.1.7 14 000 r/min 离心 10 min，弃上清。

8.4.1.8 将沉淀的 DNA 溶于适当体积的 TE 缓冲液中，置－20℃保存，待测。

8.4.2 将 8.4.1 纯化的 PCR 扩增产物进行基因序列测定，并与参考序列(附录 B)进行比对分析。

9 结果判定

9.1 菌落形态

普通营养琼脂培养菌落形态：光滑，有光泽，边缘整齐，菌落呈黄、灰或淡黄色。

9.2 细菌染色

革兰氏染色阴性，杆状，约 0.5 μm×1.5 μm。

9.3 生理生化特性

生理生化特性见表 1。

表 1

项目	结果	项目	结果	项目	结果	项目	结果
葡萄糖氧化发酵	－	吲哚试验	－	接触酶	＋	DNA 酶	＋
葡萄糖酸盐	＋	M.R 试验	－	淀粉水解	－	精氨酸双水解酶	－
肌醇发酵	－	V-P 试验	－	液化明胶	＋	鸟氨酸脱羧酶	－
H_2S 试验	－	氧化酶	－	酯酶	＋	运动性	＋

9.4 16S rRNA 序列测定和同源性分析

测定的 16S rRNA 基因序列与附录 B 所列的基因序列比较，同源性达 98% 以上。

10 综合判定

符合以下所有特征者判定为嗜麦芽寡养单胞菌：

——菌落形态和细菌染色观察与 9.1 和 9.2 相符；

——生理生化反应结果与 9.3 相符；

——16S rRNA 序列测定和同源性分析结果与 9.4 相符。

附　录　A

（规范性附录）

培养基和试剂配方

A.1　焦炭酸二乙酯(DEPC)处理水

0.1% DEPC 处理一级水（GB/T 6682），剧烈震荡后，放置数小时，121℃，30 min 灭菌除去 DEPC，分装。

A.2　pH 7.2 的磷酸盐缓冲液

1/15 mol/L 磷酸二氢钾 KH_2PO_4(9.078 g/L)　　　300 mL

1/15 mol/L 磷酸氢二钠 Na_2HPO_4(23.876 g/L)　　700 mL

把两种溶液分别调 pH 至 7.2，再混合后备用。

A.3　1%葡萄糖酸盐液体溶液

用 pH 7.2 的磷酸盐缓冲液配制含 1%葡萄糖酸盐的溶液。分装试管，每管 2 mL，112℃灭菌 30 min。

A.4　裴林试剂

Ⅰ液:结晶硫酸铜　　　　　　34.64 g

　　　蒸馏水加至　　　　　　500 mL

Ⅱ液:酒石酸钾钠　　　　　　173 g

　　　氢氧化钾　　　　　　　125 g

　　　蒸馏水加至　　　　　　500 mL

使用时，Ⅰ液和Ⅱ液等量混合，当日使用。

A.5　肌醇发酵培养基

蛋白胨　　　　　　　　2 g

NaCl　　　　　　　　　5 g

K_2HPO_4　　　　　　　　0.2 g

肌醇　　　　　　　　　10 g

琼脂　　　　　　　　　6 g

溴百里酚蓝　　1%水溶液　　3 mL

（溴百里酚蓝先用少量 95%乙醇溶解后，再加水配成 1%的水溶液）

蒸馏水　　　　1 000 mL

pH 7.0～7.2，分装试管，培养基高度约 4.5 cm，115℃灭菌 20 min。

A.6　脂酶(Tween80)试验测定培养基

基础培养基:

蛋白胨　　　　　　　　10 g

NaCl　　　　　　　　　5 g

CaCl$_2$·7H$_2$O	0.1 g
琼脂	9 g
蒸馏水	1 000 mL

调 pH 至 7.4,于 121℃灭菌 20 min。

底物:Tween80,于 121℃灭菌 20 min。

冷却基础培养基至 40℃~50℃,加 Tween80 至终浓度为 1%,倒平板。

A.7 DNA 酶试验培养基

酪朊水解物	15 g
大豆蛋白胨	5 g
NaCl	5 g
DNA	2 g
甲苯胺蓝(Toluid-blue)	0.1 g
琼脂	15 g
蒸馏水	1 000 mL

除 DNA 和甲苯胺蓝之外的成分,加热熔化后调 pH 至 7.2。加入 DNA 和甲苯胺蓝,混匀后分装,121℃灭菌 30 min。

A.8 精氨酸双水解酶培养基

蛋白胨	1 g
NaCl	5 g
K$_2$HPO$_4$	0.3 g
琼脂	6 g
酚红	0.01 g
L-精氨酸盐	10 g
蒸馏水	1 000 mL

pH 7.0~7.2,分装试管,培养基高度为 4 cm~5 cm,121℃灭菌 15 min。

A.9 TE 缓冲液(pH8.0)

将 0.121 g Tris 碱(分子量 121.1),37.224 g 乙二胺四乙酸二钠(分子量 372.24)加入 80 mL 双蒸水中,加浓盐酸调节 pH 至 8.0,加双蒸水定容至 100 mL,室温保存。

A.10 10%SDS 溶液

将 10 g 十二烷基硫酸钠加入 80 mL 双蒸水中,加热至 68℃助溶,再加双蒸水定容至 100 mL,室温保存。

A.11 蛋白酶 K(20 mg/mL)

将蛋白酶 K 溶解于双蒸水中,至终浓度 20 mg/mL,分装入小管,置−20℃保存。

A.12 5 mol/L NaCl 溶液

将 29.22 g NaCl(分子量 58.44)溶解于 80 mL 双蒸水中,再加双蒸水定容至 100 mL,室温保存。

A.13 CTAB/NaCl 溶液

将 4.1 g NaCl 溶解于 80 mL 双蒸水中,缓慢加入 10 g CTAB,加水至 100 mL。

A.14 酚∶氯仿∶异戊醇(25∶24∶1)

将 25 体积的酚、24 体积的氯仿和 1 体积的异戊醇混合即可,室温贮存于不透光的瓶中,上面加上 TE 缓冲液,置 4℃保存。

A.15 氯仿∶异戊醇(24∶1)

将 24 体积的氯仿和 1 体积的异戊醇混合即可,室温贮存于不透光的瓶中。

A.16 50×TAE 电泳缓冲液

在 400 mL 双蒸水中溶解 121 g Tris 碱,加入 28.55 mL 冰乙酸和 50 mL 0.5 mol/L EDTA。再加双蒸水定容至 500 mL,室温保存。使用时,配成 1×TAE 电泳缓冲液。

A.17 溴酚蓝指示剂溶液(6×上样缓冲液)

将溴酚蓝 100 mg,加双蒸水 5 mL,在室温下过夜。待溶解后再称取蔗糖 25 g,加双蒸水溶解后移入溴酚蓝溶液中,摇匀后定容至 50 mL,加入 NaOH 溶液 1 滴,调至蓝色。

附　录　B
（资料性附录）
16S rRNA 参考序列

```
   1  gcctaacaca tgcaagtcga acggcagcac aggagagctt gctctctggg tggcgagtgg
  61  cggcgggtga ggaatacatc ggaatctact ttttcgtggg ggataacgta gggaaactta
 121  cgctaatacc gcatacgacc tacgggtgaa agcaggggat cttcggacct tgcgcgattg
 181  aatgagccga tgtcggatta tctagttggc ggggtaaagg cccaccaagg cgacgatccg
 241  tatctggtct gagaggatga tcagccacac tggaactgag acacggtcca aactaatacg
 301  ggaggcagca gtgggggaata ttggacaatg ggcgcaagcc tgatccagcc ataccgcgtg
 361  ggtgaagaag gccttcgggt tgtaaagccc ttttgttggg aaagaaatcc agctggctaa
 421  tacccggttg ggatgacggt acccaaagaa taagcaccgg ctaacttcgt gccagcagcc
 481  gcggtaatac gaagggtgca agcgttactc ggaattactg ggcgtaaagc gtgcgtaggt
 541  ggtcgtttaa gtccgttgtg aaagcctggg ctcaacctgg gaactgcagt ggatactggg
 601  cgactagagt gtggtagagg gtagcggaat tcctggtgta gcagtgaaat gcgtagagat
 661  caggaggaac atccatggcg aaggcagcta cctggaccaa cactgacact gaggcacgaa
 721  agcgtgggga gcaaacagga ttagataccc tggtagtcca cgccctaaac gatgcgaact
 781  ggatgttggg tgcaatttgg cacgcagtat cgaagctaac gcgttaagtt cgccgcctgg
 841  ggagtacggt cgcaagactg aaactcaaag gaattgacgg gggcccgcac aagcggtgga
 901  gtatgtggtt taattcgatg caacgcgaag aaccttacct ggccttgaca tgtcgagaac
 961  tttccagaga tggattggtg ccttcgggaa ctcgaacaca ggtgctgcat ggctgtcgtc
1021  agctcgtgtc gtgagatgtt gggttaagtc ccgcaacgag cgcaacccctt gtccttagtt
1081  gccagcacgt aatggtggga actctaagga gaccgccggt gacaaaccgg aggaaggtgg
1141  ggatgacgtc aagtcatcat ggcccttacg gccagggcta cacacgtact acaatggtag
1201  ggacagaggg ctgcaagccg gcgacggtaa gccaatccca gaaaccctat ctcagtccgg
1261  attggagtct gcaactcgac tccatgaagt cggaatcgct agtaatcgca gatcagcatt
1321  gctgcggtga atacgttccc gggccttgta cacaccgccc gtcacaccat gggagtttgt
1381  tgcaccagaa gcaggtagct taaccttcgg gagggcgctt gccacgg
```

ICS 11.220
B 41

中华人民共和国水产行业标准

SC/T 7214.1—2011

鱼类爱德华氏菌检测方法
第1部分：迟缓爱德华氏菌

Detection methods for Edwardsiella from fish—
Part 1: Edwardsiella tarda

2011-09-01 发布
2011-12-01 实施

中华人民共和国农业部 发布

前　　言

SC/T 7214—2011《鱼类爱德华氏菌检测方法》分为 3 部分：

——第 1 部分：迟缓爱德华氏菌；

——第 2 部分：鲖爱德华氏菌；

——第 3 部分：保科爱德华氏菌。

本部分为 SC/T 7214—2011 的第 1 部分。

本标准按照 GB/T 1.1—2009 给出的规则起草。

请注意本文件的某些内容可能涉及专利。本文件的发布机构不承担识别这些专利的责任。

本部分由中华人民共和国农业部渔业局提出。

本部分由全国水产标准化技术委员会(SAC/TC 156)归口。

本部分起草单位：中国水产科学研究院珠江水产研究所。

本部分主要起草人：赵飞、姜兰、邹为民、谭爱萍、陆小苗、罗理、王伟利。

鱼类爱德华氏菌检测方法
第1部分:迟缓爱德华氏菌

1 范围

本部分规定了鱼类迟缓爱德华氏菌的采样程序、细菌鉴定方法与结果判定指标。

本部分适用于鱼类迟缓爱德华氏菌的检测。

2 规范性引用文件

下列文件对于本文件的应用是必不可少的。凡是注日期的引用文件,仅注日期的版本适用于本文件。凡是不注日期的引用文件,其最新版本(包括所有的修改单)适用于本文件。

GB/T 4789.28—2003 食品卫生微生物学检验 染色法、培养基和试剂

GB/T 6682 分析实验室用水规格和实验方法

GB/T 18652 致病性嗜水气单胞菌检验方法

SC/T 7014—2006 水生动物检疫实验技术规范

3 试剂、染色液与培养基

检验中所需试剂、染色液与培养基的配制按 GB/T 4789.28、GB/T 18652 或 SC/T 7014 中的规定执行;聚合酶链式反应(PCR)测定用水应符合 GB/T 6682 中一级水的规格,且要用焦炭酸二乙酯(DEPC)处理水(A.1),上述未提及的见附录 A。

16SrRNA 基因 DNA 序列扩增引物,P1:5′- AGAGTTTGATCCTGGCTCAG - 3′,P2:5′- GGTTACCTTGTTACGACTT - 3′,−20℃保存。

4 设备和器械

超净工作台、生物显微镜、PCR 仪、电泳仪、微生物检测必备辅助设备和器械等。

5 细菌分离与培养

5.1 取样

取鱼的肝、肾及病灶组织。

从取样组织中直接分离接种;在无菌环境中将样品置于无菌离心管中,用无菌盐水冲洗并捣碎,然后分离接种。

5.2 分离培养

样品接种在血液琼脂平板(按 GB/T 4789.28—2003 中 4.6 规定的方法配制),按常规法划线。28℃培养 24 h～48 h。然后,从中挑取灰白色、圆形、湿润、呈半透明状的单菌落在普通营养琼脂平板(按 GB/T 4789.28—2003 中 4.7 规定的方法配制)进行纯化培养。

6 革兰氏染色

按 GB/T 4789.28—2003 中 2.2 的规定执行。

7 生理生化试验

7.1 硫化氢试验

按 GB/T 4789.28—2003 中 3.14 的规定执行。培养基变黑色为阳性,不变黑色为阴性。

7.2 运动性试验

半固体琼脂按 GB/T 4789.28—2003 中 4.30 的方法配制。把待检菌穿刺接种于半固体琼脂,28℃ 培养 24 h。若待检菌由穿刺线向四周扩散,其边缘呈云雾状,为运动性阳性;若待检菌只生长在穿刺线上,边缘十分清晰,为运动性阴性。

7.3 氧化酶试验

以毛细管吸取四甲基对苯二胺的 1％水溶液滴在细菌的菌落上。菌落呈玫瑰红色、深紫色为阳性,不变色为阴性。

7.4 丙二酸盐利用试验

按 GB/T 4789.28—2003 中 3.7 的规定执行。培养基由绿色变为蓝色为阳性,不变蓝色为阴性。

7.5 吲哚试验

按 SC/T 7014—2006 表 2 的吲哚(靛基质)试验的规定执行。培养基变红色为阳性,不变红色为阴性。

7.6 甲基红(M.R)试验

按 SC/T 7014—2006 表 2 的甲基红(M.R)试验的规定执行。培养基变红色为阳性,不变红色为阴性。

7.7 赖氨酸脱羧酶试验

按 GB/T 4789.28—2003 中 3.12 的规定执行。试验管培养基呈紫色、对照管培养基呈黄色为阳性,试验管培养基不呈紫色、对照管培养基呈黄色为阴性。

7.8 β-半乳糖苷酶(ONPG)试验

按 GB/T 4789.28—2003 中 3.3 的规定执行。培养基变黄色为阳性,不变黄色为阴性。

7.9 糖、醇类(D-葡萄糖、蔗糖、L-阿拉伯糖、海藻糖、D-甘露醇)发酵试验

将待检菌穿刺接种于糖、醇类发酵试验培养基(配制方法见 A.2),28℃培养 24 h 后观察。培养基变黄色为阳性,不变黄色为阴性。

8 16SrRNA 基因 DNA 的序列测定和同源性分析试验

8.1 DNA 提取

8.1.1 将 5.2 分离纯化的待检菌接种于普通营养液体培养基中,以 28℃摇床培养 24 h。

8.1.2 取 2 mL 待检菌培养液,12 000 r/min 离心 1 min,收集菌体。

8.1.3 菌体悬浮于 500 μL TE 缓冲液(pH 8.0)(A.3),振荡悬浮,加入 50 μL 10％的 SDS 溶液(A.4),10 μL 20 mg/mL 的蛋白酶 K(A.5),混匀,37℃温育 1 h。

8.1.4 加入 100 μL 5 mol/L 的 NaCl 溶液(A.6),充分混匀,再加入 100 μL CTAB/NaCl 溶液(A.7),混匀,65℃温育 20 min。

8.1.5 加入等体积的酚:氯仿:异戊醇(25:24:1)(A.8),混匀,12 000 r/min 离心 5 min。

8.1.6 取上清液加入等体积的氯仿:异戊醇(24:1)(A.9),混匀,12 000 r/min 离心 5 min。

8.1.7 取上清液,加入 1 倍体积异丙醇,颠倒混合,室温下静止 10 min,10 000 r/min 离心 10 min;沉淀用 70％酒精洗涤 2 次,室温晾干。

8.1.8 加入 50 μL 的 TE 缓冲液溶解,−20℃贮存,备用。

8.2 16SrRNA 基因 DNA 序列扩增

8.2.1 在 PCR 管中加 10×PCR 缓冲液（无 Mg^{2+}）5.0 μL，$MgCl_2$（25 mmol/L）5.0 μL，dNTPs（10 mmol/L）1.0 μL，引物（20 $\mu mol/L$）P1 和 P2 各 1.0 μL，Taq DNA 酶（5 U/μL）0.5 μL，DNA 模板 1.0 μL，无菌双蒸水 35.5 μL。设空白对照，空白对照取等体积的双蒸水代替 DNA 模板。如果使用无热盖的 PCR 扩增仪，需在反应混合物上覆加 2 滴矿物油。混匀后，3 000 r/min 离心 30 s。

8.2.2 将反应管置于 PCR 扩增仪，按下列程序进行 PCR 扩增：94℃预变性 2 min；94℃变性 45 s，52℃退火 1 min，72℃延伸 1 min，35 次循环；72℃延伸 7 min；4℃保温。

8.3 琼脂糖凝胶电泳

8.3.1 用 TAE 电泳缓冲液（A.10）配制 1%的琼脂糖（含 0.5 $\mu g/mL$ EB 或相应浓度的 EB 替代品）平板，凝固后放入水平电泳槽，使电泳缓冲液刚好淹没胶面。将上述 6 μL 样品和 2 μL 溴酚蓝指示剂溶液（A.11）加入样品孔，使用 DNA 分子量标准参照物作对照。

8.3.2 120 V 电泳约 20 min，当溴酚蓝到达底部时停止。于紫外光下观察电泳条带的数量和位置。

8.3.3 在长波紫外灯下用刀片切下含有目的条带（约 1 500 bp）的胶块，放入无菌离心管中称重。

8.4 PCR 扩增产物纯化、测序及序列比对

8.4.1 PCR 扩增产物纯化

8.4.1.1 按每 0.1 g 琼脂糖凝胶加 0.1 mL 酚，将酚加入 8.3.3 含有目的条带胶块的离心管中。

8.4.1.2 经漩涡混匀器振荡 1 min~2 min，将离心管在-70℃放置 1 h，使凝胶完全冻结。

8.4.1.3 37℃水浴将冻结的凝胶融化后，在漩涡混匀器上振荡 1 min~2 min；14 000 r/min 离心 5 min。

8.4.1.4 取上层水相转入另一离心管中，加入等体积的酚：氯仿：异戊醇（25：24：1）（A.8），混匀，12 000 r/min 离心 5 min。

8.4.1.5 取上清液加入等体积的氯仿：异戊醇（24：1）（A.9），混匀，12 000 r/min 离心 5 min。

8.4.1.6 向收集的水溶液中加入 1/10 体积的 3 mol/L 的乙酸钠和 2 倍体积的无水乙醇，置-20℃过夜或-70℃放置 1 h~2 h。

8.4.1.7 14 000 r/min 离心 10 min，弃上清。

8.4.1.8 将沉淀的 DNA 溶于适当体积的 TE 缓冲液中，置-20℃保存，待测。

8.4.2 将 8.4.1 纯化的 PCR 扩增产物进行序列测定，并与参考序列（附录 B）进行比对分析。

9 结果判定

9.1 菌落形态

28℃培养 24 h~48 h，形成圆形、隆起、灰白色、湿润并带有光泽、呈半透明状的菌落。

9.2 细菌染色

革兰氏染色为阴性。

9.3 生理生化反应试验

生理生化反应试验见表 1。

表 1

反应项目	结果	反应项目	结果	反应项目	结果	反应项目	结果
硫化氢	+	运动性	+	氧化酶	-	丙二酸盐利用	-
吲哚	+	甲基红	+	赖氨酸脱羧酶	+	β-半乳糖苷酶	-
D-葡萄糖	+	蔗糖	-	L-阿拉伯糖	-	海藻糖	
D-甘露醇	-						

9.4 16SrRNA 基因 DNA 的序列测定和同源性分析试验

测定的 16SrRNA 基因 DNA 序列与附录 B 所列的基因序列比较,同源性达 98％以上。

10 综合判定

符合以下所有特征者判定为迟缓爱德华氏菌:

——菌落形态和细菌染色观察与 9.1 和 9.2 相符;

——生理生化反应结果与 9.3 相符;

——16SrRNA 基因 DNA 的序列测定和同源性分析结果与 9.4 相符。

附 录 A

（规范性附录）
培养基和试剂配制方法

A.1 焦炭酸二乙酯(DEPC)处理水

0.1% DEPC 处理一级水(GB/T 6682),剧烈震荡后,放置数小时,121℃,30 min 灭菌除去 DEPC,分装。

A.2 糖、醇类发酵培养基

蛋白胨	2 g
NaCl	5 g
K_2HPO_4	0.2 g
被测糖或醇类	10 g
琼脂	6 g
溴百里酚蓝 1%水溶液	3 mL

(溴百里酚蓝先用少量 95%乙醇溶解后,再加水配成 1%的水溶液)

蒸馏水　　　　　　　　1 000 mL

pH 7.0～7.2,分装试管,培养基高度约 4.5 cm,115℃灭菌 20 min。

A.3 TE 缓冲液(pH 8.0)

将 0.121 g Tris 碱(分子量 121.1),0.037 2 g 乙二胺四乙酸二钠(分子量 372.24)加入 80 mL 双蒸水中,加浓盐酸调节 pH 至 8.0,加双蒸水定容至 100 mL,室温保存。

A.4 10%SDS 溶液

将 10 g 十二烷基硫酸钠加入 80 mL 双蒸水中,加热至 68℃助溶,再加双蒸水定容至 100 mL,室温保存。

A.5 蛋白酶 K(20 mg/mL)

将蛋白酶 K 溶解于双蒸水中,至终浓度 20 mg/mL,分装入小管,置−20℃保存。

A.6 5 mol/L NaCl 溶液

将 29.22 g NaCl(分子量 58.44)溶解于 80 mL 双蒸水中,再加双蒸水定容至 100 mL,室温保存。

A.7 CTAB/NaCl 溶液

4.1 g NaCl 溶解于 80 mL 双蒸水中,缓慢加入 10 g CTAB,再加双蒸水定容至 100 mL,室温保存。

A.8 酚：氯仿：异戊醇(25∶24∶1)

将 25 体积的酚、24 体积的氯仿和 1 体积的异戊醇混合即可,室温贮存于不透光的瓶中,上面加上 TE 缓冲液,置 4℃保存。

A.9 氯仿：异戊醇(24∶1)

将24体积的氯仿和1体积的异戊醇混合即可,室温贮存于不透光的瓶中。

A.10 50×TAE 电泳缓冲液

在400 mL 双蒸水中溶解121 g Tris 碱,加入28.55 mL 冰乙酸和50 mL 0.5 mol/L EDTA,再加双蒸水定容至500 mL,室温保存。

A.11 溴酚蓝指示剂溶液(6×上样缓冲液)

溴酚蓝100 mg,加双蒸水5 mL,在室温下过夜。待溶解后再称取蔗糖25 g,加双蒸水溶解后移入溴酚蓝溶液中,摇匀后定容至50 mL,加入 NaOH 溶液1滴,调至蓝色。

附　录　B

（资料性附录）

16SrRNA 基因 DNA 参考序列（GenBank 登录号为 AY775313）

```
   1  CTTAACACAT  GCAGTCGAGC  GGTAGCAGGG  AGAAAGCTTG  CTTTCTCCGC  TGACGAGCGG
  61  CGGACGGGTG  AGTAATGTCT  GGGGATCTGC  CTGATGGAGG  GGGATAACTA  CTGGAAACGG
 121  TAGCTAATAC  CGCATAACGT  CGCAAGACCA  AAGTGGGGGA  CCTTCGGGCC  TCATGCCATC
 181  AGATGAACCC  AGATGGGATT  AGCTAGTAGG  TGGGGTAATG  GCTCACCTAG  GCGACGATCC
 241  CTAGCTGGTC  TGAGAGGATG  ACCAGCCACA  CTGGAACTGA  GACACGGTCC  AGACTCCTAC
 301  GGGAGGCAGC  AGTGGGGAAT  ATTGCACAAT  GGGCGCAAGC  CTGATGCAGC  CATGCCGCGT
 361  GTATGAAGAA  GGCCTTCGGG  TTGTAAAGTA  CTTTCAGTAG  GGAGGAAGGT  GTGAACGTTA
 421  ATAGCGCTCA  CAATTGACGT  TACCTACAGA  AGAAGCACCG  GCTAACTCCG  TGCCAGCAGC
 481  CGCGGTAATA  CGGAGGGTGC  AAGCGTTAAT  CGGAATTACT  GGGCGTAAAG  CGCACGCAGG
 541  CGGTTTGTTA  AGTTGGATGT  GAAATCCCCG  GGCTTAACCT  GGGAACTGCA  TCCAAGACTG
 601  GCAAGCTAGA  GTCTCGTAGA  GGGAGGTAGA  ATTCCAGGTG  TAGCGGTGAA  ATGCGTAGAG
 661  ATCTGGAGGA  ATACCGGTGG  CGAAGGCGGC  CTCCTGGACG  AAGACTGACG  CTCAGGTGCG
 721  AAAGCGTGGG  GAGCAAACAG  GATTAGATAC  CCTGGTAGTC  CACGCTGTAA  ACGATGTCGA
 781  TTTGGAGGTT  GTGCCCTTGA  GGCGTGGCTT  CCGAAGCTAA  CGCGTTAAAT  CGACCGCCTG
 841  GGGAGTACGG  CCGCAAGGTT  AAAACTCAAA  TGAATTGACG  GGGGCCCGCA  CAAGCGGTGG
 901  AGCATGTGGT  TTAATTCGAT  GCAACGCGAA  GAACCTTACC  TACTCTTGAC  ATCCAGCGAA
 961  TCCTGTAGAG  ATACGGGAGT  GCCTTCGGGA  ACGCTGAGAC  AGGTGCTGCA  TGGCTGTCGT
1021  CAGCTCGTGT  TGTGAAATGT  TGGGTTAAGT  CCCGCAACGA  GCGCAACCCT  TATCCTTTGT
1081  TGCCAGCGGT  TCGGCCGGGA  ACTCAAAGGA  GACTGCCAGT  GATAAACTGG  AGGAAGGTGG
1141  GGATGACGTC  AAGTCATCAT  GGCCCTTACG  AGTAGGGCTA  CACACGTGCT  ACAATGGCGT
1201  ATACAAAGAG  AAGCGAACTC  GCGAGAGCAA  GCGGACCTCA  TAAAGTACGT  CGTAGTCCGG
1261  ATTGGAGTCT  GCAACTCGAC  TCCATGAAGT  CGGAATCGCT  AGTAATCGTG  GATCAGAATG
1321  CCACGGTGAA  TACGTTCCCG  GGCCTTGTAC  ACACCGCCCG  TCACACCATG  GGAGTGGGTT
1381  GCAAAAGAAG  TAGGTAGCTT  AACCTTCGGG  AGGG
```

ICS 01.140.30
U 01

中华人民共和国水产行业标准

SC/T 8001—2011
代替 SC/T 8001—1988

海洋渔业船舶柴油机油耗

Fuel and lubricating oil consumption for ocean diesel engine of fishing vessel

2011-09-01 发布

2011-12-01 实施

中华人民共和国农业部 发布

前　言

本标准按照 GB/T 1.1—2009 给出的规则起草。

请注意本文件的某些内容可能涉及专利。本文件的发布机构不承担识别这些专利的责任。

本标准代替了 SC/T 8001—1988《海洋渔业渔船油耗标准》。

本标准与 SC/T 8001—1988 相比,除进行编辑性修改以外,主要变化如下:

——将原来的标准名称《海洋渔业渔船油耗标准》改为《海洋渔业船舶柴油机油耗》;

——删除了原来标准中的捕捞吨鱼、标准吨鱼、标准吨鱼耗燃油等;

——删除了海区和省、自治区、直辖市划分;

——删除了统计方法和计算办法;

——增加了燃油消耗率和机油消耗率的规定;

——增加了燃油消耗率和机油消耗的标定;

——增加了试验方法及试验报告的内容;

——明确了标定耗油率是标定功率和标定转速下的耗油率;

——将渔船油耗统一改为渔业船舶柴油机油耗。

本标准由中华人民共和国农业部渔业局提出。

本标准由全国渔船标准化技术委员会(SAC/TC157)归口。

本标准起草单位:中国海洋大学、农业部渔业船舶检验局。

本标准主要起草人:宋协法、魏广东、刘立新、高清廉。

本标准所代替标准的历次版本发布情况为:

——SC/T 8001—1998。

海洋渔业船舶柴油机油耗

1 范围

本标准规定了海洋渔业船舶用柴油机主机、辅机的燃油消耗率和机油消耗率。

本标准适用于海洋渔业船舶对柴油机油耗的确定。

2 规范性引用文件

下列文件对于本文件的应用是必不可少的。凡是注日期的引用文件，仅注日期的版本适用于本文件。凡是不注日期的引用文件，其最新版本（包括所有的修改单）适用于本文件。

GB/T 1883.1 往复式内燃机 词汇 第一部分：发动机设计和运行术语

GB/T 6072.1—2008 往复式内燃机性能第 1 部分：功率、燃油消耗和机油消耗的标定及试验方法 通用发动机的附加要求

GB/T 6301 船用柴油机燃油消耗率测定方法

GB/T 14363 柴油机机油消耗测定方法

GB/T 21404—2008 内燃机 发动机功率的确定和测量方法 一般要求

SC/T 8002 渔业船舶基本术语

3 术语和定义

GB/T 1883.1、GB/T 21404、SC/T 8002 中确立的以及下列术语和定义适用于本文件。

3.1

燃油消耗率 fuel consumption rate

柴油机单位功率和单位时间内所消耗的燃油量。

3.2

机油消耗率 lubricating oil consumption rate

柴油机单位功率和单位时间内所消耗的机油量。

3.3

高速柴油机 high-speed diesel engine

柴油机曲轴转速大于 1 000 r/min 的柴油机。

3.4

中速柴油机 medium-speed diesel engine

柴油机曲轴转速为 300 r/min～1 000 r/min 的柴油机。

3.5

低速柴油机 low-speed diesel engine

柴油机曲轴转速小于 300 r/min 的柴油机。

4 标准环境状况

确定柴油机功率和燃油消耗率时的基准状况应遵守 GB/T 21404—2008 第 5 章的规定：

总气压： $P_\tau = 100 \text{ kPa}$

空气温度： $T_\tau = 289\text{K}(t_\tau = 25℃)$

相对湿度：$\phi_r = 30\%$

增压中冷介质温度： $T_{cr} = 298\ K(t_{cr} = 25\,℃)$

注：在温度为 298 K、相对湿度为 30% 时，相应的水蒸气分压为 1 kPa，相应的干气压为 99 kPa。

5 燃油消耗率的标定

标定燃油消耗率应符合 GB/T 6072.1—2008 中第 13 章的要求。

6 机油消耗率的标定

标定机油消耗率应符合 GB/T 6072.1—2008 中第 14 章的要求。

7 技术要求

7.1 柴油机（包括主机和辅机）应以持续功率作为标定功率。若试验环境状况与标准环境状况不符，应按 GB/T 21404—2008 第 7 章的规定进行修正。

7.2 柴油机其铭牌上给出标定功率时，应同时给出相应的标定转速。

7.3 柴油机在标定功率和标定转速下的油耗基准见表 1。

表 1 柴油机油耗基准

柴油机类型及气缸直径 D mm		燃油消耗率 g/(kW·h)	机油消耗率 g/(kW·h)
高速柴油机	$D \geqslant 150$	$\leqslant 210$	$\leqslant 1.6$
	$D < 150$	$\leqslant 220$	$\leqslant 1.6$
中速柴油机	$D \geqslant 300$	$\leqslant 205$	$\leqslant 1.6$
	$200 < D < 300$	$\leqslant 210$	$\leqslant 1.6$
	$D \leqslant 200$	$\leqslant 215$	$\leqslant 1.6$
低速柴油机		$\leqslant 180$	$\leqslant 1.36$

8 试验方法

8.1 柴油机燃油消耗率的测定按 GB/T 6301 规定的方法进行。

8.2 柴油机机油消耗率的测定按 GB/T 14363 规定的方法进行。

9 试验报告

应按 GB/T 21404—2008 第 9 章的规定编写。

———————————

ICS 47.020.20
U 44

中华人民共和国水产行业标准

SC/T 8006—2011
代替 SC/T 8006—1997

渔业船舶柴油机选型技术要求

Technical requirements for type selecting of a diesel engine of fishing vessel

2011-09-01 发布

2011-12-01 实施

中华人民共和国农业部 发布

前　　言

本标准按照 GB/T 1.1—2009 给出的规则起草。

请注意本文件的某些内容可能涉及专利。本文件的发布机构不承担识别这些专利的责任。

本标准代替 SC/T 8006—1997《渔船柴油机选型技术要求》。

本标准与 SC/T 8006—1997 相比,主要技术内容变化如下:

——增加了型式、燃油、烟度、噪声、防火、机械振动、扭振、最低稳定工作转速、换向、各缸工作均匀性、停缸工作、停增压器工作、超速及安全保护、防爆装置、排放、交货范围等要求;

——修改了经济性指标;

——对倾斜摇摆取消了 24 m 为界限的渔业船舶分类,统一要求。

本标准由中华人民共和国农业部渔业局提出。

本标准由全国渔船标准化技术委员会(SAC/TC 157)归口。

本标准起草单位:农业部渔业船舶检验局、淄博柴油机总公司。

本标准主要起草人:王延瑞、魏广东、刘立新、黄猛、辛强之、梁虎森。

本标准所代替标准的历次版本发布情况为:

——SC/T 8006—1997。

渔业船舶柴油机选型技术要求

1 范围

本标准规定了渔业船舶柴油机(以下简称柴油机)主机、辅机选型技术要求。

本标准适用于柴油机选型。

2 规范性引用文件

下列文件对于本文件的应用是必不可少的。凡是注日期的引用文件,仅注日期的版本适用于本文件。凡是不注日期的引用文件,其最新版本(包括所有的修改单)适用于本文件。

GB 252 轻柴油

GB 4556 往复式内燃机防火

GB/T 6072.1—2008 往复式内燃机 性能 第1部分:功率、燃料消耗和机油消耗的标定及试验方法 通用发动机的附加要求

GB 8840 船用柴油机排气烟度限值

GB 9969.1 工业产品使用说明书 总则

GB 11122 柴油机油

GB 11871 船用柴油机辐射的空气噪声限值

GB/T 21404—2008 内燃机 发动机功率的确定和测量方法 一般要求

CB 3256—1985 船用柴油机振动评级

CB 3325—1987 船用柴油机轴系扭转振动分级

CB/T 3451 船用柴油机曲轴箱防爆门

SC/T 8001 海洋渔业船舶柴油机油耗

渔业船舶法定检验规则 (中华人民共和国渔业船舶检验局 2000 年发布)

ISO 8217:2005 石油产品 燃料(F级) 船用燃油规格[Petroleum products - Fuels(class F)-Specifications of marine fuels]

3 技术要求

3.1 型式

3.1.1 优先选用直喷、增压、中冷柴油机。

3.1.2 优先选用燃油系统为电控电喷、高压共轨喷射型式的柴油机。

3.1.3 优先选用淡水闭式循环冷却的柴油机。

3.2 功率和扭矩

3.2.1 柴油机应按照 GB/T 21404—2008 第5章规定的标准基准状况标定持续功率:

总气压: $P_r = 100\ kPa$

空气温度: $T_r = 298\ K(t_r = 25℃)$

相对湿度: $\phi_r = 30\%$

海水或原水温度(中冷器进口): $T_{cr} = 298\ K(t_{cr} = 25℃)$

当确定无限航区渔船用柴油机的功率时,应采用国际船级社协会(IACS)规定的下列标称环境状况:

总气压：$\qquad P_x = 100\ \text{kPa}$

空气温度：$\qquad T_x = 318\ \text{K}(t_r = 45℃)$

相对湿度：$\qquad \phi_x = 60\%$

海水或原水温度(中冷器进口)：$T_{cx} = 305\ \text{K}(t_{cr} = 32℃)$

3.2.2 柴油机应具有110%持续功率和对应转速下连续运转1 h的能力。

3.2.3 柴油机主机的曲轴自由端功率输出轴连同其输出连接法兰，一般应具备传动不小于65%额定扭矩的能力。

3.2.4 柴油机的功率标定应符合GB/T 6072.1—2008第12章的规定。

3.3 燃油

柴油机应使用GB 252规定的轻柴油和ISO 8217:2005表1规定的DM级燃油。对气缸直径大于200 mm的中速柴油机，宜具备燃烧ISO 8217:2005表2规定的RMF180规格重油(50℃时，运动黏度180 cSt)的能力。

3.4 滑油

柴油机滑油应按GB 11122的规定选用。

3.5 烟度

柴油机排气烟度限值应符合GB 8840的规定。

3.6 噪声

柴油机辐射的空气噪声限值应符合GB 11871的规定。

3.7 防火

柴油机防火要求应符合GB 4556的规定。

3.8 机械振动

柴油机振动应达到CB 3256—1985规定的C级(无隔振)和B级(有隔振)及以上。

3.9 扭振

柴油机扭振应符合CB 3325—1987规定的C级(合格级别)及以上。

3.10 最低稳定工作转速

低速柴油机的最低稳定工作转速应不高于标定转速的30%，中速柴油机不高于标定转速的40%，高速柴油机不高于标定转速的45%。

3.11 起动与换向

3.11.1 柴油机曲轴曲柄位于任何位置时，在不低于表1规定的环境温度条件下，不进行预热应能顺利起动，起动时间不超过10 s。

表1 柴油机起动温度

柴油机类型	起动温度
单机功率小于220 kW	5℃
单机功率不小于220 kW	10℃

3.11.2 可换向主机在最低稳定转速下，从操作开始到逆向开始工作的时间应不大于15 s。

3.12 倾斜摇摆

柴油机在横倾15°、纵倾5°和横摇±22.5°、纵摇±7.5°，且横倾和纵倾同时发生时，应能够正常连续工作。

3.13 各缸工作均匀性

柴油机在标定工况运转时，各个气缸内的工作参数与所有气缸的平均值的偏差应符合表2的规定。

表 2　各缸工作均匀性偏差

各缸工作参数	偏差,%
压缩压力	≤2.5
最高爆发压力	≤4.0
排气温度	≤5.0(低速柴油机)
	≤8.0(中、高速增压柴油机)

3.14　经济性

3.14.1　选用柴油机的万有特性的最低等油耗曲线应包容推进特性曲线,且对应转速为柴油机常用工作转速。

3.14.2　柴油机燃油和机油消耗率应符合 SC/T 8001 的指标要求。

3.15　停增压器工作

当增压柴油机的废气涡轮增压器停止工作时,主机应能在低转速和低功率下稳定运转。

3.16　停缸工作

当一个气缸(对于气缸数不大于 7 的主机)或两个气缸(对于气缸数大于等于 8 的主机)停止工作时,柴油机主机应能在低功率下稳定运转。

3.17　超速及安全保护

3.17.1　标定功率在 220 kW 以上的柴油机应装有独立的超速保护装置,防止主机的转速超过标定转速的 120%,防止辅机的转速超过标定转速的 115%。

3.17.2　标定功率在 220 kW 以上的柴油机,应装有机油高温、机油低压、冷却水高温报警装置和机油低压停车装置。

3.17.3　500 t 及以上的国际渔业船舶,柴油机功率大于 375 kW 时,应具有燃油泄漏报警装置。

3.17.4　缸径不小于 230 mm 的柴油机,每个气缸盖上应装有安全阀,其最大开启压力不得超过 1.4 倍的最高燃烧压力,安全阀排气口的位置应不使排出的气体造成危害。

3.17.5　柴油机应设置应急停车装置,并安装在操纵位置附近,能够迅速切断燃油或空气使柴油机迅速停车而无机件损伤。

3.18　防爆装置

防爆装置应符合 CB/T 3451 的规定。

3.19　排放

柴油机的氮氧化物(NO$_X$)排放应符合《渔业船舶法定检验规则》的规定。

3.20　交货范围

柴油机的交货范围至少包含以下:

——柴油机(包括封盖、堵头等)、随机备件和附件、专用工具、随机仪表、说明书(应符合 GB 9969.1 的规定)、维修用随机图纸等;

——外形安装图,并标有重心位置;

——主机允许运行的功率区域图;

——冷却系统、燃油系统、滑油系统、起动系统、控制系统和安全报警系统原理图;

——为柴油机服务的各系统及设备的容量、规格等技术要求的有关资料;

——柴油机合格证、船检证书、排放证书(适用时)、排放技术案卷(适用时)等。

ICS 47.020.60

U 60

中华人民共和国水产行业标准

SC/T 8012—2011

代替 SC/T 8012—1994

渔业船舶无线电通信、航行及
信号设备配备要求

Outfit requirements about radio communication, navigation and
signal equipment onboard a fishing vessel

2011-09-01 发布   2011-12-01 实施

中华人民共和国农业部 发布

前　言

本标准按照 GB/T 1.1—2009 给出的规则起草。

本标准代替 SC/T 8012—1994《渔船无线电通信、导航及助渔设备配置定额》。与 SC/T 8012—1994 相比,主要技术变化如下:

——将标准名称改为《渔业船舶无线电通信、航行及信号设备配备要求》;

——将基本号灯与作业号灯的配备进行了区分;

——增加了船长、航区和海区的定义;

——将原标准中表7与表8合并;

——将原标准中无线电、号灯等按作业类型配备改为按海区和船长配备;

——无线电设备配备表中删除无线电话遇险频率值班接收机、无线电报自动拍发器、无线电报自动报警器;

——增加了 L<24 m 近岸作业渔业船舶无线电通信设备的配置要求;

——增加了渔用无线电话机和手机设备的配备;

——Ⅰ类、Ⅱ类航区 L≥45 m 的渔业船舶均需配备标准罗经和电罗经;

——Ⅰ类、Ⅱ类、Ⅲ类航区的所有渔业船舶均需配备操舵罗经;

——L≥45 m 航行在 A1 以外海区的渔业船舶,搜救雷达应答器应配备2只,双向甚高频无线电话应配备3只;

——增加了 AIS 船舶终端和卫星监控船载终端设备的配备;

——删除了无线电属具配置定额表和航海图表资料配置定额表。

本标准由中华人民共和国农业部渔业局提出。

本标准由全国渔船标准化技术委员会(SAC/TC 157)归口。

本标准起草单位:中国海洋大学、农业部渔业船舶检验局。

本标准主要起草人:宋协法、魏广东、刘立新、高清廉。

SC/T 8012—1994 版本是修订"CB 3036—1978 渔船观通航海及助渔仪器配备定额"的版本。

本标准所代替标准的历次版本发布情况为:

——CB 3036—1978;

——SC/T 8012—1994。

61

渔业船舶无线电通信、航行及信号设备配备要求

1 范围

本标准规定了渔业船舶无线电通信、航行及信号设备配备的基本要求。

本标准适用于新建或改建的 12 m 以上具有固定连续甲板的渔业船舶无线电通信、航行及信号设备的配备。

2 规范性引用文件

下列文件对于本文件的应用是必不可少的。凡是注日期的引用文件，仅所注日期的版本适用于本文件。凡是不注日期的引用文件，其最新版本（包括所有的修改单）适用于本文件。

SC/T 8002—2000　渔业船舶基本术语

渔业船舶法定检验规则　（中华人民共和国渔业船舶检验局 2000 年发布）

3 术语和定义

SC/T 8002—2000、《渔业船舶法定检验规则》中确立的以及下列术语和定义适用于本文件。

3.1

船长　ship length

系指量自龙骨板上缘的最小型深 85% 处水线总长的 96%，或沿该水线从艏柱前缘至舵杆中心线的长度，取大者。船舶设计为倾斜龙骨时，其计量长度的水线应和设计水线平行。

3.2

航区划分　the navigating zone is divided

Ⅰ类——远海航区：系指超过Ⅱ类航区以外的海域。

Ⅱ类——近海航区：系指中国渤海、黄海及东海距岸或庇护地不超过 200 n mile、台湾海峡以及南海距岸不超过 120 n mile（台湾岛东海岸、海南岛的东海岸及南海岸距岸不超过 50 n mile）的Ⅲ类航区以外的海域。

Ⅲ类——沿海航区：系指台湾岛东海岸、台湾海峡的东海岸及西海岸、海南岛的东海岸及南海岸距岸不超过 10 n mile 的海域和除上述海域外距岸或庇护地不超过 20 n mile 的海域。

3.3

海区划分　navigation area division

A1 海区：系指至少由一个具有连续 DSC 报警能力的甚高频（VHF）海岸电台的无线电话所覆盖的海域。

A2 海区：系指除 A1 海区以外，至少由一个连续 DSC 报警能力的中频（MF）海岸电台的无线电话所覆盖的海域。

A3 海区：系指除 A1 和 A2 海区以外，由具有连续报警能力的 INMARSAT 静止卫星所覆盖的区域。

A4 海区：系指 A1、A2 和 A3 海区以外的海域。

4 设备配备要求

无线电通信、航行及信号设备的配备要求按表 1～表 9 选配。

表 1　无线电通信设备配备要求

序号	设备名称	L<12	12≤L<24		L≥24		
			A1 海区	A1+A2 海区	A1 海区	A1+A2 海区	A1+A2+A3 海区
1	手机	任选一种a)					
2	渔用无线电话(27.50 MHz~39.50 MHz)		任选一种a)	任选一种b)	任选一种b)	1	1
3	甚高频无线电装置(VHF)					1b)c)	1b)c)
4	中频/高频无线电装置(MF/HF)			任选一种b)		任选一种c)	任选一种c)
5	INMARSAT 船舶地球站						
6	AIS 船舶终端		1	1	1	1	
7	卫星监控船载终端					1	1
8	卫星紧急无线电示位标(1.6 GHz 或 406 MHz‑EPIRB)			1		1	1
9	搜救雷达应答器(SART)					1d)	1d)
10	双向甚高频无线电话(Two‑way VHF)					2d)	2d)
11	航行警告接收机(NAVTEX)					1	1

注:表中 L——船长,单位为 m。L≤45 m 的国际渔业船舶参照表中 L≥24 m,A1+A2+A3 海区配备。

a) 手机必须有 GPS 定位功能、防水,且电池至少能连续通信 2h;

b) 甚高频无线电装置和中频/高频无线电装置应具有 DSC 功能,如配备了 AIS 终端,则可免除 DSC;

c) 永远处于编队作业的辅船可以免配;

d) L≥45 m 应增配 1 台。

表 2　基本号灯配备要求

序号	号灯名称	50≤L		20≤L<50		12≤L<20		7≤L<12	
		机动船	非机动船	机动船	非机动船	机动船	非机动船	机动船	非机动船
1	桅灯(作航行灯用)	2		1a)		1		1	
2	左舷灯(作航行灯用)	1	1	1	1	1	1d)	1c)	1d)
3	右舷灯(作航行灯用)	1	1	1	1	1	1d)	1c)	1d)
4	艉灯(作航行灯用)	1	1	1	1	1	1d)	1e)	1d)
5	白环照灯(作锚灯用)	2	2	1b)	1	1	1	1	1
6	红环照灯(作失控灯用)	2	2	2	2	2	2	2	2

注:表中 L——船长,单位为 m;能间距离单位为 n mile。

a) 可以配备 2 盏桅灯;

b) 可以配备 2 盏白环照灯,作前后锚灯用;

c) 除拖带和顶推船外,可用 1 盏双色灯代替左舷灯和右舷灯;

d) 可用 1 盏三色灯代替左右舷灯与艉灯;

e) 可用 1 盏白环照灯代替桅灯和艉灯。

表 3　作业号灯配备要求

序号	号灯名称	操纵能力受限制的渔船	拖船	渔船			
				拖网渔船		非拖网渔船	
				50≤L	L<50	50≤L	L<50
1	桅灯		2a)	1	—	—	—
2	拖带灯		1	—	—	—	—
3	白环照灯	1	1	3b)	3b)	3b)	3b)
4	红环照灯	2	2	2	2	3	2

表3（续）

序号	号灯名称	操纵能力受限制的渔船	拖船	渔 船			
				拖网渔船		非拖网渔船	
				50≤L	L<50	50≤L	L<50
5	绿环照灯	3	—	1	1	—	—
6	黄环照灯	—	—	—	—	2[c]	2[c]
7	探照灯	—	—	1[d]	1[d]	—	—

注：表中 L——船长，单位为 m。

[a] 顶推船和拖带长度小于或等于200 m的拖船，应配备2盏垂直桅灯；拖带长度大于200 m的拖船，应配备这样的3盏垂直号灯，以替代桅灯；

[b] 渔船要求配备的3盏白环照灯中，1盏的照距为3 n mile，另两盏为1 n mile；

[c] 仅围网渔船配备；

[d] 仅对拖网渔船配备。

表4 闪光灯配备要求

序号	闪光灯名称	船舶类型			备 注
		L≥24 m的渔船及 L≥12 m 的渔业辅助船	围网渔船	其他渔业船舶	
1	手提式闪光灯	1	—	—	能见距离为2 n mile
2	手电筒	—	—	1	三节1号电池的手电筒
3	黄色桅顶式闪光灯	—	2	—	能见距离为1 n mile，且只能在起放网时使用

注：每只闪光灯应配备2个备用灯泡。

表5 号型的配备要求

船舶种类	船长 L m	号 型		
		球体	圆锥形体	菱形体
渔船	L≥24	3	3[a]	—
	12≤L<24	3	3[a]	—
	L<12	—	3[a]	—
拖船、被拖船（或被拖物体）	L≥24	3	—	1[a]
	12≤L<24	3	—	1[b]
	L<12	1	—	1[b]
操纵能力受到限制的船舶	L≥24	3[d]	—	1[c]
	12≤L<24	3[d]	—	1[c]
机帆船	L≥24	3	—	—
	12≤L<24	3	1	—
	L<12	1	1	—
其他机动船	L≥24	3	—	—
	12≤L<24	3	—	—
	L<12	1	—	—

[a] 非拖网渔船的渔具伸出船舷的水面距离大于150 m者应配3个，其他渔船配备2个；

[b] 拖船、被拖船或被拖物体，当拖带长度大于200 m时应配此号型，不易觉察的、部分淹没的被拖船舶或物体或他们的组合体应配此号型，若拖带长度超过200 m时应配2个；

[c] 从事疏浚及水下作业（小船除外）的船舶应配3个，从事拖带作业而拖带长度大于200 m者应配2个；

[d] 从事疏浚、水下作业及清除水雷的船舶应配4个。

表 6 号旗的配备要求

序号	号旗名称	单位	船舶类型		
			$L \geqslant 75$	$L < 24$	其他渔业船舶
1	3 号国旗	面	1	—	—
2	4 号国旗	面	2	—	1
3	5 号国旗	面	—	1	2
4	3 号国际信号旗	套	1	—	—
5	4 号国际信号旗	套	—	—	1
6	手旗	副	1	—	1
注 1：表中 L——船长，单位为 m；					
注 2：非机动船舶可不配备国际信号旗与手旗；					
注 3：凡有船舶呼号的船舶，应配有与国际信号旗相同规格的船舶呼号旗 1 套及国际信号规则 1 本。					

表 7 音响信号器具的配备要求

序号	音响信号器具灯名称	单位	船舶类型			
			$L \geqslant 75$	$20 \leqslant L < 75$	$12 \leqslant L < 20$	$L < 12^{a)}$
1	大型号笛	个	1	—	—	—
2	中型号笛	个	—	1	—	—
3	小型号笛	个	—	—	1	—
4	大型号钟	个	1	1	—	—
5	小型号钟	个	—	—	1	—
注：表中 L——船长，单位为 m。						
[a) 船长小于 12 m 的船舶，应配有能发出有效声响的器具 1 个。						

表 8 救生信号配备要求

序号	设备名称	单位	船舶类型			
			$L \geqslant 75$	$45 \leqslant L < 75$	$45 \leqslant L < 24$	$12 \leqslant L < 24$
1	火箭降落伞火焰信号[a)	枚	12	8	4	—
2	红光火焰信号	支	—	—	—	6
3	船用烟雾信号	支	2	2	2	2
4	海水染色信号	支	—	3	3	2
5	救生圈烟雾信号	支	1	1	1	1
6	救生圈自亮浮灯	盏	2	2	2	2
注：表中 L——船长，单位为 m。						
[a) 国际渔业船舶火箭降落伞信号配 12 支。						

表 9 航行设备配备要求

航行设备	设备配备			要 求
	Ⅰ类航区	Ⅱ类航区	Ⅲ类航区	
1. 航海罗经				
a) 磁罗经：标准磁罗经	1	1	—	$L \geqslant 45$ m 要求配备
操舵磁罗经	1	1	1	所有船舶均需配备。若配备有复示或反射磁罗经的船舶可免除。$L < 24$ m 可装设 B 级罗经
备用标准罗经	1	1	—	$L \geqslant 45$ m 要求配备，但已设有 1 台操舵罗经或电罗经的船舶可免除

表 9（续）

航行设备	设备配备			要　　　求
	Ⅰ类航区	Ⅱ类航区	Ⅲ类航区	
b)　电罗经	1	1	—	$L \geqslant 45$ m 的要求配备(且在主操舵位置应能清晰读出电罗经或电罗经复示器的标示)
电罗经附属的方位分罗经	2	2	—	若方位分罗经设置于驾驶室外的两翼甲板上,而该甲板顶上是遮阳的。则应另在驾驶室顶上的露天甲板处增设 1 个分罗经
电罗经附属的航向分罗经	按需要数量配置		—	至少应在主操舵位置(若此位置上能清晰地从主罗经读数则除外)和应急操舵位置上设置
c)　舵角指示器	1	1	1	$L \geqslant 45$ m 的要求配备
d)　推进器转速指示器	1	1	1	$L \geqslant 45$ m 的要求配备[1]
2. 无线电导航设备	凡从事对拖作业的渔船,只要求在主船上配备			
a)　雷达	1	1	—	$L \geqslant 35$ m 要求配备,并应能在 9 GHz 频带上工作
b)　电子定位设备(GPS 等)	1	1	—	$L \geqslant 24$ m 要求配备
3. 测深设备				
a)　回声测深仪	1	1	1	a)　$L \geqslant 45$ m 的要求配备 b)　可用带有回声测深功能的鱼群探测仪代替
b)　测深手锤	1	1	1	
4. 避碰仪器				
雷达反射器	1	1	1	非钢质渔业船舶要求配备
5. 船钟	按需要分配			在下列处所应配备:a)　驾驶室;b)　机舱; c)　海图室;d)　无线电室;e)　机控室
6. 秒表	1	1	1	
7. 看图放大镜	1	1	1	
8. 太阳镜	2	3	3	
9. 三杆分度仪	1	1	1	
10. 气象传真接收机	1			$L \geqslant 75$ m 要求配备
11. 温度计	2	2	1	
12. 干湿温度计	1	1		
13. 风向风速计或手提风速计	1	1		$L \geqslant 45$ m 要求配备
14. 7×50 双筒望远镜	2	2	1	$L \leqslant 45$ m 的渔业船舶可只配 1 架
15. 量角器	1	1	1	
16. 分规	1	1	1	
17. 平行尺	1	1	1	
18. 三角板	1	1	1	
19. 倾斜仪	2	1		

注 1:表中 L——船长,单位为 m

注 2:如装有可调螺距螺旋桨或横向推进螺旋桨,应配有显示该螺旋桨的螺距和工作模式的指示器,所有这些指示器应能从指挥位置读出。

附　录　A

（资料性附录）

信号灯编排示意图

灯距按 1972 年国际避碰规则规定。

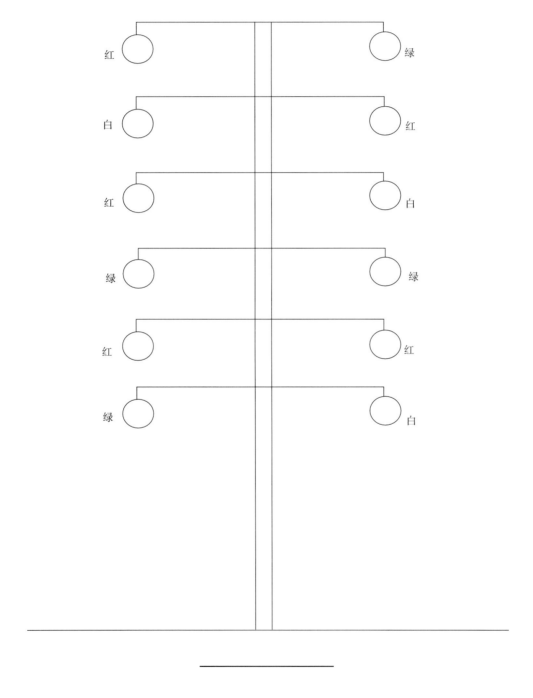

ICS 47.020.20
U 32

中华人民共和国水产行业标准

SC/T 8138—2011

190 系列渔业船舶柴油机修理技术要求

Maintenance technical specification for 190 series diesel engines of fishing vessel

2011-09-01 发布　　　　　2011-12-01 实施

中华人民共和国农业部 发布

前　言

本标准按照 GB/T 1.1—2009 给出的规则起草。

请注意本文件的某些内容可能涉及专利,本文件的发布机构不承担识别这些专利的责任。

本标准由中华人民共和国农业部渔业局提出。

本标准由全国渔船标准化技术委员会(SAC/TC157)归口。

本标准起草单位:山东渔业船舶检验局、济南柴油机股份有限公司、胜利油田胜利动力机械集团有限公司、南通淄柴船舶机械公司、淄博柴油机总公司。

本标准主要起草人:于怒涛、倪秀永、张士越、辛强之、于奥成、许传国、郑玉柱。

190系列渔业船舶柴油机修理技术要求

1 范围

本标准规定了190系列渔业船舶柴油机(以下简称"柴油机")的修理条件、技术要求、试验方法、检验规则及标志、包装、运输与贮存。

本标准适用于190系列渔业船舶柴油机修理;其他用途的190系列柴油机可参照执行。

2 规范性引用文件

下列文件对于本文件的应用是必不可少的。凡是注日期的引用文件,仅注日期的版本适用于本文件。凡是不注日期的引用文件,其最新版本(包括所有的修改单)适用于本文件。

GB/T 191 包装储运图示标志

GB 252 轻柴油

GB/T 3821 中小功率内燃机清洁度测定方法

GB 4556 往复式内燃机 防火

GB/T 5741 船用柴油机排气烟度测量方法

GB/T 6072.3 往复式内燃机 性能 第3部分:试验测量

GB/T 6388 运输包装收发货标志

GB/T 7184 中小功率柴油机 振动测量及评级

GB 8840 船用柴油机排气烟度限值

GB 11122 柴油机油

GB/T 14363 柴油机机油消耗测定方法

GB 20651.1 往复式内燃机 安全 第1部分:压燃式发动机

CB/T 3254.2—1994 船用柴油机台架试验

3 术语和定义

下列术语和定义适用于本文件。

3.1
大修周期 overhaul life

柴油机新机从开始使用到其主要零、部件达到规定的磨损极限,达不到基本使用性能时累计运行时间(h)的统计平均值。

3.2
大修 overhaul

将发动机拆开,检测零件,按照需要更换新的或修复好的零件,然后重新装配发动机,以备使用的一种维修活动。

3.3
大修机 overhauled engine

按本标准规定进行大修后的柴油机。

3.4
送修机 overhaul engine

使用单位送承修单位待大修的柴油机。

3.5

免修尺寸(状态) repair free dimension (state)

按本标准规定不需进行修理,可继续使用的零件尺寸(状态)。

4 柴油机的修理条件

4.1 大修周期

柴油机的大修周期一般不低于下列规定值:

a) 16 缸机:20 000 h;

b) 12 缸机:18 000 h;

c) 4 缸~8 缸机:15 000 h。

4.2 大修条件

柴油机累计运行时间达到或接近大修周期,且出现下列情况之一时应送修:

a) 气缸漏气严重,呼吸器废气量明显增大,经拆检,柴油机气缸半数以上(含半数)的气缸套与活塞、活塞环与环槽、活塞环搭口间隙超过柴油机说明书规定磨损极限的;

b) 功率明显下降,排气管冒黑烟严重;若进行台架测定时,在标定转速下,功率损失大于标定功率的 25%,烟度值大于 5 BSU;

c) 在燃油系统、进排气系统工作正常的情况下,燃油消耗量明显增大;若进行台架测定时,燃油消耗率大于标定值的 115%;

d) 在润滑系统工作正常的情况下,机油消耗量明显增大;若进行台架测定时,机油消耗率大于 7 g/(kW·h);

e) 在标定转速且润滑系统工作正常的情况下,主油道压力持续低于 0.25 MPa,且调节调压阀(带调压阀的柴油机)仍无法排除。

4.3 送修要求

柴油机送修时,其要求如下:

a) 主要零部件应齐全,不得拆换;

b) 送修单位可参照附录 A 的要求填写表 A.1。

5 技术要求

5.1 一般要求

5.1.1 承修商应对送修机进行外观检查,并参照附录 A 的要求填写表 A.2。

5.1.2 柴油机大修时,应尽可能采用新技术和产品改进后的新结构,使其主要性能指标达到或接近新机水平。

5.1.3 根据各零部件的装配关系,采用适宜的工具和方法对送修机进行解体。

5.1.4 无特殊要求时,应对解体后的柴油机做以下常规处理:

a) 解体后的各零部件(明显报废件除外),应将其油污、水垢、油漆、氧化皮等污物清洗干净,清理油、水、气腔,使之清洁、畅通;

b) 对解体、清洗后的零部件应进行鉴定,划分免修件、修理件或报废件,所用的检测器具和测试设备应符合相关标准的规定;

c) 更换所有垫片和密封圈、止推片、活塞环、主轴瓦、连杆轴瓦等。

5.1.5 在保证良好使用性能的前提下,一般件的免修尺寸公差允许比产品图样的要求降低 1 个~2 个公差等级,形位公差允许降低一级,表面粗糙度允许降低一级。

5.1.6 应采用适宜的修理方法对修理件进行修理,使之符合产品图样或免修尺寸(状态)的要求。在满足使用性能和不改变产品图样配合精度的前提下,可适当改变修理件的基本尺寸(如曲轴的轴颈和轴瓦的内孔),同时,各零部件不应有影响使用性能的缺陷存在。

5.1.7 超出免修尺寸(状态)范围而又不能修复的零件应做报废处理。

5.1.8 主要零件,如机体、曲轴、凸轮轴、连杆、活塞、活塞销、气缸盖和气缸套等,存在影响结构强度及配合功能缺陷时,应予以报废。

5.1.9 在原机制造过程中组合加工的零件(如机体与主轴承盖、连杆与连杆盖等),在修理过程中不得互换。

5.1.10 在部(附)件装配中,凡有性能试验要求者,应按本标准的规定进行试验,其性能参数应符合设计要求。

5.1.11 在修理过程中,应按大修技术文件的规定认真填写记录,数据应准确,记录应齐全、完整。

5.2 主要零部件

5.2.1 机体

5.2.1.1 为保证机体油腔清洁度,应在拆除凸轮轴瓦、平衡轴瓦及所有油道的油堵后对其进行彻底清洗。

5.2.1.2 机体的主轴承螺栓孔、气缸盖螺栓孔和气缸套支承肩不应有裂纹;支承肩上端面不应有腐蚀斑点;支承气缸套的下配合带的穴蚀延伸区域不应超过第一道密封环的中心位置,深度不应大于 1 mm。

5.2.1.3 气缸套外壁穴蚀区域不应延伸到缸套封水圈位置,深度不应大于 2 mm,可以转 90°使用。气缸套内孔应无拉毛、划伤,装入机体座孔后,圆柱度误差应不大于 0.045 mm,尺寸公差不得超过设计值的 1.5 倍。

5.2.1.4 对主轴承螺栓和气缸盖螺栓及横拉螺栓应进行检查,松动、损坏、腐蚀严重或拉长变形时应拆除更换。

5.2.1.5 应根据相配曲轴主轴颈的修理级别配相应的主轴承瓦(包括止推瓦),其几何精度和粗糙度应符合产品图样规定。主轴承瓦应打印装配标记。

5.2.1.6 机体组装后,水腔、油腔应进行密封性试验。水腔在 0.4 MPa 压力下,历时 5 min 不应渗漏;油腔在 1.2 MPa 压力下,历时 10 min 不应渗漏。

5.2.2 气缸盖

5.2.2.1 气缸盖内腔应无污物、水垢,冷却水腔应畅通。气缸盖组装后应进行密封性试验,在环境温度不低于 5 ℃情况下,在 0.7 MPa 水压(或气压)下,历时 3 min 不应渗漏。

5.2.2.2 进排气门座锥面应无划伤、裂纹。铰修后,其表面粗糙度 R_a 最大允许值为 0.8 μm。锥面与气门(可用标准气门)配研后,着色应均匀连续,着色带宽度为 1 mm～2 mm。

5.2.2.3 进排气门经无损探伤检查,不应有裂纹;密封锥面磨修后,不应有影响密封性的缺陷存在。锥面磨修后,阀盘圆柱高度:排气门不小于 1.5 mm;120°锥角的进气门不小于 3 mm。锥面粗糙度 R_a 最大允许值为 0.4 μm,锥面对杆部轴心的圆跳动公差值不大于 0.04 mm。

5.2.2.4 测量气门杆部与气门导管内孔配合间隙,不应超过说明书规定的磨损极限;若超出间隙范围,则应更换气门或气门导管。

5.2.2.5 检测摇臂衬套及摇臂轴的磨损状况,测量其配合间隙。若实测间隙超过说明书规定的磨损极限或配合表面有严重损伤时,应更换衬套。

5.2.3 曲轴

5.2.3.1 曲轴应进行无损探伤检查,主轴颈、连杆轴颈及各轴颈的圆角处不应有圆周方向的裂纹。

5.2.3.2 曲轴主轴颈、连杆轴颈及第一主轴颈止推档的宽度均可分级磨修。磨修后的曲轴轴颈极限尺寸:主轴颈、连杆轴颈的直径与原设计值之差不大于 2 mm,表面硬度不得低于设计要求。磨修后直径与原设计值之差大于 0.5 mm 时应经氮化处理,尺寸精度、表面粗糙度应符合产品图样的规定。

5.2.3.3 曲轴部件组装后,应在 1 MPa 机油压力下进行 5 min 密封性试验。试验过程中,两端的油堵不应有渗漏现象;中间部位的油堵总渗漏点不应多于 7 处,且在 1 min 内每个渗漏点的渗漏量不多于两滴。

5.2.3.4 曲轴部件应进行动平衡试验,不平衡量应符合产品图样的规定。

5.2.3.5 减振器的外壳、盖板不得有裂纹和影响惯性体自由活动的损伤,甲基硅油若有老化、变质现象时,应予更换。

5.2.4 活塞、连杆

5.2.4.1 活塞裙部不应有影响使用性能且无法消除的拉、划伤等,活塞不应有任何裂纹。活塞环槽与活塞环配合间隙不应超过说明书规定的磨损极限值。

5.2.4.2 活塞销工作表面不应有划伤、锈蚀,镀铬层不应有脱落。磨修后,应符合产品图样规定。

5.2.4.3 同一台大修机的活塞,质量差应不大于 15 g。活塞连杆组件质量差应不大于 100 g。

5.2.4.4 连杆、连杆螺栓等均应进行无损探伤检查,不应有裂纹。连杆损坏不得焊补。

5.2.4.5 应严格控制连杆的拉长、弯曲、扭曲变形,超出规定的应报废。

5.2.4.6 连杆瓦与连杆、连杆盖合装时,应按相配连杆轴颈尺寸级别配瓦,并按图样规定的扭紧力矩扭紧。

5.2.4.7 连杆小头衬套有疲劳剥蚀及划伤的,则应予以更换。

5.2.5 凸轮轴

5.2.5.1 凸轮轴应进行无损探伤检查,花键齿表面及齿根部位不应有裂纹,凸轮及轴颈表面不允许有圆周方向的裂纹。

5.2.5.2 凸轮轴轴颈可分级磨修,各轴颈尺寸应一致。磨修后的轴颈其直径极限尺寸与原设计值之差应不大于 0.5 mm,轴颈及凸轮表面的硬度应不低于设计要求;进排气凸轮或喷油泵凸轮磨修后,凸轮基圆直径的极限尺寸与原设计值之差应不大于 1 mm。凸轮升程规律、几何精度及表面粗糙度均应符合产品图样的要求。

5.2.6 齿轮系

5.2.6.1 检测各配合齿轮间隙,不应超过设计要求,否则应更换。

5.2.6.2 检测齿轮衬套及齿轮轴的磨损状况及配合间隙。若有偏磨、拉伤、衬套松动及间隙超差现象时,应更换衬套或齿轮轴。

5.3 部(附)件

5.3.1 增压器

清洗增压器压气机蜗壳及叶轮处的油污及积炭。增压器检修后应进行试验,其性能参数应符合相关技术文件的要求。

5.3.2 输油泵

输油泵检修后,应按相应技术要求进行密封性试验,不应渗漏;并应进行性能试验,其性能指标应符合相关技术文件的规定。

5.3.3 喷油泵及调速器

5.3.3.1 整体式喷油泵及调速器应符合下列要求:

    a) 喷油泵检修后,应进行供油顺序、各缸开始供油时间、各缸供油量及其均匀度试验,供油量应符合产品技术文件的规定;

    b) 喷油泵与调速器组装后,应进行调速性能试验,开始断油转速与断油终了转速应符合产品技术文件的规定;

c) V 型机喷油泵与喷油泵传动支架组装后,应进行两排气缸供油均匀性试验和供油提前角的测定。

5.3.3.2 单体泵及调速器应符合下列要求:

a) 单体泵检修后应进行供油量试验,同台机器的单体泵供油量误差应符合产品技术文件的规定,试验后重新进行油量限定;

b) 液压调速器和电液调速器应更换液压油,用手转动花键轴,应转动灵活、无卡滞现象。

5.3.4 喷油器

喷油器检修后,应进行喷油压力调整和喷油质量试验。当喷油压力达到规定值时,喷出的柴油颗粒应均匀、雾化良好,喷射声应清脆,断油应及时且无滴漏。

5.3.5 机油泵

机油泵检修后应进行密封性试验和性能试验,试验结果应满足产品图样的要求。

5.3.6 水泵

水泵检修后应进行试验,水泵转速、扬程、流量应达到产品图样的要求,各部位不应漏水。

5.3.7 机油滤清器

机油滤清器检修后,应在 1 MPa 机油压力下进行 5 min 密封性试验,各部位不应渗漏。

5.3.8 心滤清器

离心滤清器检修后,转子组应进行静平衡试验,不平衡量应符合产品图样的要求。在性能试验时,各项参数应达到产品图样的规定。

5.3.9 中冷器

中冷器芯子组冷却水管渗漏时,若无法排除,则允许焊堵,但数量不得超过管子总数的 10%。修理后芯子组应在 0.4 MPa 水压下进行 30 min 的压力试验,不应渗漏;中冷器组装后,应在 0.05 MPa~0.10 MPa 气压下进行气腔密封性试验,历时 30 min,各部位不应渗漏。

5.3.10 机油冷却器

机油冷却器芯子组渗漏时,若无法排除,则允许焊堵,但其数量应不超过管子总数的 4%。芯子组修理后应在 1 MPa 水压下进行 5 min 的压力试验,不应渗漏。机油冷却器应按装配标记组装,组装后应分别对油腔和水腔进行密封性试验。水腔在 0.3 MPa 水压下、油腔在 1 MPa 水压下,均历时 5 min,各部位不应渗漏。

5.3.11 淡水冷却器

更换防腐锌块;允许对损坏的冷却管进行焊堵,但其数量应不超过管子总数的 4%;组装后应在 0.3 MPa 水压下进行 5 min 的密封性试验,不应渗漏。

5.3.12 起动马达

起动马达检修后应进行试验,其性能应满足起动要求。

5.3.13 安全保护装置

安全保护装置检修后应进行效用试验,其性能应满足设计要求。

5.4 整机

5.4.1 功率

大修机的标定功率应不小于原机标定功率的 95%,且能够发出恢复后标定功率的 110%,并能够在 12 h 内持续运转 1 h。

5.4.2 标定工况下的温度及压力

在标定工况下运行时,大修机相关温度及压力(如进出水温、进气中冷后温度、机油温度及压力等)应同新机要求。

5.4.3 燃油消耗率和机油消耗率

大修机燃油消耗率、机油消耗率均应不高于新机值的105％。

5.4.4 起动性能

柴油机应能在使用说明书规定的起动环境温度下顺利起动,起动时间不应超过10 s。

5.4.5 调速性能

大修机的调速性能应符合表1的规定。

表 1 大修机的调速性能

类别	瞬时调速率 ％(稳定时间,s)	稳态调速率 ％	转速波动率 ％
主机	15	10	1.5
辅机	10(5)	5	0.5

5.4.6 最低可调空载转速

大修机最低可调空载转速应不大于600 r/min,波动范围不超过15 r/min。

5.4.7 最低满载持续转速

当大修机标定转速小于或等于1 000 r/min时,其最低满载持续转速应不大于标定转速的40％;当大修机标定转速大于1 000 r/min时,其最低满载持续转速应不大于标定转速的45％。

5.4.8 排气烟度

在标定工况下,大修机排气烟度应符合GB 8840的规定。

5.4.9 清洁度

大修机清洁度应不超出新机规定限值1 000 mg。

5.4.10 振动

在标定工况下,大修机的振动应不大于GB/T 7184规定的振动烈度等级28的要求。

5.4.11 安全要求

大修机安全要求应符合GB 4556和GB 20651.1的规定。

5.4.12 密封性

大修机运行中,各密封面及各管接处不应有漏油、漏水和漏气现象。

5.4.13 封存期

在运输、贮存符合有关规定条件下,自交货之日起,大修机及其随机附件、备件的油封有效期为12个月。

6 试验方法

6.1 性能试验

大修机有关性能试验方法按CB/T 3254.2—1994第6章的规定执行。

6.2 安全性能

大修机安全性能检查按GB 4556和GB 20651.1的相关规定执行。

6.3 排气烟度测定

按GB/T 5741的规定执行。

6.4 机械振动测定

按GB/T 7184的规定执行。

6.5 清洁度测定

按GB/T 3821的规定执行。

6.6 机油消耗率测定

按 GB/T 14363 的规定执行。

6.7 密封性

大修机试验时,检查各密封面及各管接处不应有漏油、漏水和漏气现象。

7 检验规则

7.1 检验项目

大修机检验项目见表2。

表 2 大修机试验和检验项目

试验和检验项目	检验分类		
	出厂检验		抽查检验
	主 机	辅 机	
起动性能	√	√	√
调速性能	√	√	√
最低可调空载转速	√	√	√
最低满载持续转速	√	×	√
连续运转试验	√	√	√
安全性能	√	√	√
排气烟度	△	△	√
机械振动	×	×	√
清洁度	×	×	√
机油消耗	×	×	√
密封性	√	√	√
注:√——应做项目;△——可选做项目;×——无须进行的项目。			

7.2 试验条件

7.2.1 大修机主要参数的测量技术和准确度应符合 GB/T 6072.3 的要求。

7.2.2 大修机应带有产品技术文件规定的辅助设备。性能试验前,大修机应按产品技术文件规定的时间进行磨合试验。

7.2.3 试验用燃油应符合 GB 252 的要求,机油应符合 GB 11122 的要求。

7.2.4 大修机在标准基准状况下运转时,相关温度和压力(如机油、冷却水等)应符合产品技术文件的规定。

7.2.5 各项试验所需时间,应按产品技术文件的规定执行。

7.3 测量参数及检验纪录

按 CB/T 3254.2—1994 第4章表1规定的有关内容进行测量。检验过程中应作好记录,记录表的格式由承修单位制定,并应具有可追溯性。

7.4 判定规则

7.4.1 出厂检验的每台大修机,各项检验项目均为合格时,则判定该台大修机为合格。

7.4.2 抽查检验的大修机,各项检验项目均为合格时,则判定该系列大修机为合格。

8 标志、包装、运输与贮存

8.1 标志

8.1.1 铭牌

大修机应保留原铭牌。

8.1.2 技术文件

承修商应提供有关大修技术文件,文件至少应包含下列内容:

a) 承修商名称、产品执行标准号;

b) 大修产品名称和型号;

c) 标定功率/标定转速;

d) 大修机出厂编号和日期;

e) 合格证、质量证明书及装箱单等。

8.1.3 安全标志要求

安全警示标志和紧急处理说明应明显置于大修机的相应部位。

8.2 包装、运输及贮存

8.2.1 包装与运输

8.2.1.1 包装箱的包装储运标志应符合 GB/T 191 的规定。

8.2.1.2 包装箱的收发货标志应符合 GB/T 6388 的规定。

8.2.1.3 包装箱外应标明:

a) 收货单位地址及名称;

b) 产品名称及型号;

c) 外形尺寸(长×宽×高),单位为毫米(mm);

d) 总重量;

e) 出厂编号和制造日期;

f) 承修商名称;

g) 注意事项及标记,如"重心"、"起吊位置"等。

8.2.1.4 大修机产品包装应按相应的产品包装技术文件的规定执行,包装后的产品应能避免运输中的挤压与损坏。

8.2.2 贮存

大修机应贮存在通风、干燥、无腐蚀性物质的仓库内。若露天存放,则应有防护措施,防止大修机的锈蚀与损坏。

附　录　A
（资料性附录）
送修单及送修检验表

A.1 送修单可按表 A.1 的内容要求填写送修单。

表 A.1　柴油机送修单

型号		制造商	
送修单位		使用单位	
启用日期		累计运行时间，h	
送修日期			
送修机技术状态及送修原因			
送修机零部件缺、损情况及原因			
证明原机情况的相关技术资料			
送修单位：（盖章）		负责人：	填表人：
注：柴油机大修送修单一式两份，随机交承修商一份。			

A.2 承修商可按表 A.2 的内容要求对送修机进行检查并填表。

表 A.2　柴油机送修检查表

原出厂编号：		机体编号：		曲轴编号：		
系统分类	零部件名称	单位	应有数	检查结果		
				有	缺	废
机体与气缸盖	气缸盖	套				
	呼吸器	套				
	上罩壳组	套				
	油底壳	件				
燃油系统	燃油管系	套				
	喷油泵	组				
	输油泵	组				
	喷油泵支架	套				
	喷油器	组				
	调速器	件				
	燃油滤清器	套				
润滑系统	润滑管系	套				
	机油滤清器	套				
	离心滤清器	套				
	机油泵及支架	套				
冷却系统	冷却管系	套				
	中冷器	套				
	机油冷却器	套				
	水泵	套				
	淡水冷却器	套				

表 A.2（续）

原出厂编号：		机体编号：		曲轴编号：			
系统分类	零部件名称	单位	应有数	检查结果			
				有	缺	废	
进、排气增压系统	进气管组	套					
	排气管组	套					
	增压器	套					
	操纵装置	套					
	起动马达及支架	套					
安全保护装置	仪表盘或监控仪	套					
	燃油切断阀	套					
	传感器	套					
其他	支架或底盘	组					
	减振器	套					
	飞轮	套					
验收意见：							
送修单位(盖章)：		送修人：		承修单位验收员：			
				年 月 日			

ICS 13.100
U 09

中华人民共和国水产行业标准

SC/T 8140—2011

渔业船舶燃气安全使用技术条件

Specification for gas safe use on fishing vessels

2011-09-01 发布　　　　　　　　　　　2011-12-01 实施

中华人民共和国农业部 发布

SC/T 8140—2011

前　言

本标准按照 GB/T 1.1—2009 给出的规则起草。

本标准由中华人民共和国农业部渔业局提出。

本标准由全国渔船标准化技术委员会(SAC/TC 157)归口。

本标准起草单位:农业部渔业船舶检验局、辽宁渔业船舶检验局。

本标准主要起草人:王安平、刘立新、罗福才、邴振仁、孔强、赵宏伟。

渔业船舶燃气安全使用技术条件

1 范围

本标准规定了渔业船舶厨房、生活用燃气("液化石油气",下同)安全使用、燃气设备及环境条件、设备安装验收的技术要求。

本标准适用于渔业船舶燃气安全使用及设备安装检验。

注:本标准未规定燃气钢瓶及钢瓶阀的技术要求,使用者应使用符合 GB 5842、GB 7512 及有关标准规定的燃气钢瓶及钢瓶阀。

2 规范性引用文件

下列文件对于本文件的应用是必不可少的。凡是注日期的引用文件,仅注日期的版本适用于本文件。凡是不注日期的引用文件,其最新版本(包括所有的修改单)适用于本文件。

GB/T 3091 低压流体输送用焊接钢管

GB/T 5842 金属材料动态撕裂试验方法

GB/T 7306.1 55°密封管螺纹 第一部分:圆柱内螺纹与圆锥外螺纹

GB/T 7306.2 55°密封管螺纹 第二部分:圆锥内螺纹与圆锥外螺纹

GB/T 7512 液化石油气瓶阀

GB 16410 家用燃气灶具

CB/T 3263 船用燃油炉

CJ/T 180 家用手动燃气阀门

CJ/T 197 燃气用不锈钢波纹软管

TB/T 1265 软管卡

HG 2486 家用煤气软管

3 术语和定义

下列术语和定义适用于本文件。

3.1

燃气 gas

符合城镇燃气分类要求的液化石油气。

3.2

燃气设备 gas equipment

燃气钢瓶、管路(刚性金属管、管接头、软管)、燃气灶具及附件。

3.3

燃烧器 burner

使燃气实现稳定燃烧的装置。

3.4

燃气灶具 gas cooking appliances

含有燃烧器使火直接加热经适当支撑烹调器具(锅)的燃气燃烧器具,以下简称灶具。

3.5

软管 hose

柔性材料或金属材料制成的管。

3.6

截止阀 shut-off valve

使气源与燃气灶具相隔离的装置。

3.7

安装处所 place

安装燃气钢瓶、灶具、管路及附件的地方。

4 燃气设备及环境条件

4.1 环境条件

燃气设备在下列环境条件下应能正常工作：

a) 环境温度−25℃～＋50℃（−30℃～＋60℃贮存环境温度）；

b) 横摇±22.5°；

c) 纵摇±7.5°；

d) 横倾±15°；

e) 纵倾±5°；

f) 振动、冲击、潮湿空气、盐雾、霉菌及暴露于海上的环境中。

4.2 燃气灶具

4.2.1 灶具的零部件应安全耐用，在正常操作中不会发生破坏和影响使用的变形。

4.2.2 灶具结构应牢固、便于拆装，并尽可能采用组装式。并在4.1的环境条件下具有足够的稳定性。零部件不应脱落，灶具的底角应便于与舱室地面连接。

4.2.3 灶具应有足够大的空气孔，使燃气充分燃烧，并设有观查燃烧情况的观火孔。

4.2.4 灶具面应平整、光滑，并设有集水沟槽和设有过滤装置的排水口。

4.2.5 灶具内表面应具有良好的隔热性。不应使用对环境造成污染的隔热材料，隔热材料加热后也不应产生对人体有害的气体。石棉材料不得应用于灶具的结构中。

4.2.6 各部温度应不超过下列规定：

a) 操作时手触及部位30℃；

b) 操作时手可能触及部位60℃；

c) 操作时手不易触及部位105℃；

d) 电点火装置外壳、电器元件及导线处50℃。

4.2.7 灶具灶眼中心距按锅形尺寸确定，至少有一个灶眼适用于平底锅或尖底锅。

4.2.8 灶具的结构应能在4.1的环境条件下不应使烹调器具（锅）产生滑动或移位。其旋转的开关（旋钮）、阀等活动部件及装有干电池的盒应有可靠防护。

4.2.9 灶具的结构应能使烹调器具紧密接触，并防止溢液、水等液体滴入或流入燃烧器中而影响其正常燃烧。

4.2.10 灶具面板应使用耐高温和抗挠度材料制成，任何部位的热变形挠度应≤5 mm。

4.2.11 灶具的每一燃烧器应设置不少于两个独立的燃气阀门，见图1。

4.2.12 灶具的阀门及旋钮在室温和最高温度下开启灵活，关闭可靠。在开、关位置，应有永久的明显标志和方向指示，并设有限位。

4.2.13 灶具的每一个燃烧器应设有电点火装置和熄火保护装置。

4.2.14 电点火装置出现故障时应不影响安全，熄火保护装置动作，需手动复位后方可继续使用。

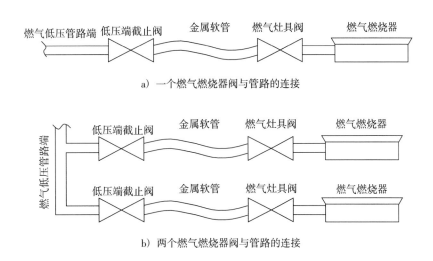

a) 一个燃气燃烧器阀与管路的连接

b) 两个燃气燃烧器阀与管路的连接

图 1 燃气管路示意图

4.3 连接管路和阀

4.3.1 燃气的供气管路应选用金属管,钢质管路应符合 GB/T 3091 的规定。当选用硬质拉制铜管或拉制不锈钢管时,外径为 12 mm 或以下的管路,其最小壁厚应不少于 0.8 mm;外径大于 12 mm 的管路,最小壁厚应不少于 1.5 mm。

4.3.2 金属管路可采用管接或焊接工艺进行连接。

4.3.3 钢瓶的压力调节器(减压阀)与金属管的连接及低压端截止阀与燃气灶具阀的连接应选用符合 CJ/T 197 规定的金属软管连接。当采用橡胶软管连接时,应选用符合 HG 2486 要求的橡胶软管,不宜采用塑料软管。

4.3.4 橡胶软管应使用软管卡进行固定连接,其软管卡应符合 TB/T 1265 的有关规定。不宜采用弹簧夹头进行连接。软管的长度不应超过 1.5 m。

4.3.5 软管连接在任何使用条件下应不受拉力或扭曲的影响。

4.3.6 燃气低压管路端应设置 1 个截止阀用软管与燃气灶具阀连接,如图 1 a)所示。当使用双眼燃气灶具时,在其低压管路的端部应分别设置 2 个截止阀,经 2 根软管分别与 2 个燃气灶具阀连接,如图 1 b)所示。

4.3.7 金属管、阀与金属软管的连接应使用密封管螺纹连接。密封管螺纹应符合 GB/T 7306.1、GB/T 7306.2 的规定。软管连接接头应使用图 2 所示的两种结构(φ9.5 mm 或 φ13 mm)。

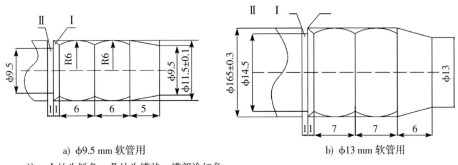

a) φ9.5 mm 软管用　　　　　　　　　　b) φ13 mm 软管用

注:Ⅰ处为锐角;Ⅱ处为槽状,槽部涂红色。

图 2 软管接头的形状及尺寸

4.3.8 低压供气管路的附件应尽可能少,接头和附件应易接近、便于观查。当其穿越甲板或舱壁时,应有可靠的措施保证其水密和舱壁的完整性。

4.3.9 当使用双瓶用一根管路供气时,除每一液化气钢瓶上设置的气瓶阀外,应在供气管路中设有手动转换装置。

4.3.10 低压管路端设置的截止阀应明显且易于接近,操作方便并设有显著的打开和关闭位置的标识。

4.3.11 低压侧截止阀应符合 CJ/T 180 的有关规定。不宜使用针阀、闸阀作为截止阀。

4.4 安装处所

4.4.1 灶具应安装在专用的厨房或舱室内,且远离居住处所。

4.4.2 厨房的门、窗应向外开启,并开通往开敞甲板。应具有良好的通风及照明设备。

4.4.3 金属管路应可靠支承固定。支承间距钢管不大于 1 m,铜管或拉制不锈钢管的固定支承间距应不超过 0.5 m。

4.4.4 软管不应通过机舱。

4.4.5 燃气钢瓶应存放在开敞甲板上,直立竖放,并应可靠固定。燃气钢瓶上的阀、压力调节器和管路应有有效防护措施。

4.4.6 存放燃气钢瓶的专用处所应通风良好,其通风口应分别布置于高处和低处。其门应向外开启,并直接从开敞甲板进出。

4.4.7 存放燃气钢瓶的处所应隔离热源。除工作需要外,处所内不得设置电缆和电气设备。当设置电气设备时,应满足对易燃、易爆环境的要求。在明显处显示"禁止烟火"的标志。

4.4.8 燃气钢瓶应单独存放,不得与其他易燃、易爆气体钢瓶或物品混放在同一处所。

4.4.9 厨房及存放燃气钢瓶处所的火灾探测和报警装置的设置,应符合《渔业船舶法定检验规则(2000)》的有关要求。

5 安装验收

5.1 燃气设备安装验收

5.1.1 厨房灶具的安装应符合 4.2.2 的规定。其厨房的通风和照明设施应满足 4.4.1、4.4.2 的规定。

5.1.2 连接管路和阀的安装应不满足 4.3.2、4.3.3、4.3.4、4.3.5、4.3.6、4.3.9、4.3.10、4.4.3、4.4.4 的要求。

5.1.3 燃气钢瓶及钢瓶阀应符合 GB 5842、GB 7512 的规定,存放应符合 4.4.5、4.4.6、4.4.7、4.4.8 的规定。

5.1.4 厨房和燃气钢瓶存放处所设置的火灾探测和报警装置应按《渔业船舶法定检验规则(2000)》的有关要求安装、试验与验收。

5.2 管路试验

在投入使用前,应从压力调节器至灶具截止阀处的管路连接进行检查。从压力调节器的连接处至灶具截止阀处以 3 倍的工作压力,但不大于 0.015 MPa(150 mbar)的气压进行试验,试验时间 10 min。试验的后 5 min 压力始终稳定在试验压力的 ±0.000 5 MPa(±5 mbar)内,则试验合格。

确定连接处泄漏的位置,应使用有效的检测仪器或使用合适的检测液检测。若使用肥皂水或其他洗涤剂时,应选择不含有氨物质的溶液进行检测。

5.3 燃气灶具试验

5.3.1 灶具的试验应满足 4.2 及 GB 16410、CB/T 3263 的有关规定。

5.3.2 管路经压力试验合格后,连接所有灶具。目测检查各燃烧器的燃烧情况,将开关旋至相同位置检查火焰高度是否一致。

ICS 47.020.60
U 65

中华人民共和国水产行业标准

SC/T 8145—2011

渔业船舶自动识别系统 B 类船载设备技术要求

Technical requirements for shipborne equipment of class B automatic identification
system of fishing vessel

2011-09-01 发布
2011-12-01 实施

中华人民共和国农业部 发布

目　次

前　言

本标准按照 GB/T 1.1—2009 给出的规则起草。

请注意本文件的某些内容可能涉及专利。本文件的发布机构不承担识别这些专利的责任。

本标准技术指标参考了 ITU‑R M.1371‑3《在 VHF 海上移动频段采用时分多址（TDMA）技术的通用船载自动识别系统（AIS）的技术特征》、ITU‑R M.1084《改善海上移动服务电台使用 156 MHz～174 MHz 频段效率的临时方案》、IEC 62287‑1《海上导航和无线电通信设备及系统　自动识别系统（AIS）B 类船载设备　第 1 部分：载波侦听时分多址技术（CSTDMA）》。环境适应性要求参考了 IEC 60945《海上导航和无线电通信设备及系统　通用要求、测试方法和要求的测试结果》，在技术内容上与相关标准协调。

本标准 5.2.2～5.2.3、6.2.2.2～6.2.2.3 修改采用 IEC 62287‑1 第 11 章，其中 SO B 类 AIS 船载设备的要求修改采用 ITU‑R M.1371‑3 表 5 和表 6。

本标准 5.3.1 修改采用 ITU‑R M.1371‑3 附录 2 的 3.1.1,5.3.2 等效采用 ITU‑R M.1371‑3 附录 7 的 4.3.1.1,5.3.4 修改采用 ITU‑R M.1371‑3 附录 7 的 4.3.1.2 和 4.3.1.3。

本标准 5.4.1 和 5.4.2 修改采用 IEC 62287‑1 的 10.2 和 10.6,其中 SO B 类 AIS 船载设备的要求修改采用 ITU‑R M.1371‑3 有关要求。

本标准 5.6 修改采用 IEC 62287‑1 的 10.8.2 和 10.8.3。

本标准 5.8.1～5.8.5 修改采用 IEC 60945 的 8.2.2、8.3、8.4.2、8.5 和 8.12。

本标准 5.9、5.7.2 和 5.7.3 修改采用 IEC 60945 的第 9 章和第 10 章。

本标准 5.10 修改采用 IEC 60945 的 4.5.3。

本标准由中华人民共和国农业部渔业局提出。

本标准由全国渔船标准化技术委员会（SAC/TC 157）归口。

本标准起草单位：农业部渔业船舶检验局、上海埃威航空电子有限公司、天津七一二通信广播有限公司。

本标准主要起草人：唐金龙、黄新胜、冯金安、陈涤非、肖文雄、张财元。

渔业船舶自动识别系统 B 类船载设备技术要求

1 范围

本标准规定了渔业船舶自动识别系统(AIS)B类船载设备的技术要求、试验方法。

本标准适用于采用 SOTDMA(自组织时分多址,简称"SO")或 CSTDMA(载波侦听时分多址,简称"CS")协议的渔业船舶自动识别系统(AIS)B类船载设备的设计、制造、检测和验收的依据。

2 规范性引用文件

下列文件对于本文件的应用是必不可少的。凡是注日期的引用文件,仅注日期的版本适用于本文件。凡是不注日期的引用文件,其最新版本(包括所有的修改单)适用于本文件。

GB/T 3594 渔船电子设备电源的技术要求

GB 4208 外壳防护等级(IP 代码)

GB/T 15527 船用全球定位系统(GPS)接收机通用技术条件

GB/T 15868 全球海上遇险与安全系统(GMDSS)船用无线电设备和海上导航设备通用要求测试方法和要求的测试结果

IEC 60945 海上导航和无线电通信设备及系统 通用要求、测试方法和要求的测试结果

IEC 61162 海上导航和无线电通信设备及系统 数据接口

IEC 61993—2 海上导航和无线电通信设备和系统——自动识别系统(AIS)-第2部分:通用自动识别系统的A级船载设备操作和性能要求、测试方法和要求的测试结果

ITU-R M.1371-3 在 VHF 海上移动频段上时分多址的船用自动识别系统的技术特性

GD 01-2006 中国船级社电气电子产品型式认可实验指南

注1:修改采用"IEC 62287—1 海上导航和无线电通信设备及系统——自动识别系统(AIS)B类船载设备 第1部分:载波侦听时分多址技术(CSTDMA)"。

注2:修改采用"ITU-R M.1084《改善海上移动服务电台使用 156 MHz～174 MHz 频段效率的临时方案》"。

3 术语、缩略语和定义

下列术语、缩略语和定义适用于本文件。

3.1 术语和定义

3.1.1

自组织时分多址接入 **self-organized time division multiple access**

一种依靠自动时隙分配技术的具有避免和解决通信冲突能力的时分多址接入算法。

3.1.2

载波侦听时分多址接入 **carrier-sense time division multiple access**

一种依靠载波侦测技术的具有避免通信冲突能力的时分多址接入算法。

3.1.3

自动识别系统 **automatic identification system**

在甚高频海上移动频段采用时分多址接入方式自动广播和接收船舶动态、静态等信息,以便实现识别、监视和通信的系统。

3.1.4

静态信息 **static information**

包括 MMSI、船名、船舶类型、制造商 ID(可选)、呼号、船长、船宽和天线位置。

3.1.5

动态信息 dynamic information

包括船舶位置、UTC、COG、SOG 和艏向。

3.2 缩略语和定义

表1的缩略语和定义适用于本文件。

表 1 缩略语和定义

缩略语	英 文 全 称	定 义
AIS	Automatic Identification System	自动识别系统
ALR	Alarm	告警语句
BER	Bit Error Rate	误码率
BT	Bandwidth Time product	带宽时间乘积
COG	Course over ground	对地航向
CPA	Closest Point of Approaching	最近会遇点
CRC	Cyclic Redundancy Check	循环冗余校验
CS	Carrier-Sense	载波侦听
CSTDMA	Carrier-Sense Time Division Multiple Access	载波侦听时分多址接入
DCPA	Distance to Closest Point of Approaching	最近会遇距离
DG	Dangerous Goods	危险品
DGNSS	Differential Global Navigation Satellite System	差分全球导航卫星系统
DLS	Data Link Service	数据链服务
DSC	Digital Selective Calling	数字选择呼叫
EUT	Equipment Under Test	被测设备
FM	Frequency Modulation	调频
GDOP	Geometric dilution of precision	几何精度因子
GMSK	Gaussian Minimum Shift Keying	高斯滤波最小移频键控
GNSS	Global Navigation Satellite System	全球导航卫星系统
GPS	Global Positioning System	全球定位系统
HDLC	High level Data Link Control	高级数据链路控制规程
HDOP	Horizontal Dilution of Precision	水平精度因子
HS	Harmful Substances	有害物质
IMO	International Maritime Organisation	国际海事组织
ITDMA	Incremental Time Division Multiple Access	增量时分多址接入
LME	Link Management Entity	链路管理实体
MAC	Medium Access Control	媒体介质访问控制
MMSI	Maritime Mobile Service Identity	海上移动业务标识
MP	Marine Pollutants	海上污染物
NM	Nautical Miles(refer to ISO 19018)	海里(按照 ISO 19018 定义)
NRZI	Non Return to Zero Inverted	不归零反转码
PER	Packet Error Rate	误包率
PDOP	Positional dilution of precision	定位精度因子
RAIM	Receiver Autonomous Integrity Monitoring	接收机自主完好性监视
RF	Radio Frequency	射频
Rx	Receive	接收
SA	Selective Availability	选择可用性
SINAD	Signal Interference Noise and Distortion ratio	信号噪声失真比
SOG	Speed over ground	对地航速

表 1（续）

缩略语	英 文 全 称	定 义
SOTDMA	Self-organizied Time Division Multiple Access	自组织时分多址接入
TCPA	Time to Closest Point of Approaching	最近会遇时间
TDMA	Time Division Multiple Access	时分多址
Tx	Transmit	发射
UTC	Universal Time Coordinated	协调世界时
VDM	VHF Data-link Message	VHF 数据消息语句
VDO	VHF Data-link Own-vessel message	VHF 数据链本船消息语句
VHF	Very High Frequency	甚高频
VSWR	Voltage Standing Wave Ratio	电压驻波比

4 分类

B 类 AIS 船载设备按采用的通信协议可分为 SO B 类 AIS 船载设备和 CS B 类 AIS 船载设备两类，分别采用 SOTDMA 和 CSTDAM 两种协议，并保持与未来通信协议的兼容性。

5 要求

5.1 一般要求

5.1.1 外观质量

设备各部件的外观质量应满足：

a) 表面不应有凹坑、裂纹、锈蚀、毛刺等明显缺陷；

b) 涂镀层应均匀、平滑，不应有脱落、划痕、流痕等明显缺陷；

c) 外露器件应固定牢靠、无损伤。

5.1.2 标识

产品标识应至少包括制造商名称、型号、产品出厂序列号和工作电压范围。

5.1.3 组成

设备组成应包括：

a) 主机(内置 2 路 AIS 接收机、1 路发射机和 1 个 GNSS 接收机)；

b) 显示控制器(可与主机一体化)；

c) AIS VHF 天线；

d) GNSS 天线；

e) VHF 射频电缆；

f) GNSS 射频电缆；

g) 主机电源/数据线。

5.2 物理层特性

5.2.1 一般要求

接收机与发射机基本特性见表 2。

表 2 接收机与发射机基本特性

标识	说 明	要 求	精度
PH. RFR	频率范围	至少为 161.5 MHz～162.025 MHz（或全频段：156.025 MHz～162.025 MHz）	
PH. CHS	信道间隔	25 kHz	

表 2（续）

标识	说　明	要　求			精度
PH. CHB	信道带宽	25 kHz			
PH. AIS1	AIS 信道 1（预设信道 1）（2087）	161. 975 MHz			±500 Hz
PH. AIS2	AIS 信道 2（预设信道 2）（2088）	162. 025 MHz 具有两个独立的 TDMA 接收信道			±500 Hz
PH. BR	调制速率	9 600 bps			±50×10⁻⁶
PH. TS	同步序列	24 bits			
PH. TXBT	GMSK 发射 BT 值	0.4			
PH. RXBT	GMSK 接收 BT 值	0.5			
PH. MI	GMSK 调制指数	0.5			
PH. . MA	调制精度	位 0,1		<3 400 Hz	
		位 2,3		2 400 Hz	±480 Hz
		位 4…31		2 400 Hz	±480 Hz
		位 32…199	位格式 0101	1 740 Hz	±350 Hz
			位格式 00001111	2 400 Hz	±480 Hz

5.2.2　TDMA 发射机

5.2.2.1　频率误差

频率误差应满足：

a)　在正常试验条件下，载波频率误差应不超过标称频率的±0.5 kHz；

b)　在高低温试验条件下，载波频率误差应不超过标称频率的±1 kHz。

5.2.2.2　载波功率

载波功率应满足：

a)　在正常试验条件下，发射机输出的载波功率应在 33 dBm$^{+3\,dB}_{-1.5\,dB}$ 以内；

b)　在高低温试验条件下，发射机输出的载波功率应在 33 dBm±3.0 dBm 以内。

注：输出负载阻抗为 50 Ω。

5.2.2.3　调制频谱

a)　频率在载波频率±10 kHz 以内时，调制边带应在 0 dBc 以下，参考电平（0 dBc）为 5.2.2.2 测得的载波功率值；

b)　频率在载波频率±10 kHz 时，调制边带应在−25 dBc 以下；

c)　频率在载波频率+25 kHz～+62.5 kHz 和−25 kHz～−62.5 kHz 时，SO B 类 AIS 船载设备调制边带应在−70 dBc 以下，或应低于−30 dBm，取这二者较低值；CS B 类 AIS 船载设备调制边带应在−60 dBc 以下，或应低于−30 dBm，取这二者较低值；

d)　频率在载波频率+10 kHz～+25 kHz 和−10 kHz～−25 kHz 范围内，调制边带应在上述 b)和 c)的连线以下，SO B 类 AIS 船载设备调制频谱和 CS B 类 AIS 船载设备调制频谱分别见图 1 和图 2。

5.2.2.4　发射时间特性

SO B 类 AIS 船载设备发射时间特性要求如表 3 所示。

表 3　SO B 类 AIS 船载设备发射时序

参　考		比特	时间,ms	定　义
T₀		0	0	发射时段的开始
T_A		0～6	0～0.625	功率超过 Pss 的−50 dB
T_B	T_{B1}	6	0.625	功率需达到 Pss 的+1.5 dB～−3 dB
	T_{B2}	8	0.833	功率需达到 Pss 的+1.5 dB～−1 dB

表 3（续）

参 考	比特	时间,ms	定 义
T_E（增加 1 个填充位）	231	24.063	功率需保持在 Pss 的 +1.5 dB～−1 dB
TF（增加 1 个填充位）	239	24.896	功率回到 Pss 的 −50 dB 并保持低于该值
TG	256	26.667	该时隙结束,开始下一发射时隙
注:Pss 为额定发射功率。			

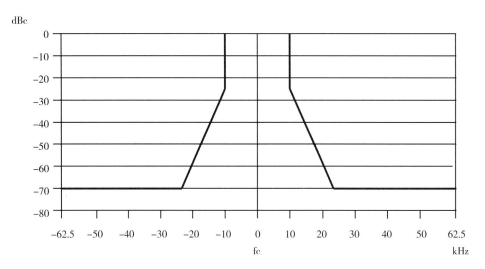

图 1　SO B 类 AIS 船载设备调制频谱

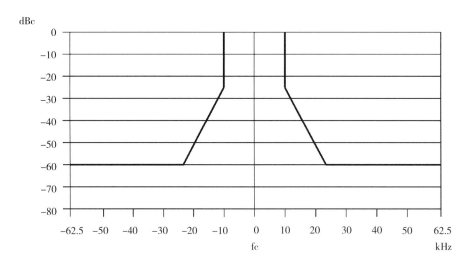

图 2　CS B 类 AIS 船载设备调制频谱

CS B 类 AIS 船载设备发射时间特性要求如表 4 所示。

表 4　CS B 类 AIS 船载设备发射时序

参 考		比特	时间,ms	定 义
T_0		0	0	发射时段的开始
T_A		20	2.083	功率不能超过 Pss 的 −50 dB
T_B	T_{B1}	23	2.396	功率需达到 Pss 的 +1.5 dB～−3 dB
	T_{B2}	25	2.604	功率需达到 Pss 的 +1.5 dB～−1 dB
T_E（增加 1 个填充位）		248	25.833	功率需保持在 Pss 的 +1.5 dB～−1 dB
T_F（增加 1 个填充位）		251	26.146	功率回到 Pss 的 −50 dB 并保持低于该值
注:Pss 为额定发射功率。				

5.2.2.5 发射机杂散发射

在 9 kHz~1 GHz 频段内,发射机传导性杂散发射应≤－36 dBm;在 1 GHz~4 GHz 频段内,发射机传导性杂散发射应≤－30 dBm。

5.2.3 TDMA 接收机

5.2.3.1 灵敏度

灵敏度应满足:

a) 在正常试验条件下,灵敏度应优于－107 dBm,且误包率应≤20%;

b) 在正常试验条件下,当载波频率偏离标称频率±500 Hz 时,灵敏度应优于－104 dBm,且误包率应≤20%;

c) 在高低温试验条件下,灵敏度应优于－101 dBm,且误包率应≤20%。

5.2.3.2 高输入电平下的误包率

高输入电平下的误包率应满足:

a) 当输入信号电平为－77 dBm 时,误包率应不超过 2%;

b) 当输入信号电平为－7 dBm 时,误包率应不超过 10%。

5.2.3.3 共道抑制

a) 当信号电平为－101 dBm 时,共道抑制应≥－10 dB,且误包率应≤20%;

b) 当无用信号的载波频率偏离标称频率±1 kHz 时,共道抑制要求同上。

5.2.3.4 邻道选择性

当信号电平为－101 dBm 时,邻道选择性应≥70 dB,且误包率应≤20%。

5.2.3.5 杂散响应抑制

当信号电平为－101 dBm 时,杂散响应抑制应≥70 dB,且在所有的杂散响应频率上误包率应≤20%。

5.2.3.6 互调响应抑制

当信号电平为－101 dBm 时,互调响应抑制应≥65 dB,且在所有的互调响应频率上误包率应≤20%。

5.2.3.7 阻塞和减敏

阻塞和减敏特性应满足:

a) 当信号电平为－101 dBm 时,对频偏≥500 kHz 且<5 MHz 的单载波干扰信号,阻塞和减敏性能优于 78 dB;

b) 当信号电平为－101 dBm 时,对频偏≥5 MHz 且≤10 MHz 的单载波干扰信号,阻塞和减敏性能优于 86 dB;

c) 在所有的阻塞频率上,误包率应≤20%。

5.2.3.8 接收机杂散发射

在 9 kHz~1 GHz 频段内,接收机杂散发射应≤－57 dBm;在 1 GHz~4 GHz 频段内,接收机杂散发射应≤－47 dBm。

5.2.4 GNSS 接收机

5.2.4.1 定位精度

当 HDOP≤4(或 PDOP≤6)时,水平静态定位精度应优于 13 m(95%置信度,无 SA 情况下)。

5.2.4.2 首次定位时间

首次定位时间应小于 2 min(典型值)。

5.2.4.3 定位更新率

定位更新率应≥1 Hz。

5.3 链路层特性

5.3.1 SO B 类 AIS 船载设备 TDMA 同步

5.3.1.1 UTC 同步

SO B 类 AIS 船载设备应能进行 UTC 直接或间接同步。即当能获得 UTC 时,设备应进行直接 UTC 同步,此时同步状态为 0(UTC 直接同步);当不能获得 UTC 时,但能接收到其他 UTC 直接同步台站的消息(包括基站和移动台,除了"CS"台站),则利用其同步,此时同步状态为 1(UTC 间接同步)。

5.3.1.2 无 UTC 的同步

当不能实现 UTC 直接和间接同步时,则优先与合适的基站同步(基站直接同步,同步状态为 2),其次与获得基站直接同步的合适的移动台同步(基站间接同步,同步状态 3),最后还可与合适的移动台同步(移动台同步,同步状态 3)。

5.3.1.3 同步精度

当采用 UTC 直接同步时,SO B 类 AIS 船载设备同步误差应不超过 $\pm 104\ \mu s$;当采用 UTC 间接同步时,SO B 类 AIS 船载设备同步误差应不超过 $\pm 312\ \mu s$。

5.3.2 CS B 类 AIS 船载设备 TDMA 同步

5.3.2.1 同步模式 1

a) 如收到兼容 IEC 61993-2 协议的移动台或基站信号,CS B 类 AIS 船载设备应利用其周期性位置报告进行同步,并消除台站传输时延的影响。可用于同步的位置报告包括消息 1、2、3、4、18 和 19,且位置信息有效并没有被转发(即转发标志为 0);

b) 上述情况下的同步误差(相对于接收时隙的平均值,该平均值的统计时间为 60 s)应不超过 $\pm 312\ \mu s$;

c) 如不能再接收到上述同步信息,应至少保持同步 30 s,然后切换到同步模式 2。

允许采用满足上述要求的其他同步源。

5.3.2.2 同步模式 2

a) 当设备仅能接收到 CS B 类 AIS 船载设备位置报告时,则应利用其内部时钟(如 GNSS)同步;

b) 如在此模式下收到可作为同步源的 AIS 台站信号,CS B 类 AIS 船载设备应使用该 AIS 台站信号重新计算时隙,并在下一次发射时同步至该信号。

5.3.3 SOTDMA 接入

SO B 类 AIS 船载设备应能采用 SOTDMA 协议接入网络,使用的时隙号应与通信状态指示的时隙号相匹配,其中时隙号不大于 2 249,每个时隙长度不大于 26.67 ms。

5.3.4 载波侦听

5.3.4.1 载波侦听门限

载波侦听(CS)检测门限单独在每个接收通道上通过 60 s 时间确定,将测量的最低信号电平(表示背景噪声)加 10 dB 作为门限。最低载波侦听检测门限应为 -107 dBm,最高门限为 -77 dBm(即跟踪范围为 30 dB)。当背景噪声超过 -77 dBm 应告警,且输出合适的 ALR 语句。

注:本项仅适用于采用 CSTDMA 协议的 B 类 AIS 船载设备。

5.3.4.2 载波侦听时机

a) 在计划用于发射的时间段起始时间(T_0)之后,自 833 μs~1 979 μs 的 1 146 μs 的时间窗中(11 比特,即为 CS 检测窗),CS B 类 AIS 船载设备应进行载波侦听。考虑到其他台站信号传播延时,关断延时和同步误差,不应采用前 8 比特(即 T_0 至 833 μs)的信号,见图 3;

b) 如在 CS 检测窗中有信号超过载波侦听门限,则不应发射;否则,CSTDMA 数据包应在 T_0 20 比特后开始发射(即发射时刻 T_A 为 $T_0 + 2\ 083\ \mu s$)。

注:本项仅适用于采用 CSTDMA 协议的 B 类 AIS 船载设备。

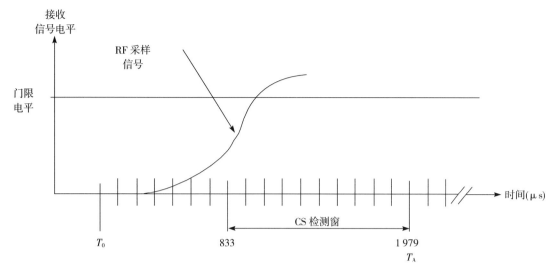

图 3 载波检测时机

5.3.5 时隙占用

CS B 类 AIS 船载设备主动发射消息时不超过一个时隙,SO B 类 AIS 船载设备主动发射消息时不超过两个时隙。

5.4 功能要求

5.4.1 AIS 工作模式

5.4.1.1 自主模式

设备应能自动工作在自主模式下,SO B 类 AIS 船载设备应自动周期性地发送位置报告和扩展位置报告;CS B 类 AIS 船载设备应自动周期性地发送位置报告和静态数据报告。

5.4.1.2 分配模式

a) 当基站通过消息 23 分配 B 类 AIS 船载设备的工作模式(包括设置收发模式、报告间隔和静默模式)时,B 类 AIS 船载设备应自动对分配命令作出正确响应,消息 23 格式如表 5 所示,船舶类型定义如表 6 所示,报告间隔定义如表 7 所示;

表 5 消息 23 信息

参 数	比特数	说 明
消息识别码	6	该消息的识别码为 23
转发指示符	2	中继器用,用于指示消息已被重发的次数(0 表示默认值,3 表示不应再转发)
源识别码	30	分配站的 MMSI
备用	2	备用位,为 0
经度 1	18	组分配区域的右上角(东北角)经度,单位 1/10′(±180°,东为正,西为负)
纬度 1	17	组分配区域的右上角(东北角)纬度,单位 1/10′(±90°,北为正,南为负)
经度 2	18	组分配区域的左下角(西南角)经度,单位 1/10′(±180°,东为正,西为负)
纬度 2	17	组分配区域的左下角(西南角)纬度,单位 1/10′(±90°,北为正,南为负)
台站类型	4	0 表示各类船载设备(移动站),为默认值;1 为备用;2 表示各类 B 类 AIS 船载设备(移动站);3 表示 SAR 飞机移动站;4 表示航标站;5 表示仅 CS B 类 AIS 船载设备(移动站);6 表示内河;7~9 为区域使用;10~15 备用
船舶及载货类型	8	0 表示所有船舶,为默认值;1~99:见表 6;100~199 为地区性使用保留;200~255 为今后使用保留
备用	22	备用位,应为 0
收发模式	2	分配下列工作模式:0 表示 TxA/TxB,RxA/RxB(默认值);1 表示 TxA,RxA/RxB;2 表示 TxB,RxA/RxB;3 为备用
报告间隔	4	定义如表 7 所示

299

表 5（续）

参　数	比特数	说　明
静默时间	4	0 表示不静默,为默认值;1~15 分别表示静默时间从 1 min~15 min
备用	6	备用位,应为 0
总位数	160	占用一个时隙

表 6　船舶类型

标识符	具　体　船　舶
50	引航船
51	搜救船
52	拖船
53	港口供应船
54	载有防污装置和设备的船舶
55	执法船
56	备用-分配给当地船舶使用
57	备用-分配给当地船舶使用
58	医疗船(符合 1949 年日内瓦公约及附加条款所规定)
59	中立国的船舶和飞机

其　他　船　舶			
第一位数字[①]	第二位数字[①]	第一位数字[①]	第二位数字[①]
1-为将来使用保留	0-此类所有船舶	—	0-渔船
2-地效应船	1-载有 DG、HS 或 MP,属 IMO 规定的 X 类有害或污染物的船舶	—	1-从事拖带作业
3-见右栏	2-载有 DG、HS 或 MP,属 IMO 规定的 Y 类有害或污染物的船舶	3-船舶	2-从事拖带作业,且拖带长度超过 200 m,或宽度超过 25 m
4-高速船	3-载有 DG、HS 或 MP,属 IMO 规定的 Z 类有害或污染物的船舶	—	3-从事疏浚或水下作业
5-见上	4-载有 DG、HS 或 MP,属 IMO 规定的 OS 类有害或污染物的船舶	—	4-从事潜水作业
	5-为将来使用保留	—	5-参与军事行动
6-客船	6-为将来使用保留	—	6-帆船
7-货船	7-为将来使用保留	—	7-娱乐船
8-油轮	8-为将来使用保留	—	8-为将来使用保留
9-其他类型的船舶	9-无附加信息	—	9-为将来使用保留
[①] 应选择合适的第 1、2 位数字组成标识符。			

表 7　消息 23 报告间隔定义

报告间隔字段内容	消息 23 报告指定的消息 18 报告间隔
0	按自主模式报告速率
1	10 min
2	6 min
3	3 min
4	1 min
5	30 s
6	15 s
7	10 s
8	5 s
9	下一个更短的报告间隔
10	下一个更长的报告间隔
11~15	备用

b) 当设置报告间隔 4 min～8 min 后,设备应自动恢复到自主模式的报告速率;当静默模式结束后,设备应自动恢复到自主模式的报告速率;当接收到不属于本机的分配指令,设备应不受影响;

c) 对于 SO B 类 AIS 船载设备,当基站通过消息 16(分配模式指令,消息格式参见 ITU‑R M.1371‑3)分配设备的报告间隔时,设备应自动对分配命令作出正确响应。

报告位置的参照点和船舶的尺度,如图 4 所示。

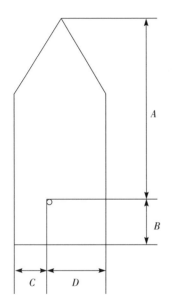

	比特数	比特字段	距离,m
A	9	0～8	0～511
B	9	9～17	0～511
C	6	18～23	0～63; 63＝63 m 或更大
D	6	24～29	0～63; 63＝63 m 或更大

报告位置的参照点不详,但已知船舶的尺度时
$A＝C＝0$,并且 $B\neq0,D\neq0$。
报告位置的参照点与船舶尺度均不详时
$A＝B＝C＝D＝0$(默认)。
在信息表中使用时,$A＝$最高有效字段
$D＝$最低有效字段。

图 4 定位天线位置参数图

5.4.1.3 询问模式

设备应在指定的时隙偏移上自动对询问消息(消息 15,消息格式参见 ITU‑R M.1371‑3)作出回复。应根据询问回复消息 18、消息 19、消息 24A 和消息 24B(消息格式分别见表 9、表 10、表 11 和表 11)。回复的信道与接收询问消息的信道一致。询问消息的优先级高于消息 23 设置的静默模式。

B 类 AIS 船载设备不应询问其他设备。

5.4.2 AIS 消息处理

5.4.2.1 B 类 AIS 船载设备收发消息的类型

B 类 AIS 船载设备收发消息与类型的关系如表 8。

表 8 AIS 发送消息与类型的关系

消息编号	消息名称	B 类 SO AIS 船载设备		B 类 CS AIS 船载设备	
		发射	接收	发射	接收
1	船位报告	不允许	接收	不允许	接收
2	船位报告	不允许	接收	不允许	接收
3	船位报告	不允许	接收	不允许	接收
4	基站报告	不允许	接收	不允许	接收
5	静态和与航程有关的数据	不允许	接收	不允许	接收
6	二进制编址信息	不允许	接收	不允许	不允许
7	对二进制信息的确认	不允许	接收	不允许	接收
8	二进制广播信息	不允许	接收	不允许	接收
9	标准搜救飞机位置报告	不允许	接收	不允许	接收
10	UTC/日期查询	不允许	不接收	不允许	不接收

表 8（续）

消息编号	消息名称	B类 SO AIS 船载设备		B类 CS AIS 船载设备	
		发射	接收	发射	接收
11	UTC/日期回应	不允许	不接收	不允许	不接收
12	编址安全信息	不允许	接收	不允许	接收
13	安全信息的确认	可选（如果接收电文12,应发射）	不接收	可选（如果接收电文12,应发射）	不接收
14	安全广播信息	不允许	接收	不允许	接收
15	询问	不允许	接收	不允许	接收
16	分配模式指令	不允许	接收	不允许	不接收
17	DGNSS广播二进制信息	不允许	接收	不允许	可选
18	标准B类AIS船载设备位置报告	发射或询问时发射	接收	发射或询问时发射	接收
19	扩展B类AIS船载设备位置报告	发射或询问时发射	接收	询问时发射	接收
20	数据链管理信息	不允许	接收	不允许	接收
21	助航报告	不允许	接收	不允许	接收
22	信道管理	不允许	接收	不允许	接收
23	组分配指令	不允许	接收	不允许	接收
24A/24B	静态数据报告	询问时发射	接收	发射或询问时发射	接收
25	单时隙二进制信息	不允许	接收	不允许	接收
26	带通信状态的多时隙二进制信息	不允许	接收	不允许	可选

消息18、消息19、消息24A、消息24B和消息23格式分别见表9、表10、表11、表12和表5,其他消息格式参见ITU-R M.1371-3。

5.4.2.2 AIS消息发送

5.4.2.2.1 位置报告

应具备通过消息18自主定时发送标准B类AIS船载设备位置报告的功能,内容见表9,发送数据各参数内容应与实际设备一致。

表 9 消息 18 信息

参 数	比特数	说 明
消息识别码	6	该消息的识别码为18
转发指示符	2	中继器用,用于指示消息已被重发的次数(0 为默认值,3 表示不应再转发,对于 CS B类 AIS 船载设备应为 0)
用户识别码	30	MMSI
为地区或区域应用保留	8	保留由区域或地方主管机关定义,如果不用,应置为0。地区应用应不使用0
对地航速	10	单位为 1/10 kn, 对地航速范围为 0 kn～102.2 kn, 1 023 表示不可用; 1 022表示 102.2 kn 或更高
船位精度	1	1 表示高精度(<10 m, DGNSS 接收机的差分方式),0 表示低精度(≥10 m, GNSS 接收机或其他电子定位系统的自主模式);默认值为 0
经度	28	经度,单位为 1/1 000′(±180°, 东为正,西为负),2 的补码;181°(十六进制 6791AC0H)为默认值,表示不可用
纬度	27	纬度,单位为 1/1 000′(±90°,北为正,南为负),2 的补码;91°(十六进制 3412140H)为默认值,表示不可用

表 9 （续）

参　数	比特数	说　明
对地航向	12	对地航向,单位为 0/10°(0～3 599),3 600(十六进制 E10H)为默认值,表示不可用,不应当采用 3 601～4 095
真航向	9	度数(0°～359°),(511 表示不可用,为默认值)
时间标记	6	报告产生时的 UTC 秒(0 s～59 s);60 表示不可用,也为默认值;61 表示定位系统以人工输入方法运行;62 表示电子定位系统以估算模式(船位推算法)运行;63 表示定位系统未运行 CS B 类 AIS 船载设备不使用 61、62 和 63
为地区性应用所保留	2	保留由区域或地方主管机关定义。如果不用,应置为 0。地区应用不使用 0
B 类 AIS 船载设备标志	1	0 表示采用 SOTDMA 协议 B 类 AIS 船载设备,1 表示采用 CSTDMA 协议 B 类 AIS 船载设备
B 类 AIS 船载设备显示器标志	1	0 表示无显示器,不能显示消息 12 和 14;1 表示集成显示器,可显示消息 12 和 14
B 类 AIS 船载设备 DSC 标志	1	0 表示无 DSC 功能,1 表示有 DSC(专用或时分接收机)
B 类 AIS 船载设备频率范围标志	1	0 表示 161.5 MHz～162.025 MHz;1 表示 156.025 MHz～162.025 MHz
B 类 AIS 船载设备消息 22 标志	1	0 表示不能通过消息 22 管理频率,仅工作在 AIS1、AIS2;1 表示可以通过消息 22 管理频率
模式标志	1	0 表示工作在自主模式,为默认值;1 表示工作在分配模式
RAIM 标志	1	电子定位设备的 RAIM(接收机自主完好性监视)标志;0 表示 RAIM 未使用,为默认值;1 表示 RAIM 使用
通信状态选择标志	1	0 为 SOTDMA 通信状态;1 为 ITDMA 通信状态
通信状态	19	如通信状态选择标志设为 0,则此处为 SOTDMA 通信状态;如通信状态选择标志设为 1,则此处为 ITDMA 通信状态 对于 CS B 类 AIS 船载设备,应为"1100000000000000110"
总位数	168	占用一个时隙

5.4.2.2.2 扩展位置报告

采用 SOTDMA 协议的 B 类 AIS 船载设备应具备通过消息 19 周期性发送扩展位置报告的功能,内容见表 10,发送数据各参数内容应与实际设备一致。

表 10　消息 19 信息

参　数	比特数	说　明
消息识别码	6	该消息的识别码为 19
转发指示符	2	用于指示消息已被重发的次数。(0 为默认值,3 表示不应再转发)
用户识别码	30	MMSI
为地区或区域应用保留	8	保留由区域或地方主管机关定义,如果不用,置为 0。地区应用应不使用 0
对地航速	10	单位为 1/10 kn,对地航速范围为 0 kn～102.2 kn,1023 表示不可用;1022 表示 102.2kn 或更高
船位精确度	1	1 表示高精度(<10 m,DGNSS 接收机的差分方式),0 表示低精度(≥10 m,GNSS 接收机或其他电子定位系统的自主模式);默认值为 0
经度	28	经度,单位为 1/1 000′(±180°,东为正,西为负);181°(十六进制 6791AC0H)为默认值,表示不可用
纬度	27	纬度,单位为 1/1 000′(±90°,北为正,南为负);91°(十六进制 3412140H)为默认值,表示不可用
对地航向	12	对地航向,单位为 0/10°(0～3 599),3 600(十六进制 E10H)为默认值,表示不可用,不应当采用 3 601～4 095
真航向	9	度数(0°～359°),(511 表示不可用,为默认值)(可选值)

表 10（续）

参　数	比特数	说　明
时间标记	6	报告产生时的 UTC 秒(0 s～59 s)；60 表示不可用，也为默认值；61 表示定位系统以人工输入方法运行；62 表示电子定位系统以估算模式(船位推算法)运行；63 表示定位系统未运行
船名	120	最多 20 字符(6 比特 ASCII 字符)，连续 20 个@表示不可用，为默认值
船舶及载货类型	8	0 表示不可用或没有船舶，为默认值；1～99：见表 6；100～199 为地区性使用保留；200～255 为今后使用保留
船舶尺度/位置参照	30	报告位置的参照点及船舶的尺度(单位:m)，见图 4
电子定位装置类型	4	0 表示未定义(为默认值)；1 表示 GPS；2 表示 GLONASS；3 表示 GPS/GLONASS 双模；4 表示罗兰 C；5 表示 Chayka；6 表示组合导航系统；7 表示观测；8 表示 Galileo；9～15 不用
RAIM 标志	1	电子定位设备的 RAIM(接收机的自主完好型监视)标志；0 表示 RAIM 未使用，为默认值；1 表示 RAIM 使用
数据终端	1	数据终端准备(0 表示可用；1 表示不可用，为默认值)，见 GB/T 20068
备用位	5	未用，应设为 0
总位数	312	占用两个时隙

5.4.2.2.3 静态数据报告

采用 CSTDMA 协议的 B 类 AIS 船载设备应具备通过消息 24A 和 24B 周期性发送设备静态数据报告的功能，内容见表 11 和表 12，数据各参数内容应与实际设备一致。

表 11　消息 24A 信息

参　数	比特数	说　明
消息识别码	6	该消息的识别码为 24
转发指示符	2	中继器用,用于指示消息已被重发的次数(0 为默认值,3 表示不应再转发)
用户识别码	30	MMSI
编号	2	消息 24 的编号,对于 24A 总是 0
船名	120	最多 20 字符(6 比特 ASCII 字符)，连续 20 个@表示不可用，为默认值
总位数	160	占用一个时隙

表 12　消息 24B 信息

参　数	比特数	说　明
消息识别码	6	该消息的识别码为 24
转发指示符	2	中继器用,用于指示消息已被重发的次数(0 为默认值,3 表示不应再转发)
用户识别码	30	MMSI
编号	2	消息 24 的编号,对于 24B 总是 1
船舶及载货类型	8	0 表示不可用或没有船舶，为默认值；1～99：见表 6；100～199 为地区性使用保留；200～255 为今后使用保留
制造商识别码	42	由制造商定义的设备的唯一的序列号(可选,@@@@@@@表示不可用，为默认值)
呼号	42	MMSI 注册船舶呼号,为 7 个 6 位 ASCII 字符,@@@@@@@表示不可用，为默认值
船舶尺度/位置参照	30	报告位置的参照点及船舶的尺度(单位:m)，见图 4
备用位	6	
总位数	168	占用一个时隙

5.4.2.2.4 消息更新率

自主模式下的报告的更新率见表 13。报告时间如表 14 和表 15 所示，消息 24B 将在消息 24A 传送后 1 min 内传送完毕。

表 13 报告更新率

信息类型	更 新 率
静态信息	每 6 min 或当数据改变或被询问时发送
动态信息	取决于设备类型和船舶运动速度,见表 14 和表 15
与安全相关信息	按需要

表 14 SOTDMA B 类 AIS 船载设备位置报告间隔

船舶的运动状态	标称报告间隔	增加的报告间隔
移动速度≤2 kn	3 min	3 min
移动速度 2 kn～14 kn	30 s	30 s
移动速度 14 kn～23 kn	15 s	30 s
移动速度＞23 kn	5 s	15 s

表 15 CSTDMA B 类 AIS 船载设备位置报告间隔

船舶的运动状态	标称报告间隔
移动速度≤2 kn	3 min
移动速度＞2 kn	30 s

对 SO B 类 AIS 船载设备,当检测到最近 4 个帧中的自由时隙数量不大于 50%时,应按增加的报告间隔发射位置报告;当检测到最近 4 个帧中的自由时隙数量大于 65%时,按标称报告间隔发射位置报告。

5.4.2.3 AIS 消息接收

设备应能在两个接收通道上接收 A 类、SO B 类 AIS 船载设备、CS B 类 AIS 船载设备发送的位置报告、扩展位置报告和静态数据报告。其他应接收的消息类型见表 8。

5.4.2.4 相邻时间接收能力

当 80%的时隙被使用时,设备应连续接收,且数据输出丢包率不超过 5%。

5.4.2.5 高负荷接收能力

当 90%的时隙被使用时(即 90%的网络负荷),设备应连续接收,且数据输出丢包率不超过 5%。

5.4.3 数据链路管理

设备应接受基站发出的消息 20(消息格式参见 ITU‐R M.1371‐3)数据链路管理。

5.4.4 信道管理

设备应接受基站发出的消息 22(消息格式参见 ITU‐R M.1371‐3)信道管理。

5.4.5 自检功能

a) 设备应具备自检功能,包括上电自检和周期性自检,并显示自检故障内容(包括 GNSS 故障、AIS 发射故障和 AIS 接收故障等);

b) 当检测到 GNSS 不可用时,设备位置报告间隔应为 3 min,GNSS 正常后恢复正常发射。

5.4.6 初始化功能

a) 船舶静态信息只能通过数据接口进行初始化和修改;

b) MMSI 默认值为 000000000。MMSI 未初始化前,设备应不发射。

5.4.7 会遇报警功能

a) 设备应能根据 AIS 信息和本船位置,对周边相邻距离不小于 3 nm 的船舶的 DCPA 和 TCPA 进行连续监视,按表 16 要求进行会遇报警;

表 16 会遇报警分类表

报警级别	最低要求	报警方法
预警	相邻距离为 3 nm	光学报警
告警	相邻距离为 1 nm，DCPA 为 1 nm 或 TCPA 为 30 min	声光同时报警

  b) 声音报警可为语音报警（推荐）或音频报警，声音报警输出峰值功率应不小于 2 W，报警音量应可调节，音频报警的音频频率和重复周期可随告警的危险度自动调节，即危险度越大，音频报警的音频频率越高、重复周期越短；

  c) 光学报警可为指示灯闪烁或为屏幕上会遇目标闪烁；

  d) 当会遇报警达到告警级别时，在图形 AIS 目标显示画面下，可自动调节的显示比例，以便观察本船和会遇船舶的相对位置。

5.4.8 显示要求

5.4.8.1 基本要求

设备应具备下列功能：

  a) 应能显示本船静态信息和动态信息；

  b) 应能显示目标列表，船舶列表可按距离自动排序；

  c) 应能显示目标的 AIS 全部信息。

5.4.8.2 导航功能

在不影响 AIS 所有功能的情况下，设备可具备下列辅助导航功能：

  a) 应能显示 SOG、COG，更新率应至少 1 次/s；

  b) 应能进行航路点、航线的设置、编辑、储存和删除操作；

  c) 应能计算到达航路点的距离、方位、航行时间和预计到达时间。

5.4.8.3 图形 AIS 目标显示功能

设备应具备图形 AIS 目标显示功能，即以本船为中心，按距离和方位标绘其他 AIS 目标，距离比例可人工调节和自动调节。

5.4.8.4 分辨率

显示器分辨率至少为 320×240 像素。

5.4.8.5 亮度和对比度调节

应能对显示器进行亮度和对比度调节。

5.5 接口

5.5.1 VHF 天线接口

VHF 天线接口额定阻抗应为 50 Ω。

5.5.2 GNSS 天线接口

GNSS 天线接口额定阻抗应为 50 Ω，具备馈电功能，馈电电压为 3.3 V 或 5 V。

5.5.3 数据接口

  a) 设备应至少有一路双向 IEC 61162 接口，数据格式应满足 IEC 61162 要求，接口数据通信速率可选择，默认通信速率为 38 400 bps；

  b) 设备应至少能输出 ALR、VDO 和 VDM 语句，并接收静态信息和艏向信息的输入。

5.6 保护

5.6.1 发射机保护

发射机应具有 VHF 射频端口开路和短路保护功能。

5.6.2 发射机自动关断功能

发射机具有自动关断发射功能:当发射持续超过 1 s,自动关闭发射机。该功能为电路自主实现,不需要软件操作。

5.7 电源

5.7.1 电源波动

  a) 额定电源电压:DC 12 V 或 DC 24 V;

  b) 电压波动范围满足 GB/T 3594 的要求,即上限是额定值的+30%,下限是额定值的-20%。在电源波动范围内,可通过检查设备是否能收发位置报告来确认其是否正常工作。

5.7.2 电源异常保护

设备应具备电源极性反接、过压、欠压情况的保护措施。设备欠压和过压能力如下列所示:

  a) 欠压门限:额定值的-25%,持续 30 s;

  b) 过压门限:额定值的+50%,持续 30 s。

5.7.3 电源故障保护

5 min 内切断电源 3 次,每次断电 60 s。断电 3 次恢复供电后,设备应正常工作,无数据丢失。

5.8 环境适应性

5.8.1 高温工作

高温工作温度为 55℃,持续时间为 10 h,供电电压为 5.7.1 要求的电压波动上限。高温下设备频率误差、载波功率、灵敏度应满足 5.2.2.1、5.2.2.2 和 5.2.3.1 的要求,设备功能应满足 5.4.1.1 的要求。

5.8.2 湿热

湿热温度为 40℃±3℃,相对湿度为(93±2)%,持续时间为 10 h,设备功能应满足 5.4.1.1 的要求。

5.8.3 低温工作

低温工作温度为-15℃,持续时间为 10 h,供电电压为 5.7.1 要求的电压波动下限。低温下设备频率误差、载波功率、灵敏度应满足 5.2.2.1、5.2.2.2 和 5.2.3.1 的要求,设备功能应满足 5.4.1.1 的要求。

5.8.4 振动

振动的试验参数见表 17。振动后,设备结构件应不松动,设备功能应满足 5.4.1.1 的要求。

表 17 振动试验参数

振动频率,Hz	振幅,mm	加速度,m/s²
2(+3/0)~13.2	±1	在 13.2 Hz 时加速度为 7 m/s²
13.2~100	—	7

5.8.5 盐雾

试验周期为 4 个周期。每喷雾 2 h 之后,在湿热条件下存放 7 d 为一周期。试验要求按 GB/T 15868 的规定执行。

注:本项试验仅针对舱外部分。

5.8.6 外壳防护

舱内部分防护应满足 GB 4208 等级 IP54 的要求,要求如:

  a) 防尘等级:不能完全防止尘埃进入,但进入量不能影响设备的正常工作,设备功能应满足 5.4.1.1 的要求;

  b) 防水等级:防溅,任何方向的溅水对设备无有害影响,设备功能应满足 5.4.1.1 的要求。

5.9 电磁兼容性

5.9.1 传导骚扰

传导骚扰极限值要求如表 18 所示。

表 18 传导骚扰极限值

频 段	极限值
10 kHz～150 kHz	120 dBμV～69 dBμV
150 kHz～500 kHz	79 dBμV
500 kHz～30 MHz	73 dBμV

5.9.2 外壳端口辐射骚扰

外壳端口辐射骚扰极限值要求如表 19 所示。

表 19 外壳端口辐射骚扰极限值

频 段	极限值
150 kHz～30 MHz	80 dBμV/m～50 dBμV/m
30 MHz～100 MHz	60 dBμV/m～54 dBμV/m
100 MHz～2 GHz	54 dBμV/m
其中,156 MHz～165 MHz	24 dBμV/m

5.9.3 射频场感应的传导骚扰抗扰度

射频场感应的传导骚扰抗扰度试验参数如下:

a) 频率范围:150 kHz～80 MHz;

b) 电压(开路):3 V(有效值);

c) 调制频率:1 000 Hz(或 400 Hz);

d) 调制深度:80%;

e) 频率扫描速率:$\leqslant 1.5 \times 10^{-3}$ dec/s。

试验结果应达到 GD 01 规定的性能判据 A 的要求。

5.9.4 射频电磁场辐射抗扰度

射频电磁场辐射抗扰度试验参数如下:

a) 频率范围:80 MHz～2 GHz;

b) 调制频率:1 000 Hz(或 400 Hz);

c) 调制强度:80%;

d) 场强:10 V/m(未经调制);

e) 扫描速率:$\leqslant 1.5 \times 10^{-3}$ dec/s。

试验结果应达到 GD 01 规定的性能判据 A 的要求。

5.9.5 电快速瞬变脉冲群抗扰度

电快速瞬变脉冲群抗扰度试验参数如下:

a) 单脉冲上升时间:5 ns(10%～90%之间值);

b) 单脉冲宽度:50 ns(50%值);

c) 电压峰值:电源线为 2 kV(线/地);

d) 脉冲重复率:2.5 kHz;

e) 脉冲群持续时间:15 ms;

f) 脉冲群周期:300 ms;

g) 连续试验时间:每一极性为 5 min。

试验仅对电源线进行,试验结果应达到 GD 01 规定的性能判据 B 的要求。

5.9.6 浪涌抗扰度

浪涌抗扰度试验参数如下:

a) 脉冲上升时间:1.2 μs(10%～90%之间值);

b) 脉冲宽度:50 μs(50%值);

c) 电压峰值:线/线为 0.5 kV,线/地为 1 kV;

d) 重复频率:每分钟至少 1 次;

e) 脉冲数量:每极性 5 次;

f) 应用:连续。

试验结果应达到 GD 01 规定的性能判据 B 的要求。

5.9.7 静电放电抗扰度

静电放电抗扰度试验参数如下:

a) 试验电压:空气放电 8 kV,两次放电之间时间间隔不小于 1 s;

b) 脉冲数量:正极性和负极性各 10 次。

试验结果应达到 GD 01 规定的性能判据 B 的要求。

5.9.8 低频传导抗扰度

低频传导抗扰度试验的直流供电设备试验电压值(正弦有效值)参数如下:

a) 试验电压(有效值):10%Un;

b) 频率范围:50 Hz~10 kHz;

c) 试验中施加制电源线上的功率限制为 2 W。

试验方法参见 GD 01。

试验结果应达到 GD 01 规定的性能判据 A 的要求。

5.10 磁罗经安全距离

测量磁罗经安全距离,并按 IEC 60945 规定的方法进行记录。

6 试验方法

6.1 试验条件

6.1.1 正常试验条件

除另有规定外,电性能测试应在下列条件下进行所有检验:

a) 温度:+15℃~+35℃;

b) 相对湿度:20%~75%;

c) 大气压:标准大气压;

d) 振动:无。

6.1.2 测试信号要求

6.1.2.1 标准测试信号 1

标准测试信号 1 为 GMSK 调制的 010101 的重复序列或为 AIS 信息帧,该信息帧数据为 010101 序列,还包括同步序列、开始标记、CRC 和结束标志。对 010101 序列和 CRC 不采用 NRZI 编码。信号在 AIS 帧起始时输出,在 AIS 帧结束后关断。

6.1.2.2 标准测试信号 2

标准测试信号 2 为 GMSK 调制的 00110011 的无穷序列或为 AIS 信息帧,该信息帧数据为 00001111 序列,还包括同步序列、开始标记、CRC 和结束标志。对 00001111 序列和 CRC 不采用 NRZI 编码。信号在 AIS 帧起始时输出,在 AIS 帧结束后关断。

6.1.2.3 标准测试信号 3

按 ITU-T O.153 编码的伪随机序列,包括同步序列、开始标记、CRC 和结束标志,对伪随机序列和 CRC 不采用 NRZI 编码。信号在 AIS 帧起始时输出,在 AIS 帧结束后关断。

6.1.2.4 标准测试信号 4

测试信号包括200个数据包,分为4个子集,见图5。每个子集包括2个连续的发射数据包,参见表20和表21。

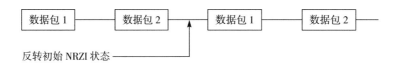

反转初始 NRZI 状态

图5　4种数据包子集的格式

表20　第1、2个数据包内容

数据包	字段	比特数	内　容	说　明
1	训练序列	22	0101……0101	为避免重叠,减少2比特
	帧起始	8	0111 1110	
	数据	168	伪随机序列	见表21
	CRC	16	计算值	
	帧结束	8	0111 1110	
2	训练序列	22	1010……1010	为避免重叠,减少2比特
	帧起始	8	0111 1110	
	数据	168	伪随机序列	见表21
	CRC	16	计算值	
	帧结束	8	0111 1110	

表21　固定伪随机数据(根据 ITU - T.O. 153)

地址	内容(十六进制)							
0～7	0x04	0xf6	0xd5	0x8e	0xfb	0x01	0x4c	0xc7
	0000 0100	1111 0110	1101 0101	1000 1110	1111 1011	0000 0001	0100 1100	1100 0111
8～15	0x76	0x1e	0xbc	0x5b	0xe5	0x92	0xa6	0x2f
	0111 0110	0001 1110	1011 1100	0101 1011	1110 0101	1001 0010	1010 0110	0010 1111
16～20	0x53	0xf9	0xd6	0xe7	0xe0	21 字节＝168 比特(＋4 填充字节) CRC＝0x3b85		
	0101 0011	1111 1001	1101 0110	1110 0111	1110 0000			

6.1.2.5　有用信号

测试中的有用信号可为标准测试信号1～4。

6.1.2.6　其他测试信号

其他测试信号在产品详细规范中的规定。

6.1.2.7　信号电平的标定

标准中的信号电平系指接收机输入端电平,均未计入测试电缆和合路器的衰减值,测试时需进行标定。

6.1.3　测试仪表和设备

使用的测试仪表、设备的准确度一般应比被测试指标准确度高一个数量级,测试中所需设备的绝对测量误差的最大值应满足下列要求:

　　a)　RF 频率　　　　　　　　　$\pm 1 \times 10^{-7}$;

　　b)　RF 功率　　　　　　　　　± 0.75 dB;

　　c)　邻信道功率　　　　　　　 ± 5 dB;

　　d)　发射机传导杂散发射　　　 ± 4 dB;

　　e)　接收机传导杂散发射　　　 ± 3 dB;

　　f)　双信号测量　　　　　　　 ± 4 dB;

g) 三信号测量   ±3 dB;

h) 发射机辐射发射   ±6 dB;

i) 接收机辐射发射   ±6 dB;

j) 发射机时序特性   ±1 bit(104 μs);

k) 发射机瞬间频率偏差   ±250 Hz。

使用的测试仪表、设备应按国家有关计量检定规程或有关标准检定或计量合格,并在有效期内。

6.2 试验项目

6.2.1 一般要求测试

6.2.1.1 外观质量

用目测法检验各部件的外观质量,检查结果应满足5.1.1的要求。

6.2.1.2 标识

用目测法检查设备的标识,检查结果应满足5.1.2的要求。

6.2.1.3 组成

检查设备齐套性,配套是否完整,说明书等技术资料是否齐备。检查结果应满足5.1.3的要求。

6.2.2 物理层特性测试

6.2.2.1 一般要求

对一般要求不单独进行测试。

6.2.2.2 TDMA发射机测试

6.2.2.2.1 频率误差测试

测试步骤:

a) 按图6连接EUT与测试设备,EUT VHF输出端口经功率衰减器接频谱仪或计数器射频输入端;

图6 频率误差测试框图

b) 被测发射机在162.025 MHz发射连续载波信号,用频谱仪或计数器测量发射频率;

c) 计算测量频率与标称频率的误差;

d) 在156.025 MHz(或EUT的频率下限)重复上述测试步骤。

测试结果应满足5.2.2.1的要求。

6.2.2.2.2 载波功率测试

测试步骤:

a) 按图7连接EUT与测试设备,EUT VHF输出端口经功率衰减器接频谱仪或功率计射频输入端;

图7 功率测试框图

b) 被测发射机在162.025 MHz发射连续载波信号,用频谱仪或功率计测量发射载波功率;

c) 在156.025 MHz(或EUT的频率下限)重复上述测试步骤。

测试结果应满足5.2.2.2的要求。

6.2.2.2.3 调制频谱测试

测试步骤:

a) 按图8连接EUT与测试设备，EUT VHF输出端口经功率衰减器接频谱仪射频输入端；

EUT → 功率衰减器 → 频谱仪

图8　调制频谱测试框图

b) 设置频谱仪分辨率带宽（RBW）为1 kHz、视频带宽（VBW）≥3 kHz、正峰值检测（positive peak detection）、最大保持（Max hold），扫描时间与发射数据包时间相适应；

c) 被测发射机在162.025 MHz发射标准测试信号1，用频谱仪测量调制频谱是否超过门限；

d) 被测发射机在162.025 MHz发射标准测试信号2，用频谱仪测量调制频谱是否超过门限；

e) 在156.025 MHz（或EUT的频率下限）重复上述测试步骤。

测试结果应满足5.2.2.3的要求。

6.2.2.2.4　发射时间特性测试

测试步骤：

a) 按图8连接EUT与测试设备；

b) 设置频谱仪SPAN为0 Hz、分辨率带宽为10 kHz、视频带宽为10 kHz、视频触发、上升沿触发、触发时间偏移−2 ms、扫描时间为5 ms，触发电平根据频谱仪输入功率确定；

c) 被测发射机在162.025 MHz发射标准位置报告，发射功率为额定功率，用频谱仪测量发射启动时间；

d) 将频谱仪设置为下降沿触发，在频谱仪上读取发射释放时间；

e) 在156.025 MHz（或EUT的频率下限）重复上述测试步骤。

测试结果应满足5.2.2.4的要求。

6.2.2.2.5　发射机杂散发射测试

测试步骤：

a) 按图8连接EUT与测试设备；

b) 频谱仪起始频率设置为9 kHz，结束频率设置为1 GHz，用频谱仪观察在9 kHz～1 GHz频率范围内是否有超过5.2.2.6规定的信号频率和电平，并记录；

c) 频谱仪起始频率设置为1 GHz，结束频率设置为4 GHz，用频谱仪观察在1 GHz～4 GHz频率范围内是否有超过5.2.2.6规定的信号频率和电平，并记录。

测试结果应满足5.2.2.6的要求。

6.2.2.3　TDMA接收机测试

6.2.2.3.1　灵敏度测试

测试步骤：

a) 按图9连接EUT与测试设备，测试数据发生器产生测试信号，射频信号源对该信号进行调制，EUT接收数据包通过数据接口送测试计算机；

测试数据发生器 → 射频信号源 → EUT → 测试计算机

图9　灵敏度测试框图

b) 射频信号源输出频率为162.025 MHz、输出信号电平为−107 dBm（正常试验条件下，高低温试验条件下为−101 dBm）；

c) 测试计算机监测接收机输出的数据包，测试至少1 000包，统计误包率（PER）；

d) 在正常试验条件下，射频信号源输出频率为b）中心频率的频偏±500 Hz，输出信号电平为−104 dBm，重复c）测试；

e) 在 156.025 MHz(或 EUT 的频率下限)重复上述测试步骤。

测试结果应满足 5.2.3.1 的要求。

6.2.2.3.2 高输入电平下的误包率测试

测试步骤：

a) 按图 9 连接 EUT 与测试设备；

b) 射频信号源产生频率为 162.025 MHz、电平为－77 dBm 的有用信号,测试误包率 PER1；

c) 射频信号源产生频率为 162.025 MHz、电平为－7 dBm 的有用信号,测试误包率 PER2；

d) 在 156.025 MHz(或 EUT 的频率下限)重复上述测试步骤。

测试结果应满足 5.2.3.2 的要求,即 PER1≤2%,PER2≤10%。

6.2.2.3.3 共道抑制测试

测试步骤：

a) 按图 10 连接 EUT 与测试设备,射频信号源 A 和 B 通过合路器连接到被测接收机；

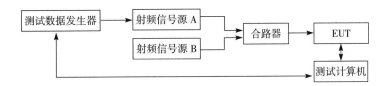

图 10 多路信号源测试框图

b) 射频信号源 A 产生频率为 162.025 MHz、电平为－101 dBm 的有用信号；

c) 射频信号源 B 频率同信号源 A、采用标准测试信号 3 无用信号,信号电平为－111 dBm(或以上),信号连续或与信号源 A 同步；

d) 测试误包率；

e) 射频信号源 B 载波频率偏离标称频率±1 kHz 时,重复上述测试步骤；

f) 在 156.025 MHz(或 EUT 的频率下限)重复上述测试步骤。

测试结果应满足 5.2.3.3 的要求。

6.2.2.3.4 邻道选择性测试

测试步骤：

a) 按图 10 连接 EUT 与测试设备；

b) 射频信号源 A 产生频率为 162.025 MHz(记为 fn)、电平为－101 dBm 的有用信号；

c) 射频信号源 B 产生中心频率为 fn+25 kHz、FM 调制频率为 400 Hz、频偏为±3 kHz(即信道间隔的 12%)的无用信号,信号电平为－31 dBm(或以上)；

d) 测试误包率；

e) 射频信号源 B 中心频率为 fn-25 kHz,其他设置同 c),测试误包率；

f) 在 156.025 MHz(或 EUT 的频率下限)重复上述测试步骤。

测试结果应满足 5.2.3.4 的要求。

6.2.2.3.5 杂散响应抑制测试

6.2.2.3.5.1 测试频率

制造商需提供以下数据,用于计算"限制频率范围"：

a) 接收机中频：IF1、IF2……IFN(单位：Hz)；

b) 接收机频率范围：sr；

c) 在接收频率为 AIS2 和接收机最低频率时,接收机的第一本振频率：f_{LOH}、f_{LOL}。

测试频率包括"限制频率范围"和"特别关注频点",计算方法如下：

1）计算"限制频率范围"：

限制频率范围在 $LFR_{HI} \sim LFR_{LO}$ 之间，计算方法为：

$$LFR_{HI} = f_{LOH} + (IF1 + IF2 + \cdots\cdots + IFN + sr/2)$$
$$LFR_{LO} = f_{LOL} + (IF1 + IF2 + \cdots\cdots + IFN + sr/2)$$

2）计算在限制频率范围以外的"特别关注频点"（SFI）：

$$SFI_1 = (K \times f_{LOH}) + IF1 \quad\cdots\cdots\cdots\cdots\cdots\cdots\cdots\cdots\cdots\cdots \quad (1)$$
$$SFI_2 = (K \times f_{LOL}) + IF1 \quad\cdots\cdots\cdots\cdots\cdots\cdots\cdots\cdots\cdots\cdots \quad (2)$$

式中：

K——2～4 的整数。

测试可以采用信纳比（SINAD）法（6.2.2.3.5.2），也可以采用 PER 法（6.2.2.3.5.3）。

6.2.2.3.5.2 采用 SINAD 搜索限制频率范围

a）按图 10 连接 EUT 与测试设备；

b）射频信号源 A 产生频率为 162.025 MHz，FM 调制频率为 1 kHz、频偏为 ±2.4 kHz 的有用信号；

c）射频信号源 B 产生 FM 调制频率 400 Hz、频偏为 ±3kHz 的无用信号；

d）测试开始时，关闭射频信号源 B（保持额定输出阻抗），射频信号源 A 输出电平 −101 dBm，记录接收机 SINAD 值（应≥14 dB）；

e）打开射频信号源 B，输出电平为 −27 dBm；

f）射频信号源 B 在限制频率范围（$LFR_{LO} \sim LFR_{HI}$）内变化，每次步进 5 kHz；

g）记录使 SINAD 下降 3 dB 以上的杂散频率，用于进一步测试。

6.2.2.3.5.3 采用 PER 或 BER 搜索限制频率范围

a）按图 10 连接 EUT 与测试设备；

b）射频信号源 A 产生频率为 162.025 MHz、电平为 −101 dBm 的有用信号；

c）射频信号源 B 产生 FM 调制频率 400 Hz、频偏为 ±3 kHz 的无用信号；

d）测试开始时，关闭射频信号源 B（保持额定输出阻抗），射频信号源 A 输出电平 −101 dBm，记录接收机 PER 或 BER；

e）打开射频信号源 B，输出电平为 −27 dBm；

f）射频信号源 B 在限制频率范围（$LFR_{LO} \sim LFR_{HI}$）内变化，每次步进 5kHz；

g）记录使 PER 或 BER 上升的杂散频率，用于进一步测试。

6.2.2.3.5.4 在记录频率上测试

a）按图 10 连接 EUT 与测试设备；

b）射频信号源 A 产生频率为 162.025 MHz、电平为 −101 dBm 的有用信号；

c）信号源 B 产生 FM 调制频率 400 Hz、频偏为 ±3 kHz 的无用信号，信号电平为 −31 dBm（或以上）；

d）信号源 B 中心频率依次设置在 6.2.2.3.5.2 或 6.2.2.3.5.3 测试中记录的频率上和特别关注频率（SFI_1 和 SFI_2）上，信号源 B 每改变一次频率，测试一次误包率，每次测试 200 包数据；

e）在 156.025 MHz（或 EUT 的频率下限）重复上述测试步骤。

测试结果应满足 5.2.3.5 的要求。

6.2.2.3.6 互调响应抑制测试

测试步骤：

a）按图 11 连接 EUT 与测试设备，射频信号源 A、B、C 通过合路器连接到被测接收机；

b）射频信号源 A 产生有用信号，信号电平为 −101 dBm；

c）射频信号源 B 产生单载波无用信号，信号电平为 −36 dBm；

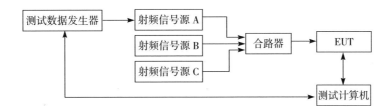

图 11 互调响应抑制测试框图

d) 射频信号源 C 产生 FM 调制频率 400 Hz、频偏为±3 kHz 的无用信号,信号电平为—36 dBm;

e) 射频信号源 A、B、C 频率按照表 22 测试♯1 规定设置;

f) 测试并记录误包率;

g) 按表 22 测试♯2、♯3、♯4 规定的频率,重复上述测试。

表 22 互调响应抑制性能测试频率列表

测试步骤	射频信号源 A (有用 AIS 信号)	射频信号源 B 无用信号,单载波(±50 kHz)	射频信号源 C 无用信号,FM 调制(±100 kHz)
测试♯1	162.025 MHz	162.075 MHz	162.125 MHz
测试♯2	162.025 MHz	161.975 MHz	161.925 MHz
测试♯3	F_{TDMALO}	F_{TDMALO}+50 kHz	F_{TDMALO}+100 kHz
测试♯4	F_{TDMALO}	F_{TDMALO}—50 kHz	F_{TDMALO}—100 kHz
注:F_{TDMALO} 为接收机最低频率,单位为 MHz。			

测试结果应满足 5.2.3.6 的要求。

6.2.2.3.7 阻塞和减敏测试

测试步骤:

a) 按图 10 连接 EUT 与测试设备;

b) 射频信号源 A 产生频率为 162.025 MHz、电平为—101 dBm 的有用信号;

c) 射频信号源 B 产生单载波无用信号,电平为—23 dBm,中心频率分别设置为信号源 A 中心频率的±500 kHz、±1 MHz、±2 MHz,且避开杂散响应的频率。信号源 B 每改变一次频率,测试一次误包率;

d) 射频信号源 B 产生单载波无用信号,电平为—15 dBm,中心频率分别设置为信号源 A 中心频率的±5 MHz 和±10 MHz,且避开杂散响应的频率。信号源 B 每改变一次频率,测试一次误包率;

e) 在 156.025 MHz(或 EUT 的频率下限)重复上述测试步骤。

测试结果应满足 5.2.3.7 的要求。

6.2.2.3.8 接收机杂散发射测试

测试步骤:

a) 按图 8 连接 EUT 与测试设备;

b) 开启接收机分别设置 TDMA RX1 接收频率为 161.975 MHz,TDMA RX2 接收频率为 162.025 MHz;

c) 频谱仪起始频率设置为 9 kHz,结束频率设置为 1 GHz。用频谱仪观察在 9 kHz~1 GHz 频率范围内是否有超过 5.2.3.7 规定的信号频率和电平,并记录;

d) 频谱仪起始频率设置为 1 GHz,结束频率设置为 4 GHz。用频谱仪观察在 1 GHz~4 GHz 频率范围内是否有超过 5.2.3.7 规定的信号频率和电平,并记录。

测试结果应满足 5.2.3.8 的要求。

6.2.2.4 GNSS 接收机性能测试

6.2.2.4.1 定位精度

按 GB/T 15527 规定的测试方法,将 EUT 的天线固定在一个已知高度的位置,选择至少有三颗可见卫星,GDOP≤4 的情况。

测试结果应满足 5.2.4.1 的要求。

6.2.2.4.2 首次定位时间

接通 EUT 电源,计算 GPS 接收机获得首次正确定位时间间隔。

测试结果应满足 5.2.4.2 的要求。

6.2.2.4.3 定位更新率

观察 EUT GPS 接收机每次位置数据输出更新的时刻,观察 100 组以上数据。

测试结果应满足 5.2.4.3 的要求。

6.2.3 链路层测试

6.2.3.1 SO B 类 AIS 船载设备 TDMA 同步

6.2.3.1.1 直接 UTC 同步与间接同步

测试步骤:

a) EUT 工作在 UTC 直接同步,检查 EUT 位置报告中的通信状态,应正确反映同步状态 0;

b) EUT 工作在 UTC 间接同步(内部 GNSS 无效,可接收到其他 UTC 直接同步台站的信号),检查 EUT 位置报告中的通信状态,应正确反映同步状态 1。

测试结果应符合 5.3.1.1 的要求。

6.2.3.1.2 无 UTC 同步

测试步骤:

a) EUT 只接收作为移动台同步的移动台信号,检查 EUT 位置报告中的通信状态,应正确反映同步状态 3;

b) 加入与基站直接同步的移动台信号作为基站间接同步信号,检查 EUT 位置报告中的通信状态,应正确反映同步状态 3;

c) 加入基站信号作为基站直接同步信号,检查 EUT 位置报告中的通信状态,应正确反映同步状态 2;

d) EUT 接收内部 UTC 同步源,检查 EUT 位置报告中的通信状态,应正确反映同步状态 0。

测试结果应符合 5.3.1.2 的要求。

6.2.3.1.3 同步精度

测试步骤:

a) 通过一台基站 AIS 设备(或模拟设备)分配 EUT 的位置报告速率为 5 s 一次。

b) EUT 接收 UTC 同步信号。

c) 通过时域分析设备(如示波器)监视 EUT 的同步时间 T_0 与 TDMA 时标信号的时差,该 TDMA 时标信号频率为 37.5 Hz,且每分钟与 UTC 同步。EUT 的同步时刻 T_0 可通过三种方法获取:

    1) 对于 SO B 类 AIS 船载设备通过帧开始时间 $T_2(T_0+3.328 \text{ ms})$ 或射频功率稳定时间 T_1 $(T_0+1 \text{ ms})$ 推算 T_0。当采用 T_1 时,需考虑消除测量误差的方法。

    2) 对于 CS B 类 AIS 船载设备通过同步序列起始时间 $T_C(T_0+4.896 \text{ ms})$ 或射频功率稳定时间 $T_B(T_0+2.396 \text{ ms})$ 推算 T_0。当采用 T_B 时,需考虑消除测量误差的方法。

    3) 或以 CS B 类 AIS 船载设备输出的 SYNC 信号为 T_0。

d) 记录 EUT 的同步时刻 T_0 与 TDMA 时标信号的时差,记录 60 s(即 14 个值)。

e) EUT 工作在 UTC 间接同步下(停止内部同步源,至少接收一路采用 UTC 直接同步的信号),
   重复上述测试。

测试结果应满足 5.3.1.3 的要求。

6.2.3.2 CS B 类 AIS 船载设备 TDMA 同步

6.2.3.2.1 同步模式 1

测试步骤:

a) 通过一台基站 AIS 设备(或模拟设备)分配 EUT 的位置报告速率为 5 s 一次;

b) 关闭 EUT 时间同步(如去除 GNSS 天线);

c) 通过模拟设备(模拟设备与 UTC 同步,也可采用实测的方法),使 EUT 接收 TDMA AIS 台站
   位置报告,通过时域分析设备(如示波器)监视 EUT 的同步时间 T_0 与 TDMA 时标信号的时
   差,该 TDMA 时标信号与 EUT 的同步时间的获取方法见 6.2.3.1.3;

d) 记录 EUT 的同步时刻 T_0 与 TDMA 时标信号的时差,记录 60 s(即 14 个值)。

测试结果应满足 5.3.2.1 的要求,即时差不超过 $\pm 312\ \mu s$。

6.2.3.2.2 同步模式 2

测试步骤:

a) 关闭 EUT 时间同步(如去除 GNSS 天线);

b) 通过模拟设备(也可采用实测的方法),使 EUT 只能接收 CS B 类 AIS 船载设备的位置报告;

c) 检查 EUT 应能发射位置报告。

测试结果应满足 5.3.2.2 的要求。

6.2.3.3 SOTDMA 接入

测试步骤:

a) 将 EUT 重新上电开机,1 min 后,EUT 开始接入操作;

b) 通过接收设备记录 EUT 入网操作的全部过程;

c) 分别对 EUT 的发射报文数据、通信状态字和发射每包数据占用时间进行检查。

测试结果应满足 5.3.3 的要求。

6.2.3.4 载波侦听测试

6.2.3.4.1 载波侦听门限

a) 信号源 A、B、C 通过射频开关 1 和开关 2 连接,再通过定向耦合器和功率衰减器连接到 EUT,
   频谱仪通过定向耦合器监视 EUT 射频输出信号,确保 EUT 发射信号不损坏信号源,EUT 数
   据输出接计算机,EUT 与测试设备连接如图 12 所示;

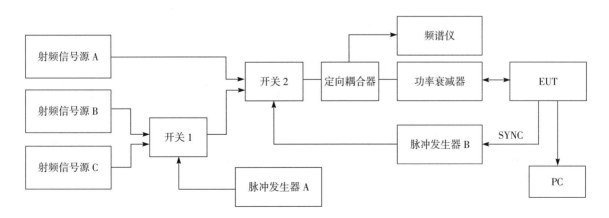

图 12 载波侦听测试框图

b) 信号源 C 产生 FM 调制频率 400 Hz、频偏为±3 kHz 的射频信号,信号电平为−60 dBm,用于模拟占用大部分时隙的情况;

c) 信号源 B 产生 FM 调制频率 400 Hz、频偏为±3 kHz 的射频信号,信号电平为−87 dBm。由脉冲信号发生器 A 控制开关 1 产生信号源 B、C 通断控制脉冲信号,保证在 2 s 周期内,信号源 B 导通 26.67 ms,其余时间信号源 C 导通。信号源 B 输出电平在试验中需手动设置为−87 dBm 或关断(对应 CS 检测门限分别为−77 dBm 和−107 dBm);

d) 信号源 A 产生 FM 调制频率 400 Hz、频偏为±3 kHz 的射频信号,信号电平为−104 dBm。信号源 A 输出电平在试验中需手动设置为−104 dBm 或关断(对应−117 dBm 信号);

e) 上述 3 个信号源中心频率相同,测试频点为 156.025 MHz(或 EUT 的频率下限)、162.025 MHz;

f) 要求 EUT 在每次计划用于发射的起始时刻(T_0)输出测试信号 SYNC,该信号通过脉冲信号发生器 B 产生开关 2 的控制信号,在收到 SYNC 0.8 ms 后,产生脉宽为 23.3 ms(对应 224 比特)的脉冲信号;

g) 按表 23 要求设置信号源输出电平,监视 EUT 输出,每次测试持续时间为 10 min(或至少测试 20 次 SYNC 信号)。

注:本项测试需要 EUT 发射机工作。

表 23　载波侦听门限测试要求

步　骤	项　目	信号源 A,dBm	信号源 B,dBm	EUT 发射
1	自由时隙	OFF	OFF	允许
2	时隙占用	−104	OFF	禁止
3	恢复	OFF	OFF	允许
4	提高背景噪声	OFF	−87	允许
5	时隙占用	−74	−87	禁止
6	恢复	OFF	−87	允许

试验结果应满足表 23 和 5.3.4.1 的要求。

6.2.3.4.2　载波侦听时机

测试步骤:

a) EUT 与测试设备连接同 6.2.3.4.1;

b) 信号源 B 关闭,信号源 A 依次设置为−74 dBm、−104 dBm 及关闭;

c) 要求 EUT 在每次计划用于发射起始时刻(T_0)输出测试信号 SYNC,该 SYNC 信号触发脉冲发生器 B,使脉冲发生器产生 0.7 ms(7 比特)的脉冲,该脉冲控制开关 2(即脉冲在 EUT CS 检测窗起始的前 1 比特终止);

d) 按表 24 要求调整信号源,监视 EUT 输出,每次测试持续时间为 10 min(或至少 20 次 SYNC 信号)。

表 24　载波侦听时机测试要求

步　骤	项　目	信号源 A,dBm	信号源 B,dBm	EUT 发射
1	自由时隙	OFF	OFF	允许
2	自由时隙	−104	OFF	允许
3	自由时隙	−74	OFF	允许

试验结果应满足表 24 和 5.3.4.2 的要求。

6.2.3.5　时隙占用测试

按发射时间特性测试方法连接 EUT 和测试设备,EUT 工作在自主模式下,在频谱仪上检查发射信号时隙占用情况。

试验结果应满足 5.3.5 的要求。

6.2.4 功能测试

6.2.4.1 AIS 工作模式

6.2.4.1.1 自主模式

测试步骤：

a) 通过一台合格的 B 类 AIS 船载设备和一台合格的 A 类 AIS 船载设备与 EUT 进行 AIS 消息收发，通过数据接口连 PC 机监视收发情况；

b) 监视 EUT 发射的位置报告，应能在信道 A、B 上交替发射位置报告和扩展位置报告（或静态数据报告）；

c) 监视 EUT 接收的数据，应能接收 A 类 AIS 船载设备的位置报告和扩展位置报告；

d) 监视 EUT 接收的数据，应能接收 B 类 AIS 船载设备的位置报告和扩展位置报告（或静态数据报告）。

试验结果应满足 5.4.1.1 的要求。

6.2.4.1.2 分配模式

测试步骤：

a) 通过一台基站 AIS 设备（或模拟设备）与 EUT 进行 AIS 消息收发，通过数据接口连接 PC 机监视收发情况。

b) 基站 AIS 设备发出消息 23。

c) 分别交替控制消息 23 以下字段内容：

    1) 收发模式；

    2) 报告间隔；

    3) 静默时间。

d) 记录每次发出的消息，监视 EUT 的发射的消息 18 间隔情况是否满足分配要求。当设置报告间隔 4 min～8 min 后，EUT 应自动恢复到自主模式的报告速率；当静默模式结束后，设备应自动恢复到自主模式的报告速率。

e) 发送不属于本机的消息 23，EUT 应不受影响。

测试结果应满足 5.4.1.2 的要求。

对于 SO B 类 AIS 船载设备，还应增加下列测试项目：

a) 消息 16 分配报告间隔；

b) 消息 16 和消息 23 分配的优先级；

c) 消息 22 和消息 23 分配的优先级。

确认 SO B 类船载设备能接受消息 16 对报告间隔的调整，消息 16 的优先级高于消息 23，消息 22 的优先级高于消息 23。

6.2.4.1.3 询问模式

6.2.4.1.3.1 询问消息 18、消息 24

测试步骤：

a) 通过一台基站 AIS 设备（或模拟设备）与 EUT 进行 AIS 消息收发，通过数据接口连接 PC 机监视收发情况。

b) 基站 AIS 设备发射消息 15，要求 EUT 响应消息 18、消息 24，即设备应在指定时隙偏移上回复消息 18 和消息 24，且回复信道与询问信道一致。当发射时隙偏移为 0 时，表示自主选择时隙，内容依次如下：

    1) 发射时隙偏移＝0；

2) 发射时隙偏移=指定值；

3) 询问前,发射消息 23 的"静默"指令。

c) 记录发出的消息,检查 EUT 响应情况及是否在接收的信道上进行响应。

测试结果应满足 5.4.1.3 的要求。

6.2.4.1.3.2 询问消息 19

测试步骤:

a) 通过一台基站 AIS 设备(或模拟设备)与 EUT 进行 AIS 消息收发,EUT 通过数据接口连接 PC 机监视收发情况。

b) 基站 AIS 设备发射消息 15,要求 EUT 响应消息 19,内容依次如下:

1) 发射时隙偏移=0；

2) 发射时隙偏移=指定值。

c) 记录发出的消息,检查 EUT 响应情况,是否在接收的信道上进行响应:

1) 当发射时隙偏移为 0 时,SO B 类 AIS 船载设备自主选择时隙；当发射时隙偏移为非 0 的指定值时,SO B 类 AIS 船载设备应在指定时隙偏移上回复消息 19,且回复信道与询问信道一致。

2) 当发射时隙偏移为 0 时,CS B 类 AIS 船载设备应不回复；当发射时隙偏移为非 0 的指定值时,CS B 类 AIS 船载设备应在指定时隙偏移上回复消息 19,回复信道与询问信道一致,且数据内容与消息 24 一致。

测试结果应满足 5.4.1.3 的要求。

6.2.4.2 AIS 消息处理

6.2.4.2.1 AIS 消息内容测试

6.2.4.2.1.1 位置报告

测试步骤:

a) 通过一台合格的 A 类 AIS 船载设备与 EUT 进行收发测试,该 A 类 AIS 船载设备通过数据接口连接 PC 机监视接收情况；

b) 监视 EUT 发射的消息 18,检查各参数内容符合性。

测试结果应满足 5.4.2.2.1 的要求。

6.2.4.2.1.2 SOTDMA B 类 AIS 船载设备扩展位置报告

测试步骤:

a) 通过一台合格的 A 类 AIS 船载设备与 EUT 进行收发测试,该 A 类 AIS 船载设备通过数据接口连接 PC 机监视接收情况；

b) 监视 EUT 发射的消息 19,检查各参数内容符合性。

测试结果应满足 5.4.2.2.2 的要求。

6.2.4.2.1.3 CSTDMA B 类 AIS 船载设备静态数据报告

测试步骤:

a) 通过一台合格的 A 类 AIS 船载设备与 EUT 进行收发测试,该 A 类 AIS 船载设备通过数据接口连接 PC 机监视接收情况；

b) 监视 EUT 发射的消息 24A 和 24B,检查各参数内容符合性、24A 和 24B 的时间间隔的符合性。

测试结果应满足 5.4.2.2.3 的要求。

6.2.4.2.1.4 消息更新率

测试步骤:

a) 通过一台合格的 A 类 AIS 船载设备与 EUT 进行收发测试,该 A 类 AIS 船载设备通过数据口连接 PC 机监视接收情况,通过模拟方法设置 EUT 的移动速度(如模拟 GNSS 定位数据);

b) 监视 EUT 发射的消息 18、消息 19(仅对 SO B 类 AIS 船载设备)或消息 24(仅对 CS B 类 AIS 船载设备),检查报告更新率的符合性。

试验结果应满足 5.4.2.2.4 的要求。

对于 SO B 类 AIS 船载设备,还应增加测试消息更新率与网络负荷的关系,分别模拟 45%、70% 的网络负荷,确认设备消息更新率满足 5.4.2.2.4 的要求。

6.2.4.2.2 AIS 消息接收

测试步骤:

a) 通过一台合格的 A 类 AIS 船载设备(或模拟设备,也可采用实测的方法)与 EUT 进行位置报告收发,EUT 通过数据接口连接 PC 机监视接收情况;

b) 监视 EUT 接收显示和/或数据输出,应能在双通道接收 A 类 AIS 船载设备位置报告和静态数据报告(消息 5);

c) 通过一台合格的 SO B 类 AIS 船载设备(或模拟设备,也可采用实测的方法)与 EUT 进行位置报告收发,EUT 通过数据接口连接 PC 机监视接收情况;

d) 监视 EUT 接收显示和/或数据输出,应能在双通道接收 SO B 类 AIS 船载设备位置报告和扩展位置报告;

e) 通过一台合格的 CS B 类 AIS 船载设备(或模拟设备,也可采用实测的方法)与 EUT 进行位置报告收发,EUT 通过数据接口连接 PC 机监视接收情况;

f) 监视 EUT 接收显示和/或数据输出,应能在双通道接收 CS B 类 AIS 船载设备位置报告和静态数据报告;

g) 通过一台合格的 A 类 AIS 船载设备(或模拟设备)向 EUT 广播安全广播信息(消息 14),EUT 应显示(如有显示器)或输出(如无显示器)消息内容。

测试结果应满足 5.4.2.3 的要求。

6.2.4.2.3 相邻时间接收能力

测试步骤:

a) AIS1、AIS2 双通道上模拟在 80% 的时隙(5 个时隙中前 4 个被占用)上发送有效的消息(包括 A 类 AIS 船载设备的位置报告和静态报告、B 类 AIS 船载设备的位置报告和静态报告);

b) 增加设备报告更新率;

c) EUT 接收,并通过 EUT 数据接口连接 PC 机监视接收情况,统计丢包率。

测试结果应满足 5.4.2.4 的要求。

6.2.4.2.4 高负荷接收能力

a) AIS1、AIS2 双通道上模拟在 90% 的时隙上发送有效的消息(包括 A 类 AIS 船载设备的位置报告和静态报告、B 类 AIS 船载设备的位置报告和静态报告);

b) EUT 接收,并通过 EUT 数据接口连接 PC 机监视接收情况,统计丢包率。

测试结果应满足 5.4.2.5 的要求。

6.2.4.3 数据链路管理

测试步骤:

a) 通过 AIS 基站(或模拟设备),发射数据链路管理消息 20,预留 70% 以上的时隙;

b) EUT 工作在自主模式下,监视 EUT 发射的消息 18 时隙占用情况;

c) 检查 EUT 是否占用基站预留时隙发射消息 18;

d) 检查预留时间结束后,EUT 恢复可在所有可用的时隙上发送消息 18。

测试结果应满足 5.4.3 的要求。

6.2.4.4 信道管理

6.2.4.4.1 有效信道

测试步骤:

a) EUT 工作在自主模式下,通过 AIS 基站(或模拟设备),发射信道管理消息 22;

b) 信道管理消息 22 指定的区域包含 EUT,指定的信道在 EUT 频率范围内;

c) 检查 EUT 应转换到指定信道上收发,检查 EUT 发出的消息 18 中的频率范围标志和消息 22 标志应为 1。

测试结果应满足 5.4.4 的要求。

6.2.4.4.2 无效信道

测试步骤:

a) EUT 工作在自主模式下,通过 AIS 基站(或模拟设备),发射信道管理消息 22;

b) 信道管理消息 22 指定的区域包含 EUT,指定的信道在 EUT 频率范围以外或为无效值;

c) 检查 EUT 应停止发射,应仍然在 AIS1、AIS2 上接收。

测试结果应满足 5.4.4 的要求。

6.2.4.5 自检功能测试

检查上电自检和周期性自检内容是否满足 5.4.5 的要求。

6.2.4.6 初始化功能测试

进行初始化操作,检查初始化功能是否满足 5.4.6 的要求。

6.2.4.7 会遇报警功能测试

通过模拟或历史数据回放产生报警条件,检查会遇报警功能是否满足 5.4.7 的要求。

6.2.4.8 显示测试

6.2.4.8.1 基本要求

建立测试环境(参照 IEC 61993-2),检查 EUT 基本显示是否满足 5.4.8.1 的要求。

6.2.4.8.2 导航功能

检查 EUT 导航功能显示是否满足 5.4.8.2 的要求。

6.2.4.8.3 图形 AIS 目标显示功能

建立测试环境,检查 EUT 图形 AIS 目标显示功能是否满足 5.4.8.3 的要求。

6.2.4.8.4 分辨率

检查分辨率是否满足 5.4.8.4 的要求。

6.2.4.8.5 亮度和对比度调节

检查亮度和对比度调节是否满足 5.4.8.5 的要求。

6.2.5 接口

6.2.5.1 VHF 天线接口

检查 VHF 天线接口是否满足 5.5.1 的要求。

6.2.5.2 GNSS 天线接口

检查 GNSS 天线接口是否满足 5.5.2 的要求。

6.2.5.3 数据接口

通过与计算机通信测试,检查数据格式是否满足 5.5.3 的要求。

6.2.6 保护

6.2.6.1 发射机保护

在 EUT 正常自主工作情况下,EUT VHF 天线端口开路和短路至少 5 min,恢复天线 2 min 后,

EUT 能恢复正常工作。

试验结果应满足 5.6.1 的要求。

6.2.6.2 发射机自动关断功能

模拟 EUT 发射持续超过 1 s 的情况,检查发射机是否自动关闭,且该功能为自主实现,不需要操作软件。

试验结果应满足 5.6.2 的要求。

6.2.7 电源试验

6.2.7.1 电源波动试验

测试步骤:

a) EUT 供电电压调整至电源波动上限,EUT 工作 15 min,检查 EUT 是否正常工作;

b) EUT 供电电压调整至电源波动下限,EUT 工作 15 min,检查 EUT 是否正常工作。

试验结果应满足 5.7.1 的要求。

6.2.7.2 电源异常保护试验

测试步骤:

a) EUT 供电电压调整至电源波动上限,极性反接并保持 5 min;

b) EUT 供电电压调整至额定电压,极性正接,检查 EUT 是否正常工作;

c) EUT 供电电压调整至过压门限电压,并保持 30 s;

d) EUT 供电电压调整至额定电压,检查 EUT 是否正常工作;

e) EUT 供电电压调整至欠压门限电压,并保持 30 s;

f) EUT 供电电压调整至额定电压,检查 EUT 是否正常工作。

试验中允许更换保险丝,试验结果应满足 5.7.2 的要求。

6.2.7.3 电源故障保护试验

测试步骤:

a) EUT 在额定电压供电情况下正常工作;

b) 切断电源 3 次,每次断电 60 s;

c) 恢复供电,检查 EUT 是否正常工作,且无软件故障和数据丢失。

试验结果应满足 5.7.3 的要求。

6.2.8 环境适应性试验

6.2.8.1 高温试验

试验按 GB/T 15868 规定的方法进行,电源电压调整为 4.6.1 要求的电压波动上限。按 6.2.2.2.1、6.2.2.2.2、6.2.2.3.1 规定的测试方法检查高温下设备频率误差、载波功率和灵敏度;按 6.2.4.1.1 规定的测试方法检查设备功能。

试验结果应满足 5.8.1 要求。

6.2.8.2 湿热试验

试验按 GB/T 15868 规定的方法进行,按 6.2.4.1.1 规定的测试方法检查设备功能。在试验期间,EUT 在额定工作电压下工作。

试验结果应满足 5.8.2 的要求。

6.2.8.3 低温试验

试验按 GB/T 15868 规定的方法进行,电源电压调整为 4.6.1 要求的电压波动下限。按 6.2.2.2.1、6.2.2.2.2、6.2.2.3.1 规定的测试方法检查高温下设备频率误差、载波功率和灵敏度;按 6.2.4.1.1 规定的测试方法检查设备功能。

试验结果应满足 5.8.3 的要求。

6.2.8.4 振动试验

试验按 GD 01 规定的方法进行,试验后按 6.2.4.1.1 规定的测试方法检查设备功能。在试验期间,EUT 在额定工作电压下工作。

试验结果应满足 5.8.4 的要求。

6.2.8.5 盐雾试验

试验按 GB/T 15868 规定的方法进行,试验后按 6.2.4.1.1 规定的测试方法检查设备功能。

试验结果应满足 5.8.5 的要求。

6.2.8.6 外壳防护试验

试验按 GB 4208 规定的方法进行,试验后按 6.2.4.1.1 规定的测试方法检查设备功能。

试验结果应满足 5.8.6 的要求。

6.2.9 电磁兼容性试验

6.2.9.1 传导骚扰测量

试验按 GD 01 规定的方法进行,EUT 处于自主工作模式。

试验结果应满足 5.9.1 的要求。

6.2.9.2 外壳端口辐射骚扰测量

试验按 GD 01 规定的方法进行,EUT 处于自主工作模式。

试验结果应满足 5.9.2 的要求。

6.2.9.3 射频场感应的传导骚扰抗扰度试验

试验按 GD 01 规定的方法进行,EUT 处于自主工作模式。

试验结果应满足 5.9.3 的要求。

6.2.9.4 射频电磁场辐射抗扰度试验

试验按 GD 01 规定的方法进行,EUT 处于自主工作模式。

试验结果应满足 5.9.4 的要求。

6.2.9.5 电快速瞬变脉冲群抗扰度试验

试验按 GD 01 规定的方法进行,EUT 处于自主工作模式。

试验结果应满足 5.9.5 的要求。

6.2.9.6 浪涌抗扰度试验

试验按 GD 01 规定的方法进行,EUT 处于自主工作模式。

试验结果应满足 5.9.6 的要求。

6.2.9.7 静电放电抗扰度试验

试验按 GD 01 规定的方法进行,EUT 处于自主工作模式。

试验结果应满足 5.9.7 的要求。

6.2.9.8 低频传导抗扰度试验

试验按 GD 01 规定的方法进行,EUT 处于自主工作模式。

试验结果应满足 5.9.8 的要求。

6.2.10 磁罗经安全距离测量

磁罗经安全距离测量步骤如下:

a) 测量 $5.4°/H$ 偏差(0.094 uT 水平磁通量):

    1) 不加电在磁场中;

    2) 不加电不在磁场中;

    3) 加电情况下的磁罗经安全距离并记录。

b) 测量 $18°/H$ 偏差(0.094 uT 水平磁通量):

    1)   不加电在磁场中；

    2)   不加电不在磁场中；

    3)   加电情况下的磁罗经安全距离并记录。

按 5.10 要求记录磁罗经安全距离。

参 考 文 献

[1]IEC 62287—1　海上导航和无线电通信设备及系统——自动识别系统(AIS)B类船载设备　第1部分:载波侦听时分多址技术(CSTDMA).

[2]ITU-R M.1084　改善海上移动服务电台使用156 MHz～174 MHz频段效率的临时方案.

ICS 13.060.45
Z 51

中华人民共和国水产行业标准

SC/T 9104—2011

渔业水域中甲胺磷、克百威的测定
气相色谱法

Determination of methamidophos and carbofuran in fishery waters
by gas chromatography

2011-09-01 发布
2011-12-01 实施

中华人民共和国农业部 发布

前　言

本标准按照 GB/T 1.1—2009 给出的规则起草。

本标准由中华人民共和国农业部渔业局提出。

本标准由全国水产标准化技术委员会(SAC/TC 156)归口。

本标准起草单位:农业部环境质量监督检验测试中心(天津)。

本标准主要起草人:刘潇威、买光熙、王璐、张利飞、李卫建、李凌云、吕俊岗。

渔业水域中甲胺磷、克百威的测定 气相色谱法

1 范围

本标准规定了渔业水域中甲胺磷和克百威残留量的气相色谱测定方法。

本标准适用于渔业水域水体中甲胺磷和克百威残留量的测定。

2 规范性引用文件

下列文件对于本文件的应用是必不可少的。凡是注日期的引用文件,仅注日期的版本适用于本文件。凡是不注日期的引用文件,其最新版本(包括所有的修改单)适用于本文件。

GB/T 6682 分析实验室用水规格和试验方法

SC/T 9102 渔业生态环境监测规范

3 原理

水样中甲胺磷用乙腈和乙酸乙酯提取,克百威经 C_{18} 柱吸附后用丙酮洗脱,用配有氮磷检测器(NPD)的气相色谱仪测定,根据色谱峰的保留时间定性,外标法定量。

4 试剂与材料

除非另有说明,在分析中仅使用确认的分析纯试剂和 GB/T 6682 中规定的三级水。

4.1 丙酮,色谱纯。

4.2 丙酮。

4.3 乙腈。

4.4 乙酸乙酯。

4.5 氯化钠:140℃烘 4 h。

4.6 无水硫酸钠:450℃烘 4 h,冷却后置于干燥器中。

4.7 农药标准品:甲胺磷,纯度≥98%;克百威,纯度≥99%。

4.8 标准储备液:准确称取 100.0 mg 农药标准品,置于 100 mL 容量瓶中,用丙酮(4.1)定容至刻度,配置成质量浓度为 1 000 mg/L 的标准储备液。

4.9 标准工作溶液:使用时根据需要,用丙酮(4.2)将标准储备液(4.8)稀释至适当质量浓度的标准工作液。

4.10 固相萃取柱:C_{18},500 mg,3 mL。

5 仪器

5.1 气相色谱仪:附氮磷检测器。

5.2 固相萃取装置。

5.3 氮吹仪。

5.4 电动振荡器。

5.5 旋转蒸发仪。

5.6 真空泵。

5.7 旋涡混合器。

6 样品的采集和制备

水质样品的采集和制备按 SC/T 9102 规定的方法执行。

7 分析步骤

7.1 提取和净化

7.1.1 甲胺磷的提取

量取 50 mL 试样于 250 mL 具塞锥形瓶中,加入约 10 g 的氯化钠。摇匀后,加入 40.0 mL 乙腈。混匀后,再加入 70 ml 乙酸乙酯,于振荡器上振荡提取 10 min 后,倒入 250 mL 分液漏斗中,静置分层。上层有机相通过装有少量无水硫酸钠的玻璃漏斗后收集于 500 mL 圆底烧瓶中;下层水相按以上步骤用 40 mL 乙腈和 50 mL 乙酸乙酯重复提取一次后,下层水相再用 30 mL 乙酸乙酯提取一次。上层有机相均通过无水硫酸钠脱水后收集于同一圆底烧瓶中,待浓缩。

7.1.2 克百威的提取和净化

用 10 mL 甲醇分两次预淋洗 C_{18} 柱,每次浸润 5 min,开启真空泵。负压抽干后,再用 5 mL 蒸馏水浸洗 C_{18} 柱。调节固相萃取装置上的流速开关,将制备好的 500 mL 试样以 5 mL/min 的流速加入到活化好的 C_{18} 柱。过完柱后,用 5 mL 蒸馏水洗涤柱子,将水抽干,用 15 mL 丙酮洗脱,洗脱流速控制在 2 mL/min 以下,洗脱液收集于 15 mL 离心管中,待浓缩。

7.2 浓缩

7.2.1 甲胺磷的浓缩

将盛有提取液的圆底烧瓶安装于旋转蒸发仪上,在 35℃ 水浴条件下减压蒸发至近干。用 5 mL 丙酮分 3 次冲洗圆底烧瓶,并转移至 5 mL 刻度试管中,50℃ 下氮气流吹至少于 1 mL。最后,用丙酮定容至 1.0 mL,待测。

7.2.2 克百威的浓缩

将盛有洗脱液的离心管置于氮吹仪上,在 50℃ 水浴条件下氮气流吹至少于 2 mL,用丙酮定容至 2.0 mL,待测。

7.3 测定

7.3.1 色谱参考条件

7.3.1.1 色谱柱

HP-5 石英毛细管柱,30 m×0.53 mm×1.50 μm,或相当极性色谱柱。

7.3.1.2 温度

进样口,220℃;检测器,300℃;柱箱,150℃(2 min)8℃/min250℃(10 min)。

7.3.1.3 气体流速

载气:氮气,纯度≥99.99%,流速为 6 mL/min;

燃气:氢气,纯度≥99.99%,流速为 3 mL/min;

助燃气:空气,流速为 60 mL/min。

7.3.1.4 进样方式

不分流进样。

7.3.2 测定

分别吸取各质量浓度标准工作溶液和待测样品 1.00 μL 注入色谱仪,外标法定量。

7.3.3 空白试验

除不加试样外,按上述步骤进行空白测定。

8 结果计算

8.1 定性

以样品中未知组分的保留时间(RT)分别与标样的保留时间(RT)相比较。如果样品中某组分的保留时间与标样中某一农药的保留时间相差在±0.05 min 内的,可认定为该农药。甲胺磷和克百威的参考保留时间分别为3.25 min 和9.45 min。空白样品、标准溶液及样品添加的色谱图参见附录A。

8.2 计算

水样中农药残留量用质量分数 w 计,单位以毫克每升(mg/L)表示,按式(1)计算:

$$w = \frac{A \times \rho_s \times V_2}{V_1 \times A_s} \quad\text{....................................}\quad (1)$$

式中:

w——水样中农药残留量含量,单位为毫克每升(mg/L);

A——样品中被测农药的峰面积;

A_s——农药标准溶液中被测农药的峰面积;

ρ_s——标准溶液中农药的含量,单位为毫克每升(mg/L);

V_1——水样的体积,单位为毫升(mL);

V_2——样品定容体积,单位为毫升(mL)。

9 精密度

在重复性条件下获得的两次独立测定结果的绝对差值不应超过算术平均值的15%。

10 线性范围

本方法甲胺磷的线性范围为0.1 mg/L～50.0 mg/L,克百威的线性范围为0.01 mg/L～5.00 mg/L。

11 回收率

本方法甲胺磷的回收率为75.4%～98.2%,克百威回收率为81.0%～92.2%。

12 检出限

本方法甲胺磷的检出限为0.01 mg/L,克百威的检出限为0.001 mg/L。

附 录 A
（资料性附录）
空白样品、标准溶液及样品添加的色谱图

A. 1 空白样品色谱图见图 A.1。

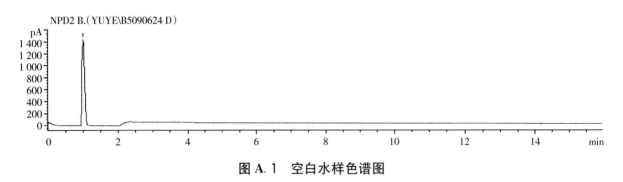

图 A. 1 空白水样色谱图

A. 2 甲胺磷、克百威标准样品色谱图见图 A. 2 和图 A. 3。

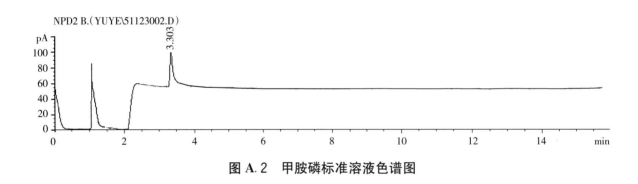

图 A. 2 甲胺磷标准溶液色谱图

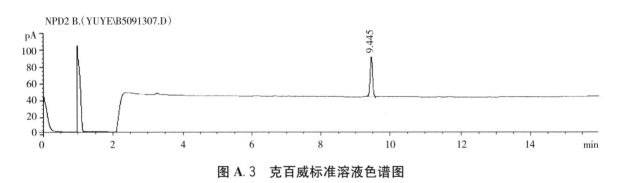

图 A. 3 克百威标准溶液色谱图

A. 3 甲胺磷、克百威样品添加色谱图见图 A. 4 和图 A. 5。

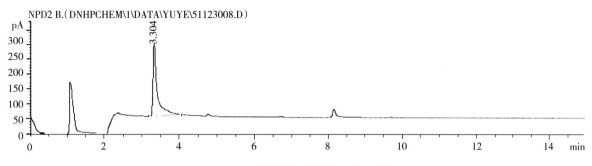

图 A.4 甲胺磷样品添加色谱图

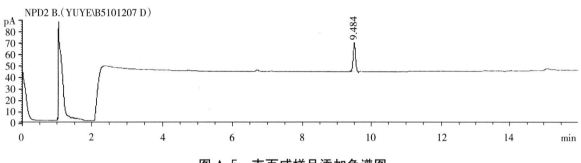

图 A.5 克百威样品添加色谱图

ICS 67.120.30
X 20

中华人民共和国农业行业标准

NY/T 1709—2011
代替 NY/T 1709—2009

绿色食品　藻类及其制品

Green food—Algae and algae products

2011-09-01 发布

2011-12-01 实施

中华人民共和国农业部 发布

前　言

本标准按照 GB/T 1.1—2009 给出的规则起草。

本标准代替 NY/T 1709—2009《绿色食品　藻类及其制品》。

本标准与 NY/T 1709—2009《绿色食品　藻类及其制品》相比,主要修改如下:

——修订了即食紫菜水分、螺旋藻制品 β-胡萝卜素指标;

——删除了镉限量指标。

本标准由中华人民共和国农业部农产品质量安全监管局提出。

本标准由中国绿色食品发展中心归口。

本标准起草单位:广东海洋大学、广东省湛江市质量计量监督检测所。

本标准主要起草人:黄和、蒋志红、李鹏、周浓、李秀娟、陈宏、曹湛慧、何江、黄国方。

本标准所代替标准的历次版本发布情况为:

——NY/T 1709—2009。

绿色食品　藻类及其制品

1　范围

本标准规定了绿色食品藻类及其制品的要求、试验方法、检验规则、标签、标志、包装、运输和贮存。

本标准适用于绿色食品藻类及其制品,包括干海带、盐渍海带、即食海带、干紫菜、即食紫菜、干裙带菜、盐渍裙带菜、即食裙带菜、螺旋藻粉、螺旋藻片和螺旋藻胶囊等产品。

2　规范性引用文件

下列文件对于本文件的应用是必不可少的。凡是注日期的引用文件,仅注日期的版本适用于本文件。凡是不注日期的引用文件,其最新版本(包括所有的修改单)适用于本文件。

GB 4789.2　食品安全国家标准　食品微生物学检验　菌落总数测定

GB 4789.3　食品安全国家标准　食品微生物学检验　大肠菌群计数

GB 4789.4　食品安全国家标准　食品微生物学检验　沙门氏菌检验

GB/T 4789.5　食品卫生微生物学检验　志贺氏菌检验

GB/T 4789.7　食品卫生微生物学检验　副溶血性弧菌检验

GB 4789.10　食品安全国家标准　食品微生物学检验　金黄色葡萄球菌检验

GB/T 4789.15　食品卫生微生物学检验　霉菌和酵母菌计数

GB 5009.3　食品安全国家标准　食品中水分的测定

GB 5009.4　食品安全国家标准　食品中灰分的测定

GB 5009.5　食品安全国家标准　食品中蛋白质的测定

GB/T 5009.11　食品中总砷及无机砷的测定

GB 5009.12　食品安全国家标准　食品中铅的测定

GB/T 5009.17　食品中总汞及有机汞的测定

GB/T 5009.29　食品中山梨酸、苯甲酸的测定

GB/T 5009.83　食品中胡萝卜素的测定

GB/T 5009.190　食品中指示性多氯联苯含量的测定

GB 5749　生活饮用水卫生标准

GB 7718　预包装食品标签通则

NY/T 391　绿色食品　产地环境技术条件

NY/T 392　绿色食品　食品添加剂使用准则

NY/T 658　绿色食品　包装通用准则

NY/T 751　绿色食品　食用植物油

NY/T 1040　绿色食品　食用盐

NY/T 1055　绿色食品　产品检验规则

NY/T 1056　绿色食品　贮藏运输准则

SC/T 3009　水产品加工质量管理规范

SC/T 3011　水产品中盐分的测定

JJF 1070　定量包装商品净含量计量检验规则

《定量包装商品计量监督管理方法》　国家质量监督检验检疫总局令 2005 年第 75 号

中国绿色食品商标标志设计使用规范手册

3 要求

3.1 主要原辅材料

3.1.1 产地环境

天然捕捞原料应来源于无污染的海域或水域,养殖原料产地环境应符合 NY/T 391 的规定。

3.1.2 辅料

食品添加剂应符合 NY/T 392 的规定;食用盐应符合 NY/T 1040 的规定;食用植物油应符合 NY/T 751 的规定。

3.1.3 加工用水

应符合 GB 5749 的规定。

3.2 加工

加工过程的卫生要求及加工企业质量管理应符合 SC/T 3009 的规定。

3.3 感官

3.3.1 海带及制品

应符合表 1 的规定。

表 1　海带及制品感官要求

项　　目	要　　求		
	干海带	盐渍海带	即食海带[a]
外观	叶体平直,无粘贴,无霉变,无花斑,无海带根	藻体表面光洁,无黏液	形状、大小基本一致
色泽	呈深褐色至浅褐色	呈墨绿色、褐绿色	呈棕褐色、褐绿色
气味与滋味	具有本品应有气味,无异味		具有本品应有气味与滋味,无异味
杂质	无肉眼可见外来杂质		
[a]　无涨袋、无胖听。			

3.3.2 紫菜、裙带菜及制品

应符合表 2 的规定。

表 2　紫菜、裙带菜及制品感官要求

项　　目	要　　求				
	干紫菜	即食紫菜[a]	干裙带菜	盐渍裙带菜	即食裙带菜[a]
外观	厚薄均匀,平整,无缺损或允许有小缺角	厚薄均匀,平整,无缺损	无枯叶、暗斑、花斑、盐屑和明显毛刺	无枯叶、暗斑、花斑、明显毛刺和红叶,无孢子	形状、大小基本一致
色泽	呈黑紫色、深紫色或褐绿色,两面有光泽	呈深绿色	呈墨绿色、绿色或绿褐色		
气味与滋味	具有本品应有气味,无异味	具有本品应有气味与滋味,无异味	具有本品应有气味,无异味		具有本品应有气味与滋味,无异味
杂质	无肉眼可见外来杂质				
[a]　无涨袋、无胖听。					

3.3.3 螺旋藻制品

应符合表 3 的规定。

表 3　螺旋藻制品感官要求

项　目	要　求		
	螺旋藻粉	螺旋藻片	螺旋藻胶囊
外观	均匀粉末	形状规范,无破损,无碎片	形状规范,无粘连,无破损
色泽	呈蓝绿色或深蓝绿色		内容物为蓝绿色或深蓝绿色粉末
气味与滋味	具有本品应有气味与滋味,无异味		
杂质	无肉眼可见外来杂质		

3.4　理化指标

应符合表 4 和表 5 的规定。

表 4　螺旋藻制品以外的理化指标　　　　　　　　单位为克每百克

项　目	指　标						
	干海带	盐渍海带	即食海带	干紫菜	即食紫菜	干裙带菜	盐渍裙带菜
水分	≤20	≤68	—	≤14	≤5.0	≤10	≤60
盐分	—	≤25	≤6	—	—	≤23	≤25

表 5　螺旋藻制品理化指标

项　目	指　标		
	螺旋藻粉	螺旋藻胶囊	螺旋藻片
水分,g/100g	≤7		≤10
蛋白质,g/100g	≥55	≥50	≥45
灰分,g/100g	≤7		≤10
β-胡萝卜素,mg/100g	≥50		

3.5　净含量

应符合《定量包装商品计量监督管理办法》的规定。

3.6　卫生指标

应符合表 6 的规定。

表 6　卫生指标

项　目	指　标
甲基汞,mg/kg	≤0.5
无机砷,mg/kg	≤1.5
铅(以 Pb 计),mg/kg	≤1.0
多氯联苯(以 PCB28、PCB52、PCB101、PCB118、PCB138、PCB153 和 PCB180 总和计),mg/kg	≤2.0
PCB138,mg/kg	≤0.5
PCB153,mg/kg	≤0.5
苯甲酸及其钠盐(以苯甲酸计)[a],g/kg	不得检出(<0.001)
山梨酸及其钾盐(以山梨酸计)[a],g/kg	≤1.0
[a]　适用于即食藻类制品。	

3.7　微生物学指标

即食藻类制品微生物学指标应符合表 7 的规定。

表 7　即食藻类制品微生物学指标

项　目	指　标
菌落总数，cfu/g	≤30 000
大肠菌群，MPN/100 g	≤30
霉菌，cfu/g	≤300
沙门氏菌	不得检出
志贺氏菌	不得检出
副溶血性弧菌	不得检出
金黄色葡萄球菌	不得检出

4　试验方法

4.1　感官检验

4.1.1　外观、色泽和杂质

取至少三个包装的样品，先检查包装有无破损、涨袋和胖听；然后，打开包装，在光线充足、无异味、清洁卫生的环境中检查袋内或瓶内产品外观和色泽；再检查杂质。

4.1.2　气味和滋味

打开包装后嗅其气味，即食产品则品尝其滋味；其他产品则检查有无异味。

4.2　净含量测定

按 JJF 1070 的规定执行。

4.3　理化指标检验

4.3.1　水分

按 GB 5009.3 的规定执行。

4.3.2　盐分

按 SC/T 3011 的规定执行。

4.3.3　蛋白质

按 GB 5009.5 的规定执行。

4.3.4　β-胡萝卜素

按 GB/T 5009.83 的规定执行。

4.3.5　灰分

按 GB 5009.4 的规定执行。

4.4　卫生指标检验

4.4.1　甲基汞

按 GB/T 5009.17 的规定执行。

4.4.2　无机砷

按 GB/T 5009.11 的规定执行。

4.4.3　铅

按 GB 5009.12 的规定执行。

4.4.4　多氯联苯

按 GB/T 5009.190 的规定执行。

4.4.5　苯甲酸及其钠盐、山梨酸及其钾盐

按 GB/T 5009.29 的规定执行。

4.5　微生物学指标检验

4.5.1 菌落总数检验

按 GB 4789.2 的规定执行。

4.5.2 大肠菌群计数

按 GB 4789.3 的规定执行。

4.5.3 霉菌检验

按 GB/T 4789.15 的规定执行。

4.5.4 沙门氏菌检验

按 GB/T 4789.4 的规定执行。

4.5.5 志贺氏菌检验

按 GB/T 4789.5 的规定执行。

4.5.6 副溶血性弧菌检验

按 GB/T 4789.7 的规定执行。

4.5.7 金黄色葡萄球菌检验

按 GB 4789.10 的规定执行。

5 检验规则

按 NY/T 1055 的规定执行。

6 标签和标志

6.1 标签

标签按 GB 7718 规定执行。

6.2 标志

产品的包装上应有绿色食品标志。标志设计和使用应符合《中国绿色食品商标标志设计使用规范手册》的规定。

7 包装、运输和贮存

7.1 包装

包装及包装材料按 NY/T 658 的规定执行。

7.2 运输和贮存

按 NY/T 1056 的规定执行。

ICS 65.120
B 54

中华人民共和国农业行业标准

NY/T 2072—2011

乌鳢配合饲料

Formula feed for snakehead(*Channa argus*)

2011-09-01 发布

2011-12-01 实施

中华人民共和国农业部 发布

前　言

本标准按照 GB/T 1.1—2009 给出的规则起草。

本标准由中华人民共和国农业部畜牧业司提出。

本标准由全国饲料工业标准化技术委员会(SAC/TC 76)归口。

本标准起草单位:吉林农业大学。

本标准主要起草人:王桂芹、王兆军、闫先春、郭贵良、何衍林、刘革、孙丽、李子平、牛小天、芦洪梅、韩宇田。

乌鳢配合饲料

1 范围

本标准规定了乌鳢膨化配合饲料的产品分类、要求、试验方法、检验规则以及标签、包装、运输、贮存和保质期。

本标准适用于乌鳢膨化配合饲料,其他鳢科鱼类膨化配合饲料可参照执行。

2 规范性引用文件

下列文件对于本文件的应用是必不可少的。凡是注日期的引用文件,仅注日期的版本适用于本文件。凡是不注日期的引用文件,其最新版本(包括所有的修改单)适用于本文件。

GB/T 5918 饲料产品混合均匀度的测定

GB/T 6432 饲料中粗蛋白测定方法

GB/T 6433—2006 饲料中粗脂肪测定

GB/T 6434 饲料中粗纤维的含量测定 过滤法

GB/T 6435 饲料中水分和其他挥发性物质含量的测定

GB/T 6437 饲料中总磷的测定方法 分光光度法

GB/T 6438 饲料中粗灰分的测定

GB 10648 饲料标签

GB 13078 饲料卫生标准

GB/T 14699.1 饲料 采样

GB/T 16765—1997 颗粒饲料通用技术条件

GB/T 18246 饲料中氨基酸的测定

GB/T 18823 饲料检测结果判定的允许误差

JJF 1070 定量包装商品净含量计量检验规则

NY 5072 无公害食品 渔用配合饲料安全限量

SC/T 1077—2004 渔用配合饲料通用技术要求

《定量包装商品计量监督管理办法》 国家质量监督检验检疫总局 2005 年第 75 号

3 产品分类

产品按乌鳢的生长阶段分为稚鱼饲料、幼鱼饲料和成鱼饲料。产品分类及适用范围见表1。

表 1 产品分类及适用范围

项 目	稚鱼饲料	幼鱼饲料	成鱼饲料
适用乌鳢体重,g/尾	<5	5~150	>150

4 要求

4.1 感官

4.1.1 外观

色泽、颗粒大小均匀,无发霉、变质和虫害。

4.1.2 气味

无霉味、酸败等异味。

4.2 水分含量

不大于 12.0%。

4.3 加工质量指标

加工质量指标的规定见表 2。

表 2 加工质量指标

单位为百分率

项　　目	稚鱼饲料	幼鱼饲料	成鱼饲料
混合均匀度(变异系数)	≤7.0		
水中稳定性(溶失率)	≤10.0		
颗粒粉化率(筛下物)	≤1.0		
浮水率	≥92.0	≥95.0	≥98.0

4.4 主要营养成分指标

主要营养成分的规定见表 3。

表 3 主要营养成分

单位为百分率

项　　目	稚鱼饲料	幼鱼饲料	成鱼饲料
粗蛋白质	42.0～46.0	38.0～42.0	36.0～40.0
赖氨酸	≥2.4	≥2.2	≥2.0
粗脂肪	≥5.0		
粗纤维	≤8.0		
粗灰分	≤14.0		
总磷	0.6～1.8	0.6～1.5	

4.5 安全卫生指标

应符合 GB 13078 和 NY 5072 的规定。

4.6 净含量

应符合《定量包装商品计量监督管理办法》的规定。

5 试验方法

5.1 感官检验

取 100 g～200 g 样品,置于 25 cm×30 cm 的洁净白瓷盘内,在正常光照、通风良好、无异味的环境下通过感官进行评定。

5.2 混合均匀度的测定

按 GB/T 5918 的规定执行。

5.3 水中稳定性(溶失率)的测定

按 SC/T 1077—2004 中附录 A.2 的规定执行。

5.4 粉化率的测定

按 GB/T 16765—1997 中 5.4.3 的规定执行。

5.5 膨化颗粒饲料浮水率

5.5.1 测定步骤

随机抽取 200 粒～300 粒样品,置于 25℃±2℃ 水中浸泡 30 min,人工搅拌 10 s,待静止后计算漂浮颗粒数。

5.5.2　计算方法

膨化颗粒饲料浮水率按式(1)计算：

$$F = \frac{P_1}{P} \times 100 \qquad \cdots\cdots\cdots\cdots\cdots\cdots\cdots\cdots\cdots\cdots\cdots\cdots\cdots\cdots\cdots\cdots\cdots \quad (1)$$

式中：

F——浮水率，单位为百分率(%)；

P_1——漂浮颗粒数；

P——样品总颗粒数。

5.6　粗蛋白质的测定

按 GB/T 6432 的规定执行。

5.7　粗脂肪的测定

按 GB/T 6433 的规定执行。

5.8　粗纤维的测定

按 GB/T 6434 的规定执行。

5.9　水分的测定

按 GB/T 6435 的规定执行。

5.10　总磷的测定

按 GB/T 6437 的规定执行。

5.11　粗灰分的测定

按 GB/T 6438 的规定执行。

5.12　赖氨酸的测定

按 GB/T 18246 的规定执行。

5.13　净含量

按 JJF 1070 的规定执行。

6　检验规则

6.1　批的组成

在原料及生产条件基本相同的情况下,同一班次、同一配方和同一工艺生产的产品为一个检验批。

6.2　抽样方法

按 GB/T 14699.1 的规定执行,净含量抽样按 JJF 1070 的规定执行。

6.3　检验分类

6.3.1　出厂检验

每批产品必须进行出厂检验,检验项目一般为感官性状、水分、粗蛋白质以及包装、标签。检验合格签发检验合格证,产品凭检验合格证出厂。

6.3.2　型式检验

正常生产时,每年至少检验一次,检验项目为本标准规定的所有项目。型式检验的样品在出厂检验合格的样品中抽取。

如有下列情况之一时,也应进行型式检验：

a)　新产品投产时；

b)　原料、工艺、配方有较大改变,可能影响产品性能时；

c)　停产 6 个月或主要生产设备进行大修后恢复生产时；

d)　出厂检验结果与上次型式检验有较大差异时；

　　e） 质量监督部门提出进行型式检验的要求时。

6.4 判定规则

6.4.1 检测结果判定的允许误差按 GB/T 18823 的规定执行。

6.4.2 所检项目的结果全部符合标准规定的判为合格批。

6.4.3 检验中如有一项指标不符合标准，应重新取样进行复检（微生物指标超标不得复检）。复检结果中有一项不合格者，即判定为不合格。

7 标签、包装、运输、贮存、保质期

7.1 标签

　　产品标签应按 GB 10648 的规定执行。

7.2 包装

　　所用包装材料应清洁卫生、无毒无污染，应有防潮、抗拉性能；包装封口应严密、牢固。

7.3 运输

　　产品运输时，运输工具应清洁卫生，且不得与有毒有害物质等混装、混运；运输中，应有通风并能防止日晒、雨淋与破损的措施。

7.4 贮存

　　产品应贮存于通风、清洁、干燥的仓库内，防止受潮和有害物质的污染。

7.5 保质期

　　在符合本标准规定的贮运条件下，包装完整、未经启封的产品，从生产之日起，原包装产品保质期为 90 d。

————————————

ICS 03.100.30
A 18

中华人民共和国农业行业标准

NY/T 2100—2011

渔网具装配操作工

2011-09-01 发布

2011-12-01 实施

中华人民共和国农业部 发布

前　言

本标准按照 GB/T 1.1—2009 给出的规则起草。

本标准由中华人民共和国农业部人事劳动司提出并归口。

本标准起草单位:农业部渔船检验局。

本标准主要起草人:姚立民、陈礼球、钱如敏。

渔网具装配操作工

1 职业概况

1.1 职业名称

渔网具装配操作工。

1.2 职业定义

从事渔网具生产装配操作的人员。

1.3 职业等级

本职业共设三个等级,分别为初级(国家职业资格五级)、中级(国家职业资格四级)、高级(国家职业资格三级)。

1.4 职业环境

室内,正常工作环境,无毒害。

1.5 职业能力特征

手脚灵活,视力正常,动作协调。

1.6 基本文化程度

初中毕业及以上学历。

1.7 培训要求

1.7.1 培训期限

初级不少于 100 标准学时;中级不少于 80 标准学时;高级不少于 60 标准学时。

1.7.2 培训教师

培训初级、中级和高级的教师,应具有本职业或相关专业中级以上专业技术职务任职资格。

1.7.3 培训场地和设备

满足教学需要的教室及本工种必需的生产操作设备。

1.8 鉴定要求

1.8.1 适用对象

从事或准备从事本职业的人员。

1.8.2 申报条件

1.8.2.1 初级工(具备下列条件之一者)

a) 经本职业或相关专业初级正规培训达到规定标准学时数,并取得结业证书;

b) 在本职业连续工作 2 年以上;

c) 从事本职业学徒期满。

1.8.2.2 中级工(具备下列条件之一者)

a) 取得本职业初级资格证书后,连续从事本职业工作 2 年以上;经本职业或相关专业中级正规培训达规定标准学时数,并取得结业证书;

b) 取得本职业初级资格证书后,连续从事本职业工作 4 年以上;

c) 连续从事本职业工作 6 年以上;

d) 取得经劳动保障行政部门审核认定的、以中级技能为培养目标的中等以上职业学校本职业或相近专业毕业证书。

1.8.2.3 高级工

a) 取得本职业中级职业资格证书后,连续从事本职业工作 4 年以上,经本职业高级正规培训达规定标准学时数,并取得结业证书;

b) 取得本职业中级职业资格证书后,连续从事本职业工作 6 年以上;

c) 大专以上本专业或相关专业毕业生取得本职业中级职业资格证书后,连续从事本职业工作 2 年以上。

1.8.3 鉴定方式

鉴定方式为理论知识考试和技能操作考试。理论知识考试采用闭卷笔试方式;技能操作考核采用现场实际操作方式。理论知识考试和技能操作考试均实行百分制,成绩皆达 60 分以上者为合格。

1.8.4 考评人员与考生配比

理论知识考试考评员与考生比例为 1∶20,每个考场不少于 2 名考评人员;技能操作考核考评员与考生比例为 1∶10,且每个考场不少于 2 名考评员。综合评审不少于 3 人。

1.8.5 鉴定时间

各等级理论知识考试时间为 90 min,技能操作考核时间为 60 min~120 min。

1.8.6 鉴定场所设备

理论知识考试在教室内进行;技能操作考试在满足考试需要的操作现场进行。

2 基本要求

2.1 职业道德

2.1.1 职业道德基本知识

2.1.2 职业守则

a) 爱岗敬业,遵纪守法;

b) 掌握技能,努力钻研;

c) 遵守规程,团结协作;

d) 安全操作,优质高产。

2.2 基础知识

2.2.1 专业知识

a) 常用渔具材料基础知识;

b) 工艺流程基础知识;

c) 原料、工艺与产品质量的关系;

d) 生产设备构造原理;

e) 操作规程;

f) 检验规程。

2.2.2 法律法规知识

a) 产品质量法;

b) 产品技术标准;

c) 劳动合同法规的知识。

2.2.3 安全操作知识

a) 机械安全常识;

b) 电器安全常识;

c) 操作安全常识。

3 工作要求

本标准对绳网具操作工初级、中级和高级的技能要求依次递进，高级别涵盖低级别的要求。

3.1 初级

职业功能	工作内容	技能要求	相关知识
生产前准备	1. 原材料准备	1. 掌握原材料（半成品）的品名、规格、性能及质量要求 2. 按工艺要求熟练正确配料	原材料、工艺的相关知识
	2. 生产设备	1. 了解机械设备的构造、工作原理 2. 了解电器构造及工作原理	机械、电器设备的相关知识
	3. 生产现场准备	1. 正确穿戴防护用品 2. 确保生产现场满足生产需要，符合安全生产要求	安全生产、操作规程的相关知识
生产	1. 原料或半成品配置	按工艺要求掌握正确的原料或半成品配置方法	相关的工艺知识
	2. 生产操作	1. 按操作要求正确开机生产 2. 按图纸要求完成基本操作	相关的操作知识
	3. 排除故障	按操作要求正确排除常见的生产故障	相关的操作知识
	4. 生产合格产品	能按产品技术标准要求生产出合格产品	原料、工艺、操作、设备等基础知识
检查	检查产品质量	1. 正确使用测量工具测量、准确读数 2. 依据产品技术标准，判断基本的质量缺陷	质量检查的基本知识

3.2 中级

职业功能	工作内容	技能要求	相关知识
生产前准备	1. 原料准备	能检查原材料、半成品配方及质量是否符合工艺、质量要求	原辅材料的配方工艺知识
	2. 工艺、机械、电器设备准备	能检查工艺、机械、电器设备是否满足生产要求	原材料性能与工艺质量的关系等知识
	3. 更换品种准备	能正确、熟练地更换设备相关部件，正确配置半成品	机械设备构造知识、工艺结构知识、操作知识
	4. 生产安排调度	能根据生产计划安排调度生产	生产安排、计划调度管理知识
生产	1. 熟练生产	1. 能根据工艺及操作要求，熟练正确地进行不同原料、不同规格产品的生产操作，并生产出合格产品 2. 掌握本工序外两种以上不同工序的操作技能	工艺调整、操作规程等知识
	2. 及时排除各类操作及设备故障	能及时正确地排除各类操作故障，提出机械、电器设备故障的解决办法	操作故障排除知识、设备故障排除知识
	3. 生产管理	能解决生产管理过程中出现的相关问题	原料、工艺、操作、设备与产品质量的关系等知识
	4. 培养人才	能指导初级工的操作	人才培养方面的知识
检查	产品质量检查	1. 能操作常用检测仪器正确进行检测 2. 能根据检验结果，分析原因，并制定正确的调整方案	标准知识、检验知识及工艺与质量关系等知识

3.3 高级

职业功能	工作内容	技能要求	相关知识
生产前准备	1. 设计调整生产工艺	能根据原料、半成品的性能设计、调整生产工艺配方、设计操作规程等	绘图、工艺设计、调整及操作规程等知识
	2. 检查完善机械电器设备的状况及性能	能针对设备状况提出完善改进建议,并组织实施,确保完好	熟练掌握机械电器设备相关知识
	3. 检查安全生产、规范操作规程	能进行安全隐患检查,并组织整改,规范操作规程	安全管理知识
生产	1. 指导解决生产过程中复杂的操作工艺质量问题	1. 能对生产过程中出现的各种工艺操作质量等复杂问题提出解决办法,并组织实施 2. 熟练掌握本工序外三种以上不同工序的操作技能	相关的生产操作、技术工艺知识
	2. 指导解决机械电器等设备故障	能对生产过程中出现的机械电器设备故障提出解决办法,并组织实施	相关的机械、电器设备专业知识及设备管理知识
	3. 确保生产正常进行	能通过对各生产环节的控制管理确保生产的正常进行	有关生产综合管理的知识
	4. 参与技术改造、新产品试验	具有从事技术改造、新产品试制的能力和经验	技术开发的程序、要求等知识
检查	质量标准	熟知技术指标、测试方法,掌握标准构成,参与标准制定	标准化相关知识

4 比重表

4.1 理论知识

	项　　目	初级 %	中级 %	高级 %
基本要求	职业道德	5	5	5
	基础知识	20	10	5
生产前准备	原材料、半成品准备	15	5	—
	机械电器设备准备	10	10	5
	安全生产准备	10	5	—
	技术工艺操作规程准备	—	10	5
	生产调度安排准备	—	—	5
	综合生产管理制度准备	—	—	5
生产	正常生产	25	15	10
	生产故障排除	10	10	10
	设备故障排除	—	10	15
	生产过程管理	—	10	10
	安全生产检查	—	—	—
	生产品种更换	—	—	5
	设计技术工艺、操作规程	—	—	5
	技术改造及新产品试验	—	—	5
检查	产品检验	5	—	—
	产品检验测试	—	5	—
	质量分析质量改进	—	5	5
	产品技术标准	—	—	5
合计		100	100	100

4.2 技能操作

项　　目		初级 %	中级 %	高级 %
生产前准备	原材料、半成品准备	20	5	—
	机械电器设备准备	15	10	5
	安全生产准备	10	5	5
	技术工艺操作规程准备	—	5	10
	生产调度安排准备	—	5	5
	综合生产管理制度准备	—	—	5
生产	正常生产	20	10	—
	生产故障排除	20	10	5
	设备故障排除	5	15	10
	生产过程管理	—	10	5
	安全生产检查	—	5	5
	生产品种更换	—	5	5
	设计技术工艺、操作规程	—	—	10
	技术改造及新产品试验	—	—	5
	技术培训	—	—	5
检查	产品检验	10	5	—
	产品检验测试	—	5	5
	质量分析质量改进	—	5	10
	产品技术标准	—	—	5
合计		100	100	100

ICS 03.100.30
A 18

中华人民共和国农业行业标准

NY/T 2101—2011

渔业船舶玻璃钢糊制工

2011-09-01 发布

2011-12-01 实施

中华人民共和国农业部 发布

前　言

本标准按照 GB/T 1.1—2009 给出的规则起草。

本标准由中华人民共和国农业部人事劳动司提出并归口。

本标准起草单位：农业部渔船检验局。

本标准主要起草人：陈欣、孙风胜、鲁晓光、陈海明、谢晓梅。

渔业船舶玻璃钢糊制工

1 职业概况

1.1 职业名称

渔业船舶玻璃钢糊制工。

1.2 职业定义

从事渔业船舶玻璃钢糊制工作的人员。

1.3 职业等级

根据渔业船舶修造企业特殊工种人员目前的现状,本职业暂设定三个等级,分别为初级(国家职业资格五级)、中级(国家职业资格四级)和高级(国家职业资格三级)。

1.4 职业环境

室内外和渔业船舶内外,常温,有毒有害。

1.5 职业能力特征

具有一定的视图能力;手臂灵活,动作协调。

1.6 基本文化程度

初中毕业及以上文化程度。

1.7 培训要求

1.7.1 培训期限

渔业船舶一级玻璃钢糊制工不少于96学时;渔业船舶二级玻璃钢糊制工不少于88学时;渔业船舶三级玻璃钢糊制工不少于56学时。

1.7.2 培训教师

1.7.2.1 理论部分

培训理论部分的教师须有丰富的糊制工教学经验,且口齿清楚,有较好的语言表达能力。

培训初级玻璃钢糊制工的教师,应具有中专及以上学历,中级专业技术职务任职资格;培训中级玻璃钢糊制工的教师,应具有大专及以上学历,中级及以上专业技术职务任职资格;培训高级玻璃钢糊制工的教师,应具有大学本科以上学历,高级及以上专业技术职务任职资格。

1.7.2.2 实际操作部分

培训初级玻璃钢糊制工的教师,应具有5年本职业实际操作工作经验;培训中级玻璃钢糊制工的教师,应具有7年本职业实际操作工作经验;培训高级玻璃钢糊制工的教师,应具有10年本职业实际操作工作经验。

由农业部主管部门审核,对具备以上条件的培训教师,颁发相应等级的《聘书》,确认其任职资格和任职年限。

1.7.3 培训场地和设备

满足教学需要的教室和具备的必要糊制、喷涂的工具、设备的实际操作场所。

1.8 鉴定要求

1.8.1 适用对象

从事本职业、年满18周岁的人员。

1.8.2 申报条件

1.8.2.1 渔业船舶初级玻璃钢糊制工

具有初中及以上文化程度,且在本职业连续工作 1 年以上。

1.8.2.2 渔业船舶中级玻璃钢糊制工(应至少具备下列条件之一)

a) 取得渔业船舶初级玻璃钢糊制工《职业资格证书》后,又在本职业连续工作 3 年以上的;

b) 技工学校复合材料专业毕业,且在本职业连续工作 1 年以上的。

1.8.2.3 渔业船舶高级玻璃钢糊制工

取得渔业船舶中级玻璃钢糊制工《职业资格证书》后,又在本职业连续工作 3 年以上的。

1.8.3 鉴定方式

分为理论知识考试和技能操作考试两部分。理论知识考试采用闭卷笔试方式,技能操作考试采用现场实际操作方式。理论知识考试和技能操作考试均实行百分制,成绩均 60 分及以上者为合格。

1.8.4 考评人员与考生配比

理论知识考试考评人员与考生比例为 1∶20,且每个考场不少于 2 名考评人员;技能操作考试与考生比例为 1∶10,且每个考场不少于 2 名考评人员;综合评审人员不少于 3 人。

1.8.5 鉴定时间

各等级理论知识考试时间为 120min,技能操作考试则依考试项目而定,但不得少于 90min。

1.8.6 鉴定场所设备

理论知识考试在教室内进行;技能操作考试在具有必要的糊制条件的操作场所内进行。

2 基本要求

2.1 职业守则

遵纪守法,爱岗敬业,遵守规程,团结协作,安全生产,注重环保。

2.2 基础知识

2.2.1 专业知识

a) 船舶基本知识;

b) 玻璃钢原材料基本知识;

c) 糊制工艺基本知识。

2.2.2 法律法规知识

a) 《中华人民共和国产品质量法》;

b) 《中华人民共和国渔业船舶检验条例》;

c) 技术规则规范。

2.2.3 安全环保知识

a) 安全操作与劳动保护知识;

b) 消防安全知识;

c) 环境保护知识。

3 工作要求

本标准对渔业船舶初级、中级、高级糊制工的技能要求依次递进,高级别涵盖低级别的要求。

3.1 理论知识要求

3.1.1 初级

职业功能	工作内容	技能要求	相关知识
糊制前准备	模具准备	1. 表面光滑平整,不允许有凹凸不平之处 2. 涂蜡均匀,不允许有遗漏之处	1. 模具表面质量基本要求 2. 涂蜡、脱模剂的操作方法
	糊制材料	1. 能识别、正确选择纤维材料 2. 识别树脂是否添加促进剂	1. 基本材料——树脂基本知识 2. 增强材料——玻纤基本知识
	糊制工具	能识别正确选择所使的工具	各种糊制所需工具的优缺点、操作方法
	生产安全与劳动保护检查	1. 掌握切割机、砂轮机、抛光机的安全操作方法 2. 正确使用个人劳保用品	1. 切割机、砂轮机、抛光机安全操作规程 2. 树脂添加促进剂、引发剂避免发生爆炸的操作规程 3. 自身保护常识
糊制	糊制工艺	1. 掌握涂刷树脂、铺敷玻纤、浸润、脱泡的要领 2. 能进行水平、垂直面糊制帽型材作业	初步掌握工艺规程及施工方法
	玻璃钢固化体系	1. 掌握促进剂、引发剂的配比量 2. 掌握树脂搅拌要领	1. 促进剂、引发剂的配比知识 2. 树脂搅拌方法
	典型节点糊制工艺	1. 初步了解甲板、舱壁与船体的连接方法、施工要领 2. 初步了解舾装件设备基座糊制方法	三维交叉部位糊制方法
	原材料及辅料	1. 初步掌握树脂、纤维品种 2. 初步掌握促进剂、引发剂、脱模剂的品种及用途	树脂、玻纤及各种辅料的基本方法
糊制检查	糊制质量检查	1. 初步懂得树脂涂刷均匀、浸润、滚平的表面质量效果 2. 初步懂得判断气泡有效排出	判断施工质量优劣的基本方法

3.1.2 中级

职业功能	工作内容	技能要求	相关知识
糊制前准备	模具准备	1. 熟练掌握模具表面的处理技术 2. 熟练掌握涂蜡、脱模剂技术	1. 模具表面粗糙度要求 2. 涂蜡、脱模剂的操作方法
	喷胶衣	1. 正确、熟练使用喷涂设备 2. 喷涂均匀、技术符合规范要求	1. 喷涂设备使用方法 2. 规范要求
	树脂调配	1. 根据施工现场环境、温度、相对湿度做树脂凝胶实验 2. 熟练掌握促进剂、引发剂的配比量	规范要求
	表面处理	1. 抹腻子、找平 2. 水磨 3. 抛光	1. 普通水磨砂纸型号与粗糙度的关系 2. 抛光机的使用方法
糊制	糊制工艺	1. 熟练掌握涂刷树脂、铺敷玻纤、浸润、脱泡的要领 2. 能进行水平、垂直、仰脸及糊制帽型材作业	熟练掌握工艺规程及施工方法
	典型节点糊制工艺	1. 熟练掌握甲板、舱壁、桅杆等与船体的连接方法、施工要领 2. 熟练掌握舾装件、设备基座的糊制方法	1. 三维、交叉部位糊制方法 2. 控制树脂含量的方法
	真空袋压、真空导入成型工艺技术	初步掌握真空袋压、真空导入成型工艺	真空袋压、真空导入成型工艺技术基本原理

（续）

职业功能	工作内容	技能要求	相关知识
糊制	原材料及辅料	1. 掌握树脂、纤维品种 2. 掌握促进剂、引发剂、脱模剂等辅料的品种、用途及使用方法	树脂、纤维及各种辅料的有关知识
	玻璃钢的化学及物理性能	初步了解玻璃钢的化学及物理性能	玻璃钢的化学及物理性能的基本知识
糊制检查	糊制质量检查	1. 明了树脂涂刷均匀、浸润、滚平的表面质量效果 2. 明了判断气泡有效排出	判断施工质量优劣的有关方法

3.1.3 高级

职业功能	工作内容	技能要求	相关知识
糊制前准备	模具准备	1. 熟练掌握模具表面处理技术 2. 熟练掌握涂蜡、脱模剂技术 3. 明了对模具主尺度、表面粗糙度要求	1. 模具表面粗糙度要求 2. 涂蜡、脱模剂的操作方法 3. 识图
	喷胶衣	1. 指导并正确使用喷涂设备 2. 喷涂均匀、厚度符合规范要求	1. 喷涂设备使用方法 2. 规范要求
	树脂调配	1. 根据施工现场环境、温度、相对湿度做树脂凝胶试验 2. 熟练掌握促进剂、引发剂的配比量	1. 规范要求 2. 凝胶试验数据与实际施工的差异
	表面处理	1. 带班指导一、二级工人进行抹腻子找平、水磨、抛光作业、可现场示范 2. 对质量问题能作出有效处理	1. 普通、水磨砂纸与粗糙度的关系 2. 抛光机的使用方法
糊制	糊制工艺	1. 熟练掌握涂刷树脂、铺敷玻纤、浸润、脱泡的要领 2. 能进行水平、垂直、仰脸及糊制帽型材作业	精通工艺规程及施工方法
	典型节点糊制工艺	1. 精通甲板、舱壁、桅杆等与船体的连接方法、施工要领 2. 精通舾装件、设备基座的糊制方法	1. 三维、交叉部位糊制方法 2. 控制树脂含量的方法 3. 规范要求
	真空袋压、真空导入成型工艺技术	掌握真空袋压、真空导入成型工艺、带班施工	真空袋压、真空导入成型工艺技术基本原理
	原材料及辅料	1. 精通树脂、纤维品种 2. 精通促进剂、引发剂、脱模剂等辅料的品种、用途及使用方法	树脂、纤维及各种辅料的有关知识
	玻璃钢的化学及物理性能	了解玻璃钢的化学及物理性能	1. 玻璃钢的化学及物理性能的基本知识 2. 测试方法
糊制检查	糊制质量检查	1. 带班指导施工作业 2. 能够处理出现的质量问题	1. 判断施工质量优劣的有关方法 2. 纠正质量问题的方法

4 比重表

4.1 理论知识

项　目				渔业船舶一级 玻璃钢糊制工 %	渔业船舶二级 玻璃钢糊制工 %	渔业船舶三级 玻璃钢糊制工 %
基本 要求			职　业　守　则	5	5	5
			基　础　知　识	25	10	—
相 关 知 识	糊 制 前 准 备		模具准备	5	5	10
			糊制材料	5	5	5
			糊制工具	5	—	—
			生产安全与劳动保护检查	5	—	—
	糊 制		糊制工艺	25	25	30
			玻璃钢固化体系	5	—	—
			典型节点糊制工艺	10	15	20
			原材料及辅料	5	10	—
			玻璃钢的化学及物理性能*	—	15	15
	糊 制 检 查		糊制质量检查	5	10	15

　* 玻璃钢的化学及物理性能如不合格,则视为实操考核不合格。玻璃钢的化学及物理性能考核结果应由主管部门认
可的测试机构出具检测报告。

4.2　技能操作

项　目				渔业船舶一级 玻璃钢糊制工 %	渔业船舶二级 玻璃钢糊制工 %	渔业船舶三级 玻璃钢糊制工 %
技 能 要 求	糊 制 前 准 备		模具准备 糊制材料 糊制工具	10		
			生产安全与劳动保护检查	10		
	糊 制		糊制工艺	55	50	25
			玻璃钢固化体系	5	10	15
			典型节点糊制工艺	5	10	15
			原材料及辅料	5	10	15
			玻璃钢的化学及物理性能	—	5	10
	糊 制 检 查		糊制质量检查	10	15	20
合　计				100	100	100

ICS 67.120.30
X 20

中华人民共和国农业行业标准

NY/T 2109—2011

绿色食品 鱼类休闲食品

Green food—Fish snack

2011-09-01 发布

2011-12-01 实施

中华人民共和国农业部 发布

前　言

本标准按照 GB/T 1.1—2009 给出的规则起草。

本标准由中华人民共和国农业部农产品质量安全监管局提出。

本标准由中国绿色食品发展中心归口。

本标准起草单位:国家水产品质量监督检验中心、中国水产科学研究院黄海水产研究所。

本标准主要起草人:周德庆、朱兰兰、赵峰、耿冠男、刘楠、孙永。

绿色食品　鱼类休闲食品

1　范围

本标准规定了绿色食品鱼类休闲食品的术语和定义、要求、试验方法、检验规则、标签、标志、包装、运输和贮存。

本标准适用于绿色食品鱼类休闲食品，主要包括以鱼和鱼肉为主要原料进行生产加工，开袋即食的调味鱼干、鱼脯、鱼松、鱼粒、鱼块等；本标准不适用于鱼类罐头制品、鱼类膨化食品、鱼骨制品等。

2　规范性引用文件

下列文件对于本文件的应用是必不可少的。凡是注日期的引用文件，仅注日期的版本适用于本文件。凡是不注日期的引用文件，其最新版本（包括所有的修改单）适用于本文件。

GB 4789.2　食品安全国家标准　食品微生物学检验　菌落总数测定

GB 4789.3　食品安全国家标准　食品微生物学检验　大肠菌群测定

GB 4789.4　食品安全国家标准　食品微生物学检验　沙门氏菌检验

GB/T 4789.5　食品卫生微生物学检验　志贺氏菌检验

GB/T 4789.6　食品卫生微生物学检验　致泻大肠埃希氏菌检验

GB/T 4789.7　食品卫生微生物学检验　副溶血性弧菌检验

GB 4789.10　食品安全国家标准　食品微生物学检验　金黄色葡萄球菌检验

GB 4789.30　食品安全国家标准　食品微生物学检验　单核细胞增生李斯特氏菌检验

GB 5009.3　食品安全国家标准　食品中水分的测定

GB/T 5009.11　食品中总砷及无机砷的测定

GB 5009.12　食品安全国家标准　食品中铅的测定

GB/T 5009.15　食品中镉的测定

GB/T 5009.17　食品中总汞及有机汞的测定

GB/T 5009.28—2003　食品中糖精钠的测定

GB/T 5009.29—2003　食品中山梨酸、苯甲酸的测定

GB/T 5009.34　食品中亚硫酸盐的测定

GB/T 5009.37　食用植物油卫生标准的分析方法

GB/T 5009.44　肉与肉制品卫生标准的分析方法

GB/T 5009.97—2003　食品中环己基氨基磺酸钠的测定

GB 5749　生活饮用水卫生标准

GB 7718　预包装食品标签通则

JJF 1070　定量包装商品净含量计量检验规则

NY/T 392　绿色食品　食品添加剂使用准则

NY/T 422　绿色食品　食用糖

NY/T 658　绿色食品　包装通用准则

NY/T 842　绿色食品　鱼

NY/T 1040　绿色食品　食用盐

NY/T 1053　绿色食品　味精

NY/T 1055　绿色食品　产品检验规则

NY/T 1056　绿色食品　贮藏运输准则

SC/T 3009　水产品加工质量管理规范

SC/T 3011　水产品中盐分的测定

SC/T 3025　水产品中甲醛的测定

SC/T 3041　水产品中苯并[a]芘的测定　高效液相色谱法

《定量包装商品计量监督管理办法》　国家质量监督检验检疫总局令2005年第75号

中国绿色食品商标标志设计使用规范手册

3　术语和定义

下列术语和定义适用于本文件。

3.1

鱼类休闲食品　fish snack

以鲜或冻鱼及鱼肉为主要原料直接或经过腌制、熟制、干制、调味等工艺加工制成的开袋即食产品。

4　要求

4.1　加工原料

应符合NY/T 842的规定。

4.2　加工辅料

食用盐应符合NY/T 1040的规定;食用糖应符合NY/T 422的规定;味精符合NY/T 1053的规定;其他辅料应符合相应标准的规定。

4.3　食品添加剂

应符合NY/T 392的规定。

4.4　加工用水

应符合GB 5749的规定。

4.5　加工

加工过程的卫生要求及加工企业质量管理,应符合SC/T 3009的规定。

4.6　感官

应符合表1的规定。

表1　感官

分类	指　　　标		
	色　　泽	滋味及气味	组织状态
鱼松	具有本品应有的正常色泽	滋味适宜,有鱼香味,无焦糊味,无异味	口感肉质细腻、疏松,韧性适中,无僵丝,无结块
鱼脯	具有本品应有的正常色泽	具有该品种鱼的特有滋味,无油脂酸败及其他异味	组织紧密,外形平整,厚薄适宜,形体相对完整,无僵片,无结块
鱼粒	具有本品应有的正常色泽	具有该品种鱼应有的滋味	组织紧密,软硬适中,质地均匀,无粉质感
其他	具有本品应有的正常色泽	具有该品种鱼的特有滋味,无油脂酸败及其他异味	组织紧密,软硬适中,质地均匀

4.7　净含量

应符合《定量包装商品计量监督管理办法》的规定。

4.8　理化指标

应符合表 2 的规定。

表 2　理化指标

项　　目	指　　标
水分,%	
真空包装类	≤40
其他	≤22
盐分,%	≤6

4.9　卫生指标

应符合表 3 的规定。

表 3　卫生指标

项　　目	指　　标
铅(以 Pb 计),mg/kg	≤0.5
镉(以 Cd 计),mg/kg	≤0.1
无机砷(以 As 计),mg/kg	≤0.1
甲基汞,mg/kg	
鱼类(不包括食肉鱼类)及其他类	≤0.5
食肉鱼类(鲨鱼、旗鱼、金枪鱼、梭鱼等)	≤1.0
亚硫酸盐(以 SO$_2$ 计),mg/kg	≤30.0
苯并(a)芘,μg/kg	≤5
糖精钠,g/kg	不得检出(<0.000 15)
环己基氨基磺酸钠,g/kg	不得检出(<0.002)
苯甲酸及其钠盐(以苯甲酸计),g/kg	不得检出(<0.001)
山梨酸及其钾盐(以山梨酸计),g/kg	≤1.0
甲醛,mg/kg	≤10.0
酸价(以脂肪计)(KOH),mg/g	≤130
过氧化值(以脂肪计),g/100g	≤0.6

4.10　微生物学指标

应符合表 4 的规定。

表 4　微生物学指标

项　　目	指　　标
菌落总数,cfu/g	≤30 000
大肠菌群,MPN/g	≤0.3
致病菌(沙门氏菌、金黄色葡萄球菌、志贺氏菌、副溶血性弧菌、致泻大肠埃希氏菌、单核细胞增生李斯特氏菌)	不得检出

5　试验方法

5.1　感官检验

取至少三个包装的样品,将试样平摊于白色搪瓷平盘内,在光线充足、无异味、清洁卫生的环境中,用眼、鼻、口、手等感觉器官检验。

5.2　净含量

按 JJF 1070 的规定执行。

5.3　理化指标检验

5.3.1　水分

按 GB 5009.3 的规定执行。

5.3.2 盐分

按 SC/T 3011 的规定执行。

5.4 卫生指标检验

5.4.1 铅

按 GB 5009.12 的规定执行。

5.4.2 镉

按 GB/T 5009.15 的规定执行。

5.4.3 无机砷

按 GB/T 5009.11 的规定执行。

5.4.4 甲基汞

按 GB/T 5009.17 的规定执行。

5.4.5 亚硫酸盐

按 GB/T 5009.34 的规定执行。

5.4.6 苯并(a)芘

按 SC/T 3041 的规定执行。

5.4.7 糖精钠

按 GB/T 5009.28—2003 第一法 高效液相色谱法的规定执行。

5.4.8 环己基氨基磺酸钠

按 GB/T 5009.97—2003 第一法 气相色谱法的规定执行。

5.4.9 苯甲酸及其钠盐

按 GB/T 5009.29—2003 第一法 气相色谱法的规定执行。

5.4.10 山梨酸及其钾盐

按 GB/T 5009.29 的规定执行。

5.4.11 甲醛

按 SC/T 3025 的规定执行。

5.4.12 酸价

按 GB/T 5009.44 的规定执行。

5.4.13 过氧化值

按 GB/T 5009.37 的规定执行。

5.5 微生物检验

5.5.1 菌落总数

按 GB 4789.2 的规定执行。

5.5.2 大肠菌群

按 GB 4789.3 的规定执行。

5.5.3 致病菌

沙门氏菌、志贺氏菌、致泻大肠埃希氏菌、副溶血性弧菌、金黄色葡萄球菌、单核细胞增生李斯特氏菌分别按 GB 4789.4、GB/T 4789.5、GB/T 4789.6、GB/T 4789.7、GB 4789.10 和 GB 4789.30 的规定执行。

6 检验规则

按 NY/T 1055 的规定执行。

7 标志、标签

7.1 标志

包装上应标注绿色食品标志,标志设计和使用应符合《中国绿色食品商标标志设计使用规范手册》的规定。

7.2 标签

按 GB 7718 的规定执行。

8 包装、运输和贮存

8.1 包装

包装及包装材料按 NY/T 658 的规定执行。

8.2 运输、贮存

运输及贮存按 NY/T 1056 的规定执行。

ICS 65.120
B 54

中华人民共和国农业行业标准

NY/T 2112—2011

绿色食品　渔业饲料及饲料
添加剂使用准则

Green food—Guideline for use of feeds and feed additives in fishery

2011-09-01 发布

2011-12-01 实施

中华人民共和国农业部 发布

前　言

本标准按照 GB/T 1.1—2009 给出的规则起草。

本标准由中华人民共和国农业部农产品质量安全监管局提出。

本标准由中国绿色食品发展中心归口。

本标准起草单位:中国农业科学院农业质量标准与检测技术研究所。

本标准主要起草人:田河山、赵小阳、李兰、李丽蓓、高生、李玉芳。

绿色食品 渔业饲料及饲料添加剂使用准则

1 范围

本标准规定了生产绿色食品渔业产品允许使用的饲料和饲料添加剂的基本要求、使用原则、加工、贮存和运输以及不应使用的饲料添加剂品种。

本标准适用于 A 级和 AA 级绿色食品渔业产品生产过程中饲料和饲料添加剂的使用、管理和认定。

2 规范性引用文件

下列文件对于本文件的应用是必不可少的。凡是注日期的引用文件，仅注日期的版本适用于本文件。凡是不注日期的引用文件，其最新版本（包括所有的修改单）适用于本文件。

GB/T 10647 饲料工业术语

GB 13078 饲料卫生标准

GB/T 16764 配合饲料企业卫生规范

GB/T 19164 鱼粉

GB/T 19424 天然植物饲料添加剂通则

NY/T 393 绿色食品 农药使用准则

NY/T 915 饲料用水解羽毛粉

NY/T 5072 无公害食品 渔用配合饲料安全限量

SC/T 1024 草鱼配合饲料

SC/T 1026 鲤鱼配合饲料

SC/T 1077 渔用配合饲料通用技术要求

《饲料和饲料添加剂管理条例》 中华人民共和国国务院令 2001 年第 327 号

《单一饲料产品目录（2008）》 中华人民共和国农业部公告第 977 号（2008）

《饲料添加剂品种目录》 中华人民共和国农业部公告第 1126 号（2008）

《饲料添加剂安全使用规范》 中华人民共和国农业部公告第 1224 号（2009）

3 术语和定义

GB/T 10647 和 SC/T 1077 界定的以及下列术语和定义适用于本文件。

3.1

天然植物饲料添加剂 natural plant feed additives

以天然植物全株或其部分为原料，经物理提取或生物发酵法加工，具有营养、促生长、提高饲料利用率和改善动物产品品质等功效的饲料添加剂。

4 基本要求

4.1 质量要求

4.1.1 饲料和饲料添加剂应符合单一饲料、饲料添加剂、配合饲料、浓缩饲料和添加剂预混合产品质量标准的规定，其中单一饲料还应符合《单一饲料产品目录》的要求，饲料添加剂应符合《饲料添加剂品种目录》的要求。

4.1.2 饲料添加剂和添加剂预混合饲料应来源于有生产许可证的企业，并且具有产品批准文号及其质量标准。进口饲料和饲料添加剂应具有进口产品许可证及我国进出口检验检疫部门出具的有效合格检验报告。

4.1.3 进口鱼粉应有鱼粉官方原产地证明、卫生证明（声明）和合格有效质量检验报告，鱼粉进口贸易商进口许可证、国家检验检疫合格报告和绿色食品产品质量定点监测机构出具的鱼粉合格有效质量检验报告，产品质量应满足 GB/T 19164 中一级品以上要求，其中砂分和盐分指标为"砂分＋盐分≤5％"。

4.1.4 感官要求：具有该饲料应有的色泽、气味及组织形态特征，质地均匀，无发霉、变质、结块、虫蛀、鼠咬及异味、异物。颗粒饲料的颗粒均匀，表面光滑。

4.1.5 配合饲料应营养全面、平衡。配合饲料的营养成分指标应符合 SC/T 1077、SC/T 1024、SC/T 1026 等有关国家标准或行业标准的要求。

4.1.6 应做好饲料原料和添加剂的相关记录，确保对所有成分的追溯。

4.2 卫生要求

4.2.1 饲料和饲料添加剂卫生指标应符合 GB 13078、NY 5072 的规定，且使用中符合 NY/T 393 的要求。

4.2.2 饲料用水解羽毛粉应符合 NY/T 915 的要求。

4.2.3 鱼粉应符合 GB/T 19164 安全卫生指标的要求。

5 使用原则

5.1 饲料原料

5.1.1 饲料原料可以是已经通过认定的绿色食品，也可以是全国绿色食品原料标准化生产基地的产品，或是经中国绿色食品发展中心认定、按照绿色食品生产方式生产、达到绿色食品标准的自建基地生产的产品。

5.1.2 配合饲料中应控制棉籽粕和菜籽粕的用量，建议使用脱毒棉籽粕和菜籽粕。棉籽粕用量不超过 15％，菜籽粕用量不超过 20％。

5.1.3 不应使用转基因饲料原料。

5.1.4 不应使用工业合成的油脂和回收油。

5.1.5 不应使用畜禽粪便。

5.1.6 不应使用制药工业副产品。

5.1.7 饲料如经发酵处理，所使用的微生物制剂应是《饲料添加剂品种目录》中所规定的品种或是农业部公布批准使用的新饲料添加剂品种。

5.1.8 生产 AA 级绿色食品渔业产品的饲料原料，除须满足 5.1.3～5.1.7 的要求外，还应满足以下要求：

  ——不应使用化学合成的生产资料作为饲料原料；

  ——原料生产过程应使用有机肥、种植绿肥、作物轮作、生物或物理方法等技术培肥土壤、控制病虫草害、保护或提高产品品质。

5.2 饲料添加剂

5.2.1 经中国绿色食品发展中心认定的生产资料可以作为饲料添加剂来源。

5.2.2 饲料添加剂品种应是《饲料添加剂品种目录》中所列的饲料添加剂和允许进口的饲料添加剂品种，或是农业部公布批准使用的饲料添加剂品种，但附录 A 中所列的饲料添加剂品种不准使用。

5.2.3 饲料添加剂的性质、成分和使用量应符合产品标签的规定。

5.2.4 矿物质饲料添加剂的使用按照营养需要量添加，减少对环境的污染。

5.2.5 不应使用任何药物饲料添加剂。

5.2.6 严禁使用任何激素。

5.2.7 天然植物饲料添加剂应符合 GB/T 19424 的要求。

5.2.8 化学合成维生素、常量元素、微量元素和氨基酸在饲料中的推荐量以及限量应符合《饲料添加剂安全使用规范》的规定。

5.2.9 生产 AA 级绿色食品渔业产品的饲料添加剂,除须满足 5.2.1～5.2.8 的要求外,不得使用化学合成的饲料添加剂。

5.2.10 接收和处理应保持安全有序,防止误用和交叉污染。

5.3 配合饲料、浓缩饲料和添加剂预混合饲料

5.3.1 经中国绿色食品发展中心认定的生产资料可以作为配合饲料、浓缩饲料和添加剂预混合饲料来源。

5.3.2 饲料配方应遵循安全、有效、不污染环境的原则。

5.3.3 应按照产品标签所规定的用法、用量使用。

5.3.4 应做好所有饲料配方的记录,确保对所有饲料成分的可追溯。

6 加工、贮存和运输

6.1 饲料企业的工厂设计与设施卫生、工厂卫生管理和生产过程的卫生应符合 GB/T 16764 的要求。

6.2 在配料和混合生产过程中,应严格控制其他物质的污染。

6.3 饲料原料的粉碎粒度应符合 SC/T 1077 的要求。

6.4 做好生产过程的档案记录,为调查和追踪有缺陷的产品提供有案可查的依据。

6.5 所有加工设备都应符合我国有关国家标准或行业标准的要求。

6.6 成品的加工质量指标(混合均匀度、粒径、粒长、水中稳定性、颗粒粉化率)应符合有关国家标准或行业标准的要求。

6.7 加工中应特别注意调质充分和淀粉熟化。

6.8 生产绿色食品的饲料和饲料添加剂的加工、贮存、运输全过程都应与非绿色食品饲料严格区分管理。

6.9 袋装饲料不应直接放在地上,应放在货盘上;要避免阳光直接照射。

6.10 贮存中应注意通风,防止霉变;防止害虫、害鸟和老鼠的进入,不应使用任何化学合成的药物毒害虫鼠。

附　录　A

（规范性附录）

生产绿色食品渔业产品不应使用的饲料添加剂

种　　类	品　　种
矿物元素及其络（螯）合物	稀土（铈和镧）壳糖胺螯合盐
抗氧化剂	乙氧基喹啉、二丁基羟基甲苯（BHT），丁基羟基茴香醚（BHA）
防腐剂	苯甲酸、苯甲酸钠
着色剂	各种人工合成的着色剂
调味剂和香料	各种人工合成的调味剂和香料
粘结剂	羟甲基纤维素钠

附录

中华人民共和国农业部公告
第 1629 号

　　根据《中华人民共和国兽药管理条例》和《中华人民共和国饲料和饲料添加剂管理条例》规定,《饲料中 16 种 β-受体激动剂的测定　液相色谱—串联质谱法》等 2 项标准业经专家审定通过和我部审查批准,现发布为中华人民共和国国家标准,自发布之日起实施。

　　特此公告

二〇一一年八月十七日

附　录

序号	标准名称	标准代号
1	饲料中 16 种 β-受体激动剂的测定　液相色谱—串联质谱法	农业部 1629 号公告—1—2011
2	饲料中利血平的测定　高效液相色谱法	农业部 1629 号公告—2—2011

附　录

中华人民共和国农业部公告
第 1642 号

《丝瓜等级规格》等 193 项标准业经专家审定通过,我部审查批准,现发布为中华人民共和国农业行业标准,自 2011 年 12 月 1 日起实施。

特此公告。

二〇一一年九月一日

附 录

序号	标准号	标准名称	代替标准号
1	NY/T 1982—2011	丝瓜等级规格	
2	NY/T 1983—2011	胡萝卜等级规格	
3	NY/T 1984—2011	叶用莴苣等级规格	
4	NY/T 1985—2011	菠菜等级规格	
5	NY/T 1986—2011	冷藏葡萄	
6	NY/T 1987—2011	鲜切蔬菜	
7	NY/T 1988—2011	叶脉干花	
8	NY/T 1989—2011	油棕 种苗	
9	NY/T 1990—2011	高芥酸油菜籽	
10	NY/T 1991—2011	油料作物与产品 名词术语	
11	NY/T 1992—2011	农业植物保护专业统计规范	
12	NY/T 1993—2011	农产品质量安全追溯操作规程 蔬菜	
13	NY/T 1994—2011	农产品质量安全追溯操作规程 小麦粉及面条	
14	NY/T 1995—2011	仁果类水果良好农业规范	
15	NY/T 1996—2011	双低油菜良好农业规范	
16	NY/T 1997—2011	除草剂安全使用技术规范 通则	
17	NY/T 1998—2011	水果套袋技术规程 鲜食葡萄	
18	NY/T 1999—2011	茶叶包装、运输和贮藏 通则	
19	NY/T 2000—2011	水果气调库贮藏 通则	
20	NY/T 2001—2011	菠萝贮藏技术规范	
21	NY/T 2002—2011	菜籽油中芥酸的测定	
22	NY/T 2003—2011	菜籽油氧化稳定性的测定 加速氧化试验	
23	NY/T 2004—2011	大豆及制品中磷脂组分和含量的测定 高效液相色谱法	
24	NY/T 2005—2011	动植物油脂中反式脂肪酸含量的测定 气相色谱法	
25	NY/T 2006—2011	谷物及其制品中β—葡聚糖含量的测定	
26	NY/T 2007—2011	谷类、豆类粗蛋白质含量的测定 杜马斯燃烧法	
27	NY/T 2008—2011	万寿菊及其制品中叶黄素的测定 高效液相色谱法	
28	NY/T 2009—2011	水果硬度的测定	
29	NY/T 2010—2011	柑橘类水果及制品中总黄酮含量的测定	
30	NY/T 2011—2011	柑橘类水果及制品中柠碱含量的测定	
31	NY/T 2012—2011	水果及制品中游离酚酸含量的测定	
32	NY/T 2013—2011	柑橘类水果及制品中香精油含量的测定	
33	NY/T 2014—2011	柑橘类水果及制品中橙皮苷、柚皮苷含量的测定	
34	NY/T 2015—2011	柑橘果汁中离心果肉浆含量的测定	
35	NY/T 2016—2011	水果及其制品中果胶含量的测定 分光光度法	
36	NY/T 2017—2011	植物中氮、磷、钾的测定	
37	NY/T 2018—2011	鲍鱼菇生产技术规程	
38	NY/T 2019—2011	茶树短穗扦插技术规程	
39	NY/T 2020—2011	农作物优异种质资源评价规范 草莓	
40	NY/T 2021—2011	农作物优异种质资源评价规范 枇杷	
41	NY/T 2022—2011	农作物优异种质资源评价规范 龙眼	
42	NY/T 2023—2011	农作物优异种质资源评价规范 葡萄	
43	NY/T 2024—2011	农作物优异种质资源评价规范 柿	
44	NY/T 2025—2011	农作物优异种质资源评价规范 香蕉	
45	NY/T 2026—2011	农作物优异种质资源评价规范 桃	
46	NY/T 2027—2011	农作物优异种质资源评价规范 李	
47	NY/T 2028—2011	农作物优异种质资源评价规范 杏	
48	NY/T 2029—2011	农作物优异种质资源评价规范 苹果	
49	NY/T 2030—2011	农作物优异种质资源评价规范 柑橘	
50	NY/T 2031—2011	农作物优异种质资源评价规范 茶树	

（续）

序号	标准号	标准名称	代替标准号
51	NY/T 2032—2011	农作物优异种质资源评价规范　梨	
52	NY/T 2033—2011	热带观赏植物种质资源描述规范　红掌	
53	NY/T 2034—2011	热带观赏植物种质资源描述规范　非洲菊	
54	NY/T 2035—2011	热带花卉种质资源描述规范　鹤蕉	
55	NY/T 2036—2011	热带块根茎作物品种资源抗逆性鉴定技术规范　木薯	
56	NY/T 2037—2011	橡胶园化学除草技术规范	
57	NY/T 2038—2011	油菜菌核病测报技术规范	
58	NY/T 2039—2011	梨小食心虫测报技术规范	
59	NY/T 2040—2011	小麦黄花叶病测报技术规范	
60	NY/T 2041—2011	稻瘿蚊测报技术规范	
61	NY/T 2042—2011	苎麻主要病虫害防治技术规范	
62	NY/T 2043—2011	芝麻茎点枯病防治技术规范	
63	NY/T 2044—2011	柑橘主要病虫害防治技术规范	
64	NY/T 2045—2011	番石榴病虫害防治技术规范	
65	NY/T 2046—2011	木薯主要病虫害防治技术规范	
66	NY/T 2047—2011	腰果病虫害防治技术规范	
67	NY/T 2048—2011	香草兰病虫害防治技术规范	
68	NY/T 2049—2011	香蕉、番石榴、胡椒、菠萝线虫防治技术规范	
69	NY/T 2050—2011	玉米霜霉病菌检疫检测与鉴定方法	
70	NY/T 2051—2011	橘小实蝇检疫检测与鉴定方法	
71	NY/T 2052—2011	菜豆象检疫检测与鉴定方法	
72	NY/T 2053—2011	蜜柑大实蝇检疫检测与鉴定方法	
73	NY/T 2054—2011	番荔枝抗病性鉴定技术规程	
74	NY/T 2055—2011	水稻品种抗条纹叶枯病鉴定技术规范	
75	NY/T 2056—2011	地中海实蝇监测规范	
76	NY/T 2057—2011	美国白蛾监测规范	
77	NY/T 2058—2011	水稻二化螟抗药性监测技术规程　毛细管点滴法	
78	NY/T 2059—2011	灰飞虱携带水稻条纹病毒检测技术　免疫斑点法	
79	NY/T 2060.1—2011	辣椒抗病性鉴定技术规程　第1部分:辣椒抗疫病鉴定技术规程	
80	NY/T 2060.2—2011	辣椒抗病性鉴定技术规程　第2部分:辣椒抗青枯病鉴定技术规程	
81	NY/T 2060.3—2011	辣椒抗病性鉴定技术规程　第3部分:辣椒抗烟草花叶病毒病鉴定技术规程	
82	NY/T 2060.4—2011	辣椒抗病性鉴定技术规程　第4部分:辣椒抗黄瓜花叶病毒病鉴定技术规程	
83	NY/T 2060.5—2011	辣椒抗病性鉴定技术规程　第5部分:辣椒抗南方根结线虫病鉴定技术规程	
84	NY/T 1464.37—2011	农药田间药效试验准则　第37部分:杀虫剂防治蘑菇菌蛆和害螨	
85	NY/T 1464.38—2011	农药田间药效试验准则　第38部分:杀菌剂防治黄瓜黑星病	
86	NY/T 1464.39—2011	农药田间药效试验准则　第39部分:杀菌剂防治莴苣霜霉病	
87	NY/T 1464.40—2011	农药田间药效试验准则　第40部分:除草剂防治免耕小麦田杂草	
88	NY/T 1464.41—2011	农药田间药效试验准则　第41部分:除草剂防治免耕油菜田杂草	
89	NY/T 1155.10—2011	农药室内生物测定试验准则　除草剂　第10部分:光合抑制型除草剂活性测定试验　小球藻法	

附 录

(续)

序号	标准号	标准名称	代替标准号
90	NY/T 1155.11—2011	农药室内生物测定试验准则 除草剂 第11部分:除草剂对水绵活性测定试验方法	
91	NY/T 2061.1—2011	农药室内生物测定试验准则 植物生长调节剂 第1部分:促进/抑制种子萌发试验 浸种法	
92	NY/T 2061.2—2011	农药室内生物测定试验准则 植物生长调节剂 第2部分:促进/抑制植株生长试验 茎叶喷雾法	
93	NY/T 2062.1—2011	天敌防治靶标生物田间药效试验准则 第1部分:赤眼蜂防治玉米田玉米螟	
94	NY/T 2063.1—2011	天敌昆虫室内饲养方法准则 第1部分:赤眼蜂室内饲养方法	
95	NY/T 2064—2011	秸秆栽培食用菌霉菌污染综合防控技术规范	
96	NY/T 2065—2011	沼肥施用技术规范	
97	NY/T 2066—2011	微生物肥料生产菌株的鉴别 聚合酶链式反应(PCR)法	
98	NY/T 2067—2011	土壤中13种磺酰脲类除草剂残留量的测定 液相色谱串联质谱法	
99	NY/T 2068—2011	蛋与蛋制品中ω-3多不饱和脂肪酸的测定 气相色谱法	
100	NY/T 2069—2011	牛乳中孕酮含量的测定 高效液相色谱—质谱法	
101	NY/T 2070—2011	牛初乳及其制品中免疫球蛋白IgG的测定 分光光度法	
102	NY/T 2071—2011	饲料中黄曲霉毒素、玉米赤霉烯酮和T-2毒素的测定 液相色谱—串联质谱法	
103	NY/T 2072—2011	乌鳢配合饲料	
104	NY/T 2073—2011	调理肉制品加工技术规范	
105	NY/T 2074—2011	无规定动物疫病区 高致病性禽流感监测技术规范	
106	NY/T 2075—2011	无规定动物疫病区 口蹄疫监测技术规范	
107	NY/T 2076—2011	生猪屠宰加工场(厂)动物卫生条件	
108	NY/T 2077—2011	种公猪站建设技术规范	
109	NY/T 2078—2011	标准化养猪小区项目建设规范	
110	NY/T 2079—2011	标准化奶牛养殖小区项目建设规范	
111	NY/T 2080—2011	旱作节水农业工程项目建设规范	
112	NY/T 2081—2011	农业工程项目建设标准编制规范	
113	NY/T 2082—2011	农业机械试验鉴定 术语	
114	NY/T 2083—2011	农业机械事故现场图形符号	
115	NY/T 2084—2011	农业机械 质量调查技术规范	
116	NY/T 2085—2011	小麦机械化保护性耕作技术规范	
117	NY/T 2086—2011	残地膜回收机操作技术规程	
118	NY/T 2087—2011	小麦免耕施肥播种机 修理质量	
119	NY/T 2088—2011	玉米青贮收获机 作业质量	
120	NY/T 2089—2011	油菜直播机 质量评价技术规范	
121	NY/T 2090—2011	谷物联合收割机 质量评价技术规范	
122	NY 2091—2011	木薯淀粉初加工机械安全技术要求	
123	NY/T 2092—2011	天然橡胶初加工机械 螺杆破碎机	
124	NY/T 2093—2011	农村环保工	
125	NY/T 2094—2011	装载机操作工	
126	NY/T 2095—2011	玉米联合收获机操作工	
127	NY/T 2096—2011	兽用化学药品制剂工	
128	NY/T 2097—2011	兽用生物制品检验员	
129	NY/T 2098—2011	兽用生物制品制造工	
130	NY/T 2099—2011	土地流转经纪人	
131	NY/T 2100—2011	渔网具装配操作工	

（续）

序号	标准号	标准名称	代替标准号
132	NY/T 2101—2011	渔业船舶玻璃钢糊制工	
133	NY/T 2102—2011	茶叶抽样技术规范	NY/T 5344.5—2006
134	NY/T 2103—2011	蔬菜抽样技术规范	NY/T 5344.3—2006
135	NY 525—2011	有机肥料	NY 525—2002
136	NY/T 667—2011	沼气工程规模分类	NY/T 667—2003
137	NY/T 373—2011	风筛式种子清选机　质量评价技术规范	NY/T 373—1999
138	NY/T 459—2011	天然生胶　子午线轮胎橡胶	NY/T 459—2001
139	NY/T 232—2011	天然橡胶初加工机械　基础件	NY/T 232.1～232.3—1994
140	NY/T 606—2011	小粒种咖啡初加工技术规范	NY/T 606—2002
141	NY/T 243—2011	剑麻纤维及制品回潮率的测定	NY/T 243—1995, NY/T 244—1995
142	NY/T 712—2011	剑麻布	NY/T 712—2003
143	NY/T 340—2011	天然橡胶初加工机械　洗涤机	NY/T 340—1998
144	NY/T 260—2011	剑麻加工机械　制股机	NY/T 260—1994
145	NY/T 451—2011	菠萝　种苗	NY/T 451—2001
146	NY/T 2104—2011	绿色食品　配制酒	
147	NY/T 2105—2011	绿色食品　汤类罐头	
148	NY/T 2106—2011	绿色食品　谷物类罐头	
149	NY/T 2107—2011	绿色食品　食品馅料	
150	NY/T 2108—2011	绿色食品　熟粉及熟米制糕点	
151	NY/T 2109—2011	绿色食品　鱼类休闲食品	
152	NY/T 2110—2011	绿色食品　淀粉糖和糖浆	
153	NY/T 2111—2011	绿色食品　调味油	
154	NY/T 2112—2011	绿色食品　渔业饲料及饲料添加剂使用准则	
155	NY/T 750—2011	绿色食品　热带、亚热带水果	NY/T 750—2003
156	NY/T 751—2011	绿色食品　食用植物油	NY/T 751—2007
157	NY/T 754—2011	绿色食品　蛋与蛋制品	NY/T 754—2003
158	NY/T 901—2011	绿色食品　香辛料及其制品	NY/T 901—2004
159	NY/T 1709—2011	绿色食品　藻类及其制品	NY/T 1709—2009
160	SC/T 1108—2011	鳖类性状测定	
161	SC/T 1109—2011	淡水无核珍珠养殖技术规程	
162	SC/T 1110—2011	罗非鱼养殖质量安全管理技术规范	
163	SC/T 2008—2011	半滑舌鳎	
164	SC/T 2040—2011	日本对虾　亲虾	
165	SC/T 2041—2011	日本对虾　苗种	
166	SC/T 2042—2011	文蛤　亲贝和苗种	
167	SC/T 4024—2011	浮绳式网箱	
168	SC/T 6048—2011	淡水养殖池塘设施要求	
169	SC/T 6049—2011	水产养殖网箱名词术语	
170	SC/T 6050—2011	水产养殖电器设备安全要求	
171	SC/T 6051—2011	溶氧装置性能试验方法	
172	SC/T 6070—2011	渔业船舶船载北斗卫星导航系统终端技术要求	
173	SC/T 7015—2011	染疫水生动物无害化处理规程	
174	SC/T 7210—2011	鱼类简单异尖线虫幼虫检测方法	
175	SC/T 7211—2011	传染性脾肾坏死病毒检测方法	
176	SC/T 7212.1—2011	鲤疱疹病毒检测方法　第1部分:锦鲤疱疹病毒	
177	SC/T 7213—2011	鮰嗜麦芽寡养单胞菌检测方法	
178	SC/T 7214.1—2011	鱼类爱德华氏菌检测方法　第1部分:迟缓爱德华氏菌	

（续）

序号	标准号	标准名称	代替标准号
179	SC/T 8138—2011	190系列渔业船舶柴油机修理技术要求	
180	SC/T 8140—2011	渔业船舶燃气安全使用技术条件	
181	SC/T 8145—2011	渔业船舶自动识别系统B类船载设备技术要求	
182	SC/T 9104—2011	渔业水域中甲胺磷、克百威的测定 气相色谱法	
183	SC/T 3108—2011	鲜活青鱼、草鱼、鲢、鳙、鲤	SC/T 3108—1986
184	SC/T 3905—2011	鲟鱼籽酱	SC/T 3905—1989
185	SC/T 5007—2011	聚乙烯网线	SC/T 5007—1985
186	SC/T 6001.1—2011	渔业机械基本术语 第1部分:捕捞机械	SC/T 6001.1—2001
187	SC/T 6001.2—2011	渔业机械基本术语 第2部分:养殖机械	SC/T 6001.2—2001
188	SC/T 6001.3—2011	渔业机械基本术语 第3部分:水产品加工机械	SC/T 6001.3—2001
189	SC/T 6001.4—2011	渔业机械基本术语 第4部分:绳网机械	SC/T 6001.4—2001
190	SC/T 6023—2011	投饲机	SC/T 6023—2002
191	SC/T 8001—2011	海洋渔业船舶柴油机油耗	SC/T 8001—1988
192	SC/T 8006—2011	渔业船舶柴油机选型技术要求	SC/T 8006—1997
193	SC/T 8012—2011	渔业船舶无线电通信、航行及信号设备配备要求	SC/T 8012—1994